兰州软岩地基勘察评价与工程实践

张恩祥 编著

中国建筑工业出版社

图书在版编目（CIP）数据

兰州软岩地基勘察评价与工程实践/张恩祥编著. —北京：中国建筑工业出版社，2022.9

ISBN 978-7-112-27843-5

Ⅰ.①兰… Ⅱ.①张… Ⅲ.①地基一岩土工程一地质勘探一兰州 Ⅳ.①TU47

中国版本图书馆 CIP 数据核字（2022）第 160040 号

本书对兰州软岩地质成因分布、工程特性研究现状、勘察评价方法、软岩基坑工程存在问题及对策进行了归纳总结。依据兰州地区软岩建设场地岩土工程资料，对兰州地区软岩的物理力学性质进行了系统的分析总结，对软岩地基承载力确定及影响因素等工程特性进行了理论分析研究，进行了对砂岩地基承载力的评价（尤其是深度修正模式），通过现场静载荷试验对比研究，总结了砂岩地基受荷后的变形特征与破坏模式，从理论上分析了其承载力特征值可以进行深度修正，并进一步通过模拟边载条件下的载荷试验进行验证。

全书共分 7 章，包括：概论、兰州软岩的成因与分布、兰州软岩的结构与水理性质、兰州软岩的勘察评价、软岩的承载力与变形特征、软岩基坑工程存在问题及对策、工程实践。

本书适用于从事岩土工程勘察、设计的专业技术人员和管理人员参考阅读。

责任编辑：石枫华　刘颖超
责任校对：李辰馨

兰州软岩地基勘察评价与工程实践
张恩祥　编著

*

中国建筑工业出版社出版、发行（北京海淀三里河路 9 号）
各地新华书店、建筑书店经销
北京龙达新润科技有限公司制版
天津翔远印刷有限公司印刷

*

开本：787 毫米×1092 毫米　1/16　印张：12½　字数：304 千字
2022 年 10 月第一版　2022 年 10 月第一次印刷
定价：**68.00** 元
ISBN 978-7-112-27843-5
（39872）

序一

张恩祥教授级高工约我为其所编著的《兰州软岩地基勘察评价与工程实践》一书作序，使我有机会先睹为快，作为第一个有幸拜读此书的读者，受益匪浅，也在此谈点阅读感受。

软岩是一种在特定环境条件下沉积形成的地质体，作为建筑物地基具有特殊工程性质和变形特征。在全国范围，特别是西部地区分布广泛，由于沉积年代短，成岩作用差，自身结构稳定性相对不足，物理力学指标相对偏低，其工程性质在施工过程中易受工程环境影响而产生明显改变，因此，在工程勘察阶段对其工程性质进行客观、准确的评价显得尤为重要。

近四十年来，张恩祥教高及其团队通过对兰州地区软质砂岩（以下简称兰州软岩）的系统研究及工程实践，揭示了兰州软岩赋存条件与工程环境关系，总结了这种软岩工程问题，厘清了问题产生的根源，探求合理的测试取样试验方法，合理选择工程特性参数，提出了兰州软岩岩土工程问题的合理处置方案。软岩地基“似岩非岩，似土非土”，不能用土力学理论和方法，而又必须评价承载力和变形问题，目前缺少适用方法。本书全面讨论了兰州软岩低承载与变形的客观规律，挖掘了地基承载力的潜力，针对兰州软岩特殊的力学性能，提出了对其工程性质的深入认识应以原位测试为主要评价手段客观准确分析评价其工程性质的观念。

在兰州软岩地基变形及破坏规律的研究方面，张恩祥团队创新性地通过模拟边载条件下的载荷试验，查明了兰州软岩地基受荷后的变形特征与破坏模式，从理论上分析了其承载力特征值可以进行深度修正的结论，并通过后期主体结构沉降观测验证了这一结论，该研究成果为岩土工程界解决这类疑难问题提供了一个很好的研究路线和成功范例，通过有边载的载荷试验可以研究边载对承载力的影响，从而得到能用于工程设计的深度修正系数。该项创新性工作和所取得的成果将工程界对兰州软岩地基承载力的认识提升到了一个全新的高度。此外，张恩祥教高及其团队在兰州软岩深基坑及地下空间开发中，首次应用高压旋喷锚索、坑壁多层横向简易轻型井点，再加上坑底多层竖向简易轻型井点进行浅层饱水砂岩层降水，成功解决了极软岩中锚索抗拔承载力偏低和砂岩层降水难题。

该书总结了张恩祥教高及其团队近四十年来在兰州软岩工程性质方面的研究成果，内容涉及兰州软岩的成因与分布、物质组成与结构特性、水理性质、勘察评价方法、软岩基坑工程存在问题及对策等。书稿理论联系实际，分析论述透彻，内容具体细致，具有较高的实践性、理论性、创新性和实用性，对促进兰州地区软岩工程问题的解决和推动学科技术进步，具有重要作用。

岩土工程的实践性非常强，丰富的工程经验积累是提升综合能力的基础，理论素养和实践经验相辅相成，工程经验一定要上升到理论层面分析问题的本质。这本书展示的工程案例开阔了岩土工程师的视野，可以从中获取宝贵的工程经验，对从事岩土工程勘察设计及地基设计的技术人员，以及相关专业高校师生，具有重要的指导意义，是一本岩土工作者在面对软岩地基进行相关技术工作时非常实用的参考书籍。

希望各位同仁在工作中不断探索、不断创新、勇于追求卓越、乐于分享成果，促进岩土事业共同发展。

全国工程勘察设计大师

2022 年 7 月 10 日

序二

工程实践中对兰州软岩的研究与认识，是伴随着兰州城市建设发展的历程逐渐深入的过程。近年来，兰州主城区内建成多座超高层建筑及地铁1号线，建筑物规模、荷载和基坑深度大幅提高。新建的高层建筑普遍基坑深度较大，多数基坑处于新近系软岩层中，原来基于经验对软岩工程性质的认识，远不能满足工程建设的需要。为解决工程实践中面临的问题，兰州勘察设计和科研单位对兰州软岩进行了系统、深入的研究，采用多种方法综合评价软岩工程地质特性，充分挖掘地基承载力潜力，并通过工程实践加以验证，取得了一些研究成果。

与土质地基相比，岩石地基有两个重要特点：一是承载力普遍高于土质地基，作为一般建筑物的天然地基，有相当大的裕度；二是岩石地基的问题比土质地基更复杂，指标更难测定，计算更不可靠，岩石力学比土力学更不成熟。工程实践中将地基岩土分为三类：第一类是岩石地基，“真正的岩石”即硬质岩，对一般建筑物地基，承载力与变形均可满足，岩石力学是其理论基础；第二类是土质地基，可用土力学理论和方法解决工程中的承载力、变形等问题；第三类是软岩地基，似岩非岩，似土非土，是介于岩石与硬土之间的过渡类型，还具有崩解性、非均质性、各向异性、易风化性等多种各不相同的工程特性，特别像兰州地区新近系砂岩、泥岩地基的工程特性更是如此。兰州地区勘察设计人员对低阶地新近系砂岩的认识，经常困扰在“岩石”与“砂土”概念之间，砂岩工程特性是按软质岩石的概念对待，还是按密实的砂类土对待，兰州工程界一直比较困惑。软岩地基评价大多很难取样试验，原位测试经验也不多。对其强度、变形、水理性质等认识不足，设计经验很少，难以采用岩石力学或土力学的理论和方法，但又必须评价其地基承载力和变形，一直以来成为兰州工程界关注的重点问题。

甘肃中建市政工程勘察设计研究院有限公司的专家和工程技术人员自20世纪80年代以来，先后完成了兰州工贸商场、中国银行大厦、兰州财富中心、名城城市综合体、兰州环球中心及兰州亚欧国际等代表性项目软岩地基的勘察评价工作。勘察工作克服了单一的勘探取样手段，逐步开展了以旁压试验、深层载荷试验为代表的综合勘探测试方法，取得了成功的经验；对软岩的工程分类与定名做了初步尝试；对软岩的富水性、渗透性和水稳性有了进一步认识；对软岩地基基础设计中承载力和变形参数的确定更加科学合理。我曾经多次到过兰州亚欧国际软岩地基评价项目现场观摩交流，见证了现场砂岩样品采样、旁压试验、考虑上覆土压力增加超载的载荷试验过程，亲眼目睹砂岩地基载荷试验的整体剪切破坏过程和形态。对项目研究团队的敬业精神和对技术问题的执着探索态度特别敬佩。该项目通过对砂岩地基系统性专项研究，极大地挖掘了地基承载潜力，其创新性工作和所取得成果将工程界对兰州砂岩地基承载力的认识提升到了一个全新的高度。

甘肃省首届工程勘察大师张恩祥教授级高工的新作《兰州软岩地基勘察评价与工程实践》一书，系统总结了兰州软岩工程性质方面的研究成果，内容丰富，针对性强，极具代表性和典型性。书中不仅有详尽的基础资料，也有精准的案例分析。这本书是作者集数十年工程实践经验总结而成的呕心沥血之作，是一份不可多得的宝贵财富，无论对岩土工程专业技术人员还是大专院校相关专业的师生，都是一部十分难得、具有相当深度和厚度的专业参考文献。

教授级高级工程师

2022 年 7 月 16 日

前言

软岩是一种在特定环境条件下沉积形成的具有特殊工程性质和变形特征的复杂力学介质。按地质学的岩性划分，地质软岩是指强度低、孔隙度大、胶结程度差、受构造面切割及风化影响显著或含有大量膨胀性黏土矿物的松、散、软、弱岩层，该类岩石多为泥岩、粉砂岩和泥质砂岩等。在正常的赋存环境条件下软岩自身的工程性能优于一般的土体，但如若对其在软化性、崩解性、膨胀性与蠕变性等方面的工程特性认识不清，不适宜的施工工艺和工程环境的改变将会导致其工程性状大幅度降损，造成工程投资增加，带来安全隐患。

广泛埋藏于兰州市区低阶地卵石层面之下或局部出露于兰州南北两山沟谷，以新近系砂岩、泥质砂岩、泥岩为主的兰州软岩，由于其成岩程度差、胶结强度低、遇水软化崩解敏感性强等特点，具有与其他地区软岩不同的工程特性。工程实践中对兰州软岩的认识与研究，是伴随兰州城市建设发展的历程逐渐深入的过程。三十多年前，涉及软岩的工程建设项目并不多，兰州地区勘察设计人员对新近系砂岩的认识，经常困惑在“岩石”与“砂土”概念之间，对软岩工程性质的认识和评价，局限于一般建筑物砂岩地基承载力评价取值的讨论。由于缺乏有效的勘探测试手段和统一适用的试验评价方法，对软岩的认识和研究，多年处于停滞状态。近二十年以来，涉及软岩的工程问题越来越多，软岩的勘察评价和设计施工措施，成为兰州工程建设中遇到的难点和热点问题，引起了工程界的重视，各单位开展了许多试验研究工作，对软岩工程特性的认识有了明显进步，主要表现在逐步开展了综合勘探测试方法，对软岩的工程分类与定名做了初步尝试，对软岩的富水性、渗透性和水稳性有了进一步认识，软岩地基基础设计中承载力和变形参数的确定更加科学合理，软岩基坑的渗流破坏与地下水控制取得了工程实践成果。但总的来说，对于兰州软岩工程特性研究还不够系统和深入，对于仍然存在的认识困惑和设计施工方案进一步优化，有待今后结合工程继续研究。

本书结合多年兰州软岩研究成果和工程勘察设计经验，通过代表性工程实例的介绍，展示了兰州地区软岩地基工程性质的最新研究成果。本书对兰州软岩地质形成条件及其工程特性的研究现状、勘察评价方法、软岩基坑工程存在问题及对策进行了归纳总结；对软岩地基承载力确定及影响因素等工程特性进行了系统分析；通过载荷试验对比研究，得出了砂岩地基受荷后的变形特征与破坏模式，从理论上分析了其承载力特征值可以进行深度修正，并进一步通过模拟边载条件下的载荷试验进行验证。

本书是集体智慧的结晶，是三代岩土人劳动成果的体现。甘肃中建市政工程勘察设计研究院有限公司的众多专家和工程技术人员参与了本项研究工作，付出了辛勤的劳动，贡献了聪明才智；书稿引用了科研、高校、勘察设计单位的研究成果，在此表示诚挚的谢意。本书由甘肃省勘察设计大师张恩祥编著，主要参与编写者为刘若琪、何腊平、龙照、王沈力、蒋宗鑫、郭志元、曹程明、李小伟、项龙江、李伟利、张森安。甘肃省建筑设计研究院有限公司教授级高级工程师莫庸、西北民族大学李朝晖教授对本书的编写提出了宝贵的修改意见，郭志元、彭丽娟进行了全稿的校核、图表整理、编辑等方面工作，在此一并表示感谢。

由于作者水平有限，书中难免有错漏和不当之处，敬请专家和读者批评指正。

目 录

第1章　概　　论

1.1　软岩的概念

关于软岩的概念，国内外有十几种之多，大体上可分为描述性定义、指标化定义和工程定义，且各有其优缺点。目前，人们普遍采用的软岩定义基本上可归于地质软岩的范畴，按地质学的岩性划分，地质软岩是指强度低、孔隙度大、胶结程度差、受构造面切割及风化影响显著或含有大量膨胀性黏土矿物的松、散、软、弱岩层，该类岩石多为泥岩、页岩、粉砂岩和泥质砂岩等单轴抗压强度小于 15MPa 的岩石，是天然形成的复杂的地质介质，其分类依据强度指标。

分析软岩的成因类型与空间展布规律、物质成分与结构特征、地质时代与强度的关系是研究软岩特殊工程性质和优化工程治理的主要问题。软岩是介于松散介质和坚硬岩石之间的岩类，它可以来源于松散介质沉积作用、成岩作用向坚硬岩石过渡的岩类，也可以来源于坚硬岩石经构造作用或风化作用向松散介质转化的岩类。因此，广义的软岩应该包括原生软岩、风化软岩、断裂破碎软岩。

软岩从成因方面可分为原生类型和次生类型，后者还可划分为风化软岩与断裂破碎软岩。

原生类型软岩主要是指沉积岩，它是由松散堆积物在温度不高和压力不大的条件下形成的，是地壳表面分布最广的一种层状岩石，黏土基质含量高，胶结程度差，吸水时往往具有膨胀性与易溶性，其工程性质与胶结物成分及含量密切相关，如泥岩、砂岩、泥灰岩、岩盐等。

次生类型软岩主要指风化软岩，岩体的风化程度随深度的增加而减弱，完整的风化剖面其风化程度划分为五带：未风化带、微风化带、中等风化带、强风化带及全风化带。对于硬质岩石风化成的软岩主要是全风化带与强风化带的风化产物。

断裂破碎软岩是由构造应力作用形成的软岩，主要包括断裂带中的软弱糜棱岩、火成岩侵入过程中的接触变质破碎软岩、层间错动的软弱层等。

通过试验研究结果表明，不同地质时期形成的软岩其经受的构造运动次数不同，成岩和压密作用不同，因而黏土矿物成分及含量也各不相同。按生成时代和黏土矿物特征可将软岩分为三种类型：古生代软岩、中生代软岩和新生代软岩。

古生代软岩主要包括中上石炭系及二叠系软岩，其主要的黏土矿物为高岭石，其次为伊利石和伊蒙混层矿物，基本上不含蒙脱石。

中生代软岩主要包括侏罗、白垩系及部分三叠系软岩，主要黏土矿物为伊蒙混层，其次为高岭石、伊利石，蒙脱石含量一般低于10%。

新生代软岩主要是第三系软岩，黏土矿物以蒙脱石为主，其次是伊蒙混层和高岭石。

软岩结构主要是指沉积岩中各种特定形态的地质界面，包括沉积层面、软弱夹层、节理层、不连续裂隙面、颗粒间的排列与接触方式，微空隙与微裂隙等。这些结构特征有着自身的独特形成过程和客观的发展历史。它是地质历史发展的产物，反映了成岩地质环境和原始应力条件以及各种外力的改造作用。不同时代类型的软岩，具有不同的结构、构造特征；古生代和部分中生代软岩由于长期上覆岩体的压实作用及经常性的构造运动影响，使矿物颗粒在接触处产生重结晶而使颗粒间形成胶结连结。同时由于成岩时间长，构造变动频繁，使矿物定向排列形成密实有序的长带状和链状微结构，岩块吸水率较低，一般小于10%，单轴抗压强度相对较高；新生代和部分中生代软岩，由于成岩时间较短，颗粒间密实性差，颗粒间常以各自的水化膜相互重叠而形成水胶连结，其微结构以无序的蜂窝状结构为特征。从胶结程度来看，以中等胶结和弱胶结为主，因而结构较疏松，吸水率为10%～70%，单轴抗压强度一般较低。

从强度方面考虑，软岩是具有强度低、变形大、环境效应和时间效应强烈的岩体。岩体分类需要考虑岩体的强度、变形特征、透水性、稳定性等，其分类按照工程对象的种类不同，如大坝、硐室、边坡工程等有各种方法。工程种类不同，考虑的分类因素各有侧重。

软岩的“软”体现了岩体内在特性，即岩石的强度较低，“弱”体现了软岩在应用方面的能力，即对于外荷载的承载能力和抗变形能力较差，软岩是处于土与坚硬岩石之间的一个层级，从成因来说，它是双向性的，可以由沉积固结而成岩，也可以由坚硬岩石风化破碎形成。

本书研究的兰州软质岩石是指形成于新近系的以砂岩、泥质砂岩、泥岩为代表的软岩和极软岩。

1.2 岩体基本质量的分级因素

工程岩体分级是采用工程地质调查、勘探、野外测试、室内试验等手段，依据单项或多项分类指标将工程建设所涉及的岩体（地基、围岩、边坡等）分成若干等级，其目的是对工程岩体的质量进行分级评价，为合理设计和安全施工提供科学依据。岩体基本质量由岩石的坚硬程度和岩体的完整程度确定，岩石的坚硬程度和岩体的完整程度由定性指标和定量指标划分。

1. 按坚硬程度划分

相关规范根据饱和单轴抗压强度的大小将岩石划分为：坚（或极）硬岩、较坚硬（或较硬、中硬、硬）岩、较软岩、软岩和极软岩5个等级。工程实践表明，兰州新近系软质岩石天然单轴抗压强度一般小于5MPa，且多因岩样浸水后迅速崩解无法进行饱和单轴抗压试验。规范推荐可根据岩石点荷载强度指数$I_{s(50)}$换算获取饱和单轴抗压强度。但由于软岩遇水膨胀崩解及蠕变特性，同样难以获取$I_{s(50)}$值。软岩的饱和单轴抗压强度远小于天然单轴抗压强度，兰州地区的软质岩石一般划为极软岩。

2. 按完整程度划分

根据岩体完整性指（系）数（K_v）将岩体分为“完整、较完整、较破碎、破碎和极破碎”5 个等级或“完整、较完整、完整性差、较破碎和破碎”5 个等级。从岩体完整性指数的定义分析，K_v 值由两部分构成，一部分是工程岩体的弹性波波速值，另一部分是工程岩体中岩块的弹性波波速值，两部分的弹性波波速值均可通过测试获得。由于新近系软岩仍处于成岩过程中，其成岩作用差，结构面不发育，岩体与岩块的弹性波波速值基本无明显的规律性差异；即便用同层位下部岩体的弹性波波速值代替岩块的弹性波波速值，与上部岩体的弹性波波速值亦相差不大。另外，岩体呈厚层—巨厚层状结构，各类结构面在岩体中不甚发育，采用岩体体积节理数（J_v）对应岩体完整性指数（K_v）基本无明显的差别，兰州地区的软质岩石按照完整程度划分为完整—较完整。

3. 按基本质量等级划分

相关规范根据上述两项指标综合评判，将岩体基本质量划分为Ⅰ、Ⅱ、Ⅲ、Ⅳ、Ⅴ共 5 个等级。其中，部分规范针对土质围岩对围岩基本质量进行了对应，并增加了Ⅵ级；另外，部分规范针对构造作用强烈的岩质围岩进行了围岩基本质量等级具体定义。结合软岩按照完整程度与坚硬程度的划分结果与相关论述，依据相关规范综合评价，兰州地区软岩基本质量等级一般为Ⅴ级；依据相关规范中对土质围岩级别的划分标准，兰州地区软岩的围岩基本分级可划至Ⅳ～Ⅴ级。

4. 按软化程度划分

根据岩石的软化系数（K_R）将岩石分为两类：当 K_R 值小于或等于 0.75 时，为软化岩石；当 K_R 值大于 0.75 时，为不软化岩石。兰州地区新近系软岩多遇水崩解，室内试验获取岩石的饱和单轴抗压强度试验难度较大，软岩的软化系数一般远小于 0.75，兰州地区新近系软岩为软化岩石。

5. 按岩石质量指标划分

自 1967 年由迪尔（Deer）等人提出了岩石质量指标（RQD），该值被广泛用于评价岩体的完整性与岩体质量分级。根据 RQD 值的大小统计判断岩体的质量，将岩体划分为：好（很好）、较好（好）、较差（中等）、差（坏）、极差（极坏）5 个等级。

新近系软岩从钻取岩芯的直观状态判断，除粗砂岩及砾岩外，软岩按 RQD 值划分的等级一般为好—较好。对于砂砾岩因粗颗粒相对基质（胶结物）属刚性体，在钻进过程中钻头研磨岩体带动粗颗粒旋转破坏弱胶结的岩体结构，造成岩芯解体；同时，在取出岩芯管过程中，钻探人员往往采用重锤敲打导致岩芯机械破碎，而并非岩体自身受结构面切割造成的岩体结构破碎。另外，迪尔（Deer）等人最初提出岩石质量指标（RQD）只是应用于硬质岩体中，后来得到工程人员的认同并在世界各国的岩石工程中得以广泛应用，但应用范围基本限于完全意义的岩石地层中。对于软弱的岩石、完整程度差的岩体来说，RQD 值往往存在很大的偏差。

6. 按结构类型划分

相关规范按结构类型划分岩体的思路主要有两种，岩土工程勘察规范及其他规范将岩体划分为：整体状结构、块状结构、层状结构、碎裂状结构、散体状结构 5 个等级；工程岩体分级标准及其他规范将岩体划分为：块状结构、层状结构、镶嵌结构、碎裂结构、散体结构5个主级，进而划分为13个亚级。上述规范中按照结构类型划分有所差异，前者注重几何指标，后者更加注重成岩机理。新近系软岩层理、节理等结构面均不发育，不同岩性的岩层之间呈胶结状态。按前者划分属“整体状结构”，按后者则属于“层状结构—巨厚层状结构”。

7. 各工程岩体分级方法对软质岩石的适用性

沉积物向沉积岩的转化过程中主要经历：压固作用、胶结作用、重结晶作用和成岩矿物的形成等。新近系软岩虽然经历了长期的成岩作用，具备一定“岩”的特性，但由于其形成时间较短，仅完成了“压固”与“胶结”两步成岩过程，仍不能完全定义为“岩”。再加上其自身的工程特性，应用现行相关规范中的工程岩体分级方法对这种半成岩进行分级评价具有一定的难度。

工程岩体分级评价方法对于兰州新近系软岩缺乏准确性，存在较大程度的局限性和不适用性，但其中部分指标对新近系软岩评价仍具有一定的指导意义。

（1）按照完整程度与岩石质量指标（RQD）划分工程岩体主要用于评价成岩程度好、节理发育的硬质岩。对成岩程度差、呈巨厚层状的新近系软岩适用性差。

（2）新近系软岩尚未完成整个岩化过程，按岩石风化程度对岩体进行划分不适用于该类岩石。

（3）按结构类型划分岩体的主级与亚级，适用于成岩节理与构造节理发育的坚硬岩体，对各类结构面不发育的新近系软岩适用性不强。

（4）按岩石的坚硬程度与软化程度划分岩体等级在新近系软岩中有一定程度的适用性，但相对分级界限过于宽泛，软岩间难以进一步划分，缺乏针对性。

新近系软岩分布地区，为了给工程设计和施工提供更为准确和科学的依据，确保合理设计、安全施工，有必要在现行相关规范工程岩体分级方法的基础上，针对新近系软岩这一类具有特殊性的岩体进行专门的工程岩体分级评价研究。

1.3 兰州软岩工程性质研究意义

兰州地区分布大量的晚白垩系及新近系陆相沉积的红色、褐红色、紫红色砂岩、泥岩等地层，工程领域将此种地基称为红层软岩地基。兰州软岩属于陆源碎屑岩，是由母岩机械破碎产生的碎屑物质经搬运、沉积及压实胶结等作用而形成的岩石。矿物组成成分和结构特征是影响软岩物理力学性质的内在因素，不同的矿物含量和微观结构对其物理力学性质有着显著、直接的影响。兰州软岩沉积厚度通常为几十米至数百米不等，白垩系至新近系可能为一连续的沉积过程，从岩性上区分白垩系与新近系软岩地层比较困难。

多年来建筑工程领域对兰州软岩地基中遇到的一些岩土工程问题感到困惑，归纳出以下几个方面：

1. 半成岩的砂岩工程性质分析时，是否可以按砂土对待

兰州黄河两岸高阶地沟谷出露的砂岩、泥质砂岩，一般不受地下水影响，含水量低（3%～10%），虽然表层局部出露的岩体，由于温差变化和雨水渗入，浅表层岩体的胶结程度相对较弱，力学性质变差，在一定程度上类似于砂土。但总体来看，将干燥状态砂岩视为比较坚硬的软质岩体，是没有异议的。

埋藏于低阶地卵石层以下的砂岩、泥质砂岩，受地下水渗入和胶结程度、颗粒组成等因素影响，软化程度和可挖性主要与胶结性质有关。大部分钻探取样受护壁液浸水扰动与操作方法影响，岩芯呈现砂土特征，含水量较高（12%～18%），饱和度达到90%以上，呈现饱和状态。钻探取样岩芯天然状态单轴抗压强度极小，但即便是芯样呈砂土状的饱水砂岩，动探、标贯击数和波速值远高于中密和密实状态的砂土。不同湿度状态，砂岩单轴抗压强度变化幅度明显，干强度很大。考虑砂岩岩体实际所处环境条件与岩芯试验条件不同，原位测试与取样试验成果具有明显差异性。

兰州地区勘察设计人员对新近系砂岩的认识，经常困扰在“岩石”与“砂土”概念之间，砂岩工程特性是按软质岩石的概念对待，还是按密实的砂类土对待，承载力设计值也进行深度与宽度修正，兰州工程界一直比较困惑。

2. 软岩的工程分类与风化分带

目前勘察成果中软岩地质定名比较随意，多以地质时代、颗粒粗细或以风化程度定名，并不能说明所在地段软岩的工程性质。近年来在基坑开挖、顶管施工中，并且通过许多工程勘察成果的宏观分析，人们已经认识到兰州软岩裂隙不发育，具有良好的完整性，但软岩的颗粒组成、矿物成分、含水状态、胶结类型和胶结程度等方面，平面分布具有明显的区段差异。长期以来，兰州工程界习惯对软质岩石进行风化程度划分，归纳起来主要有以下两种。一是定性划分的三分法，即划分为微风化岩、中风化岩和强风化岩；二是定量综合划分的六分法，如《岩土工程勘察规范》GB 50021—2001（2009年版）推荐的划分方法。受习惯工作方式的影响，兰州地区的勘测设计单位大多沿用三分法，而不同的勘测设计单位依据自身积累的经验划分风化带，其结果是往往同一区域、同样地层、不同勘测单位或不同的技术人员所划分的风化分带截然不同，所提供的地基承载力也相差悬殊。

兰州新近系软岩在成岩过程中，虽然存在风化作用与成岩作用相伴，但风化特征不明显，结构构造、矿物成分等均未产生明显变化，没有形成相对鲜明的分带现象。从野外的表征现象来看，直接出露或被第四系地层覆盖的软岩，也仅仅表现为在受大气、水及生物等外因作用影响，浅表层岩体的胶结程度相对较弱，力学性质变差，存在一定程度的土化现象，土化层之下的岩体再无明显的差异性。软质岩石的风化分带已不具有传统的地质学风化含义，仅仅为了满足工程界地基评价的惯性思维。巨厚的软岩地层工程性质随深度如何变化，是否需要划分风化程度进行定名，如何通过物理力学性质指标沿深度变化特征分析进行软岩的垂向分带，这些问题经常引起勘察工作者的思考。

3. 砂岩地基载荷试验如何确定承载力

软岩地基受开挖扰动及地下水影响，基底面砂岩表现出砂土的特征，过去经常引起设计人员的担心。软岩与卵石共同作为基础持力层时，是否会产生不均匀沉降变形，或作为不同厚度卵石地基下卧层时，如何评价地基的均匀性和进行不均匀变形设计，是结构设计人员最为关注的问题。

兰州地区砂岩在荷载作用下，干燥状态时具有较长的弹性变形段，颗粒产生缓变型蠕变，以压密变形为主；浸水状态下，弹性变形段减小，颗粒间连接强度降低，重新排列发生塑性变形；饱水后颗粒连接强度丧失，产生崩解，在动水头压力下可产生流变。基坑开挖后砂岩载荷试验结果表明，承载力受试验浸水扰动环境条件影响较大。干燥条件 p-s 曲线呈缓变型，承载力高，沉降量小于 20mm；饱水条件 p-s 曲线呈突变型，沉降量突然增大，承载力低。兰州地区的砂岩在不破坏其原状结构的情况下，其强度和变形特性都是良好的，具有比较稳定可靠的工程力学性能。

砂岩地基载荷试验承压板应该采用 300mm 小板（影响深度不足 1m），还是应该采用 800mm 大板（影响深度不足 2.5m），或是饱和扰动采用小板，干燥原状采用大板？砂岩 p-s 曲线呈缓变型，适宜采用相对沉降量确定承载力，如果采用小板，承载力偏低，采用大板，承载力偏高，是否应该规定饱和扰动地基采用大板更具代表性。同时，对于兰州砂岩地基如何进行深度修正、旁压试验确定的地基承载力与平板载荷试验结果的对应关系等，有待进一步深入试验研究。

4. 砂岩层中的地下水与基坑地下水控制

兰州砂岩的富水性、渗透性和水稳性是影响其工程特性的主要因素。以往的研究与实践普遍认为砂岩层为相对隔水层，导致砂岩基坑支护结构和地下水控制措施不合理。中等透水性砂岩基坑采用咬合桩止水时，围护结构极易形成塌孔或沉渣厚度大而出现桩间薄弱点，在基坑开挖过程中，桩间薄弱点砂岩层颗粒随地下水流入基坑内，出现涌水、涌砂现象，导致围护结构背后土体被掏空，造成安全隐患。对于降水管井，砂岩层受扰动后迅速成散沙状，甚至泥糊状，在降水井滤网外侧形成包裹层，阻塞滤网网眼，影响降水井出水量。

不同场地浅部砂岩富水性强弱和厚度并不相同，是否与砂岩层面起伏或上部含水层厚度有关，有的工程采用封闭地下水的支护方式，基坑坑底地下水随开挖深度加深而不断渗出，砂岩的渗透性是否与外围水头压力有关；如何疏干富水性砂岩层内的孔隙水、采用深井（管井滤水管进入砂岩层）降水的可行性、高水头压力下砂岩产生渗流破坏、砂岩层内降水引起细颗粒流失防护措施、止水帷幕的设置深度以及更安全、经济的支护类型的研究等，都是值得思考或深入试验分析的问题。

5. 软岩、卵石层组合地基

基底下局部分布的软岩与中密-密实卵石两种岩性的天然地基，属于岩性不均匀地基，卵石与软岩均为低压缩性，采用调整不均匀变形能力强、整体刚度好的筏板基础时，已有的工程实践证明差异沉降量不明显。层面起伏变化大，但岩性均一的软岩与卵石地基，在保证基础施工质量的前提下，是否可视为同类地基，是否需要换填处理或变更基础形式，有待基于理论分析及工程实践去解决。

1.4 兰州软岩工程性质研究方法

软岩工程性质非常复杂，岩、土性质并存，深入研究软岩的工程特性对工程建设有着重要的理论和实践意义。兰州软岩工程性质研究可以从理论研究和工程实践研究两个方面开展工作。

理论研究应包括软岩成因分布、结构构造、基本物性指标与特征、矿物组成、水理性质、单轴（无侧限）抗压强度、应力应变特征等方面。其中，软岩地基的强度与变形特性应重点关注，目前，软岩工程中的变形问题研究大致可以分为以下几种：

模型试验方法：模型试验方法是最基本的研究方法，是土力学和岩石力学发展的基础，也是对岩土材料性能认识的一种手段，包括室内岩石力学参数的测定、现场岩体原位试验、地应力的测定和岩体微观结构的测定等，模型试验方法是在概化地质力学模型的基础上，根据几何尺寸、材料物理力学性质、荷载和边界条件等，建立小尺度模型或仿真模型，研究岩土体的应力状态、变形情况以及应力-应变的关系，并对实际工程的稳定性做出分析、预测与控制。

定性分析法：定性分析评价的主要方法有理论解析法、经验类比法、工程地质类比法、统计法等。理论解析法就是在进行岩土体稳定性分析时，利用推导公式进行岩土体变形计算，从而得出弹塑性解析解；经验类比法就是利用前期勘察、岩体测试所获得的工程地质条件和工程特性以及岩体的物理力学性质等信息或类似工程条件已有的资料信息，运用岩土工程、工程地质学等学科的知识，对地基稳定性进行分析评价。

定量分析法：在工程地质分析的基础上，建立工程地质概化模型，对地基应力状态与变形、塑性区的分布范围进行定量计算，并在一定的破坏判据下评价地基稳定性。这种定量计算多采用数值模拟分析，如有限单元法、边界元法、不连续变形分析（DDA）法、离散单元法（DEM）和关键块体理论等方法。

工程实践研究应以勘察取样、原位测试、沉降观测反演、分析方法等进行分析总结，围绕软岩工程性质评价中存在的问题，研究解决方案。

在勘察取样方面，软岩地层勘探取样新技术的应用，是保证软岩性质准确评价的前提。

在原位测试方面，试验测试是认识软岩工程性质的最有效途径，目前对于兰州软岩并没有统一的试验标准和规范。应寻求采用不同的试验方法来研究软岩的特性，并对试验结果进行分析比较，筛选适用于兰州软岩的土工试验和岩石力学试验方法。

软岩地基载荷试验在具备条件的情况下，试验压力尽量施加至地基破坏，获取完整的载荷试验 p-s 曲线，记录地基土破坏特征（裂缝、隆起等现象），综合分析软岩地基破坏模式。超高层建筑和重大建设项目，可分别进行“岩基载荷试验”和“浅层平板载荷试验”对比研究，确定地基的实际变形性状和地基承载力的修正方式。

旁压试验测试地基承载力和变形参数，在软岩地基评价中具有独特的优势，制定软岩地基旁压试验操作规程，建立软岩旁压试验与载荷试验确定承载力的统计关系，是兰州软岩地基评价技术进步的标志。

积累高层建筑沉降观测资料，探讨软岩地基参数反演的方法，对勘察设计岩土参数的合理性进行验证，深化对软岩地基强度、变形特性的认识。

软岩的工程定名与工程分类方面，兰州软岩工程性状介于土和岩石之间的过渡性岩土体，目前的定名比较混乱、随意，导致这类过渡型岩土体的定名与工程性质不协调。因此，适用于岩土工程专业的软岩工程定名和工程分类有待进一步总结完善。

1.5 兰州软岩工程性质研究现状

建筑工程领域对兰州软岩工程性质研究主要在以下几方面取得了进步。

1. 逐步开展了综合勘探测试方法

过去软岩地层的勘探手段单一，钻探取样方法落后，在进行软岩地层的钻探与原状样品采取和试验时，缺乏有效的设备和规范的操作要求，原状试验样品质量不能保证。软岩的室内试验项目不配套，成果数据可信度低，离散性大，宏观分析各类软岩空间分布特征和物理力学性质变化特征时，缺乏认知的规律性，对深入认识软岩原生结构和原始状态造成了困难。

近年来，勘察工作克服了单一的勘探取样手段，逐步开展了综合勘探测试方法。为避免扰动样品，有的勘察单位开始提倡使用新式取样器设备并得到逐步推广。在现场原位测试的应用方面也取得了明显进步，钻孔内检层法波速测试基本普及，施工开挖后大量进行了现场浅层平板载荷试验。为了在勘察阶段为设计提供可靠依据，一些工程勘察过程中克服种种困难，在不同深度的软岩层内，进行旁压试验或深层载荷试验，取得了成功的经验。现场原位测试的综合应用，为分析软岩的力学性质提供了可靠依据。

进一步坚持采取先进取样设备和技术，保证原状样品质量和室内试验成果的可靠性，保证物理力学性质试验结果的真实代表性，为深入分析原生软岩的物理力学性质及其在空间分布的差异性提供依据，是今后勘探测试试验工作长期努力的目标。

2. 软岩的工程分类与定名做了初步尝试

目前勘察成果中软岩地质定名比较随意，多以地质时代、颗粒粗细或以风化程度定名，并不能说明所在地段软岩的工程性质。近年来在基坑开挖、顶管施工中已经发现，并且通过许多工程勘察成果的宏观分析，人们已经认识到兰州软岩裂隙不发育，具有良好的完整性，但软岩的颗粒组成、矿物成分、含水状态、胶结类型和胶结程度等方面，平面分布具有明显的区段差异。另外，巨厚的软岩地层工程性质随深度如何变化，是否需要划分风化程度进行定名，如何通过物理力学性质指标沿深度变化特征分析进行软岩的垂向分带，这些问题经常引起勘察工作者的思考。

勘察成果中对软岩的定名，应该为地基基础设计、基坑支护和降水设计以及施工安全防范措施提供更加明确的概念。以干密度、天然单轴抗压强度、渗透系数、耐崩解指数以及野外特征进行软岩工程分类的方法，可以通过工程实践验证进一步完善。今后，需要根据不同类型的工程，提出各类工程应该进行的软岩试验项目要求，避免盲目性。同时对试验方法和评价标准以地方规范的方式作出统一规定，以影响工程性质比较明显的物理力学指标作为兰州软岩分类定名依据。

3. 软岩的富水性、渗透性和水稳性有了进一步认识

软岩的富水性、渗透性和水稳性，是影响兰州软岩工程特性的主要因素。以往一般认为软岩具有弱透水性，按上覆卵石含水层下的相对隔水层考虑，基坑管井降水设计时按完整井设计计算。近年来发现不同场地浅部软岩富水性强弱和厚度并不相同，是否与软岩层面起伏或上部含水层厚度有关，有的工程采用封闭地下水的支护方式，基坑坑底地下水随开挖深度加深而不断渗出，软岩的渗透性是否与外围水头压力有关，软岩层内地下水如何按低渗透性含水层进行疏干降水，都是值得思考或深入试验分析的问题。

胶结程度低的软岩，软化崩解试验是衡量水稳性的主要手段，不同场地软岩对水的敏感程度、软化程度和崩解速度各不相同。如何进行软岩的水稳性试验与评价，提出软岩胶结类型和胶结程度、软化崩解试验方法的统一要求和定量评价标准，可以为认识和表述兰州软岩的水稳性差异和分区分类特征提供更有效的依据。

4. 软岩地基基础设计中承载力和变形参数的确定更加科学合理

受地下水影响被扰动的软岩地基，表现出砂土的特征，过去经常引起设计人员的担心。软岩与卵石共同作为基础持力层时，是否会产生不均匀沉降变形，或作为不同厚度卵石地基下卧层时，如何评价地基的均匀性和进行不均匀变形设计，是曾经关注过的问题。

软岩作为建筑物主要地基持力层进行基础设计时，基坑开挖后进行的载荷试验，以前常因设备能力不足，不能得到完整的压力-沉降曲线，判定的承载力偏于保守，不能满足高层、超高层建筑物设计要求。近年来，通过大吨位载荷试验取得了完整的曲线和可信的承载力特征值，但软岩地基能不能按土类地基进行深度修正，不同尺寸压板和模拟不同深度的边载试验成果，有力回答了承载力深度修正问题，为充分发挥软岩地基承载力和变刚度调平设计提供了可靠依据。

5. 软岩基坑的渗流破坏与降水设计问题有待进一步研究

兰州软岩水稳性极差，基坑工程施工过程中，虽然高度重视了软岩的渗透性和富水性以及地下水渗流破坏的影响，但是受地下水降水效果不良影响而产生的软岩层面渗流破坏，仍然是近年来兰州基坑工程事故多发的主要原因。基坑支护工程设计时，为避免地下水对软岩基底扰动或坑壁渗流破坏对稳定性的影响，有的工程尝试采取咬合桩或地下连续墙方式截水封闭的思路，大部分工程采用支护桩与锚拉组合方式加坑底二次排水或轻型井点降水。两种方法的有效性和适用性需要调查讨论，深基坑支护降水的设计施工有效方案正在不断探索中。

综上所述，通过广大工程人员的努力，对兰州软岩的认识有了明显的进步，为进一步研究软岩工程性质奠定了基础，对于仍然存在的认识困惑和设计施工方案进一步优化，有待今后结合工程继续研究。

1.6 小结

(1) 软岩是指强度低、孔隙度大、胶结程度差、受构造面切割或含有大量膨胀性黏土矿物的松、散、软、弱岩层，兰州地区软岩岩性以砂岩、泥质砂岩、砂质泥岩或泥岩为主，岩性组合以互层为特征。

(2) 新近系软岩虽然经历了长期的成岩作用，具备一定“岩”的特性，但由于其形成时间较短，仅完成了“压固”与“胶结”两步成岩过程，仍不能完全定义为“岩”，应用现行相关规范中的工程岩体分级方法对这种半成岩进行分级评价，存在较大程度的局限性和不适用性。对于兰州地区新近系软岩，为给工程设计和施工提供更为准确和科学的依据，确保合理设计、安全施工，有必要在现行相关规范工程岩体分级方法的基础上，针对新近系软岩这一类具有特殊性的岩体进行专门的工程岩体分级评价研究。

从软岩的胶结物与胶结程度、坚硬程度、软化性、崩解性及膨胀性着手，进行针对性的细化分级，建立适用于新近系软岩的工程岩体分级体系。针对软岩建立相对独立的分级评价体系，需要对体现软岩工程特性的分级因子进行系统性的梳理与厘定，需要搜集和积累大量的工程实践经验、室内试验与现场测试数据作为技术支撑。

（3）在正常的赋存环境条件下软岩自身的工程性能优于一般的土体，但如若对其在软化性、崩解性、膨胀性与蠕变性等方面的工程特性认识不清，不适宜的施工工艺和工程环境的改变将会导致其工程性状大幅度降损，造成工程投资增加，并带来安全隐患。

（4）兰州低阶地砂岩场地的勘察评价应以现场原位测试为主，客观反映软岩地基的工程特性。兰州地区的专家学者认为现行国家有关规范对砂岩地基承载力确定时，将会造成明显的偏差，应给予一定的修正，并提出了一些解决的办法，在生产实践中起到了很好的指导性作用。

（5）近年来，建筑工程领域对兰州软岩在工程技术应用方面取得了长足进展，但在基础理论研究、配套工程勘察规范方面仍显不足和滞后，需要进行不断的试验研究和更新完善。

第 2 章　兰州软岩的成因与分布

2.1　兰州软岩形成的地质背景

2.1.1　兰州地质环境概况

1. 地质构造

兰州位于祁连褶皱系中祁连加里东褶皱带的东部雾宿山隆起带皋兰山隆起带内，区内新构造运动活动时间长、范围广、升降幅度较大，表现形式多样，继承性强。新近系以来包括褶皱、断陷和断裂等的活动构造相对活跃，差异性块体升降运动与间歇性上升更趋明显。继燕山晚期在本区东北部形成一组北北西向的褶皱后，中部北北西向寺儿沟断裂转变为挤压型，北西西向金城关断裂和宋家沟断裂转变为引张型为主，形成了地堑型兰州断陷盆地。区内新构造运动主要类型有北西西、北北西和北东向线型构造。

2. 断陷盆地

受兰州区内断裂构造的控制，市区分布有兰州、七里河、柳沟河与安宁堡四个断陷盆地。

兰州断陷盆地形成于第三纪，分布在西固区以东地区，盆地的西界、南界和北界严格的受断裂的控制。由于断裂活动幅度的差异，致使南侧断陷较深，北侧断陷相对较浅。在宽 10～14km 的距离内，新近系地层沉积厚度相差甚大，反映出盆地内差异活动极为悬殊。盆地西部新近系地层沉积厚度较大，东部新近系地层沉积厚度较薄。

七里河断陷盆地在兰州断陷盆地的基础上局部断陷而成，呈菱形分布，断陷范围与七里河区的辖区基本一致，东西向长 14km，南北向宽 10km。盆地内地层由下更新统巨厚的砾卵石层组成，四周严格受断裂控制。柳沟河断陷盆地是在兰州断陷盆地的基础上局部断陷形成的，盆地形成的时间晚于兰州盆地，断陷幅度约 100m。安宁堡断陷盆地规模较小，盆地面积约 $4km^2$，四周被断裂控制，断陷盆内堆积有厚度约 100m 的风积黄土。

3. 地层岩性

第四系：受区域地质构造控制，兰州河谷盆地内第四系发育较齐全。高差较大的黄河两岸多级阶地及南北两山地区的沟谷切割较深，第四系露头较好。七里河断陷盆地内岩性为棕褐、紫红色泥质砾卵石层，结构致密，砾石颗粒大小不均，磨圆度极差，泥质含量较高；五泉山一带内岩性为一套大厚度的碎石、粉质黏土堆积，近山前颗粒大，向北逐渐变细和夹层增多；南北两山的高阶地午城黄土沉积厚度大、结构致密、土质坚硬；黄峪沟、柳沟河等沟谷地区大部分以黄土堆积为主。

新近系：兰州地区新近系地层分布范围广大，低阶地区域主要埋藏于粉土及卵石层底部，出露地表区域主要分布于黄河以北的李麻沟、沙井驿，盐场堡、青白石以北的沟谷及黄河南岸的皋兰山、五泉山、八里窑、黄峪、西果园等地的沟谷内。新近系地层与下伏皋兰群、河口群、加里东中期黑云母花岗岩均为不整合接触。

根据岩性和地层中所产化石的类型，新近系地层划分为古—始新统西柳沟组、渐新统野狐城组、中新统咸水河组和上新统临夏组，见表 2. 1-1。

兰州市区地层岩性及分布特征一览表 **表 2. 1-1**

界	系	统	代号	群(组)	地层岩性及其分布
新生界	第四系	全新统	Q_4	三家山组	浅黄色粉土，厚度 1～4m，河谷区Ⅰ、Ⅱ级阶地分布有粉土及碎石土，厚度 7～28m
		上更新统	Q_3	马兰组	浅黄色粉土，疏松，具大孔隙，垂直节理发育，厚 20～30m，河谷区Ⅲ～Ⅳ级阶地分布有同期的粉土及碎石土。另外，在大型沟谷的沟脑，分布有湖沼相的灰绿、黑灰色淤泥质粉土及碎石土
		中更新统	Q_2	离石组	浅黄褐色粉土，结构致密，含石膏结核，夹 9～23 层橘红色古土壤，厚度 88～193m，河谷区Ⅴ、Ⅵ级阶地分布同期的粉土及碎石土
		下更新统	Q_1	午城组	岩性为黄褐色粉土，致密坚硬，含黑褐色铁锰质斑点和石膏质小结核，厚度 10～186m。Ⅶ、Ⅷ级阶地分布有同期的粉土及碎石土
				范家坪组	黄褐色冰积泥砾，致密，砾石磨圆度好，偶含漂砾；下部为灰黑、灰褐色冲积砾卵石层，具水平层理
	新近系	上新统	N_1x	咸水河组	出露于皋兰山山脚一带。岩性为褐黄色、棕红色砂质泥岩，夹灰白色砂砾岩。厚度 327～434m
		中新统	E_3y	野狐城组	分布于东岗镇至五泉山一带。岩性为浅橘红色及锈黄色泥岩、砂砾岩互层，底部为灰绿色砂质砾岩或砂岩。厚度为 302m
中生—古生界	白垩系	下白垩统	K_1hk	河口群	分布于西固、河口区域。其岩性上部为紫红色砂岩、泥岩互层夹透镜状砂岩；下部为褐红色、暗红色厚层砂砾岩、砾岩夹浅灰色页岩、砂岩和泥岩，厚度 554～3022m
	前寒武系		$An€_{gl}$	皋兰群	分布于黄河北岸白塔山及十里店一带，呈北西—南东向展布。其岩性为黑云母角闪片岩、黑云母片岩、绢云母片岩夹薄层石英岩。厚度大于 546m

(1) 古—始新统西柳沟组：西柳沟组地层下部为橘红色厚层砾岩，中部为橘红色块状中—细粒砂岩，上部为橘黄色块状黏土质细砂岩夹橘黄色、橘红色中—厚层细砂岩、砂砾岩，局部段含有钙质结核。

(2) 渐新统野狐城组：野狐城组地层为浅紫红色中—厚层粉砂质黏土岩夹砖红色、浅紫红色粉砂质细砂岩，底部为砖红色含钙质结核砂砾岩，层面及裂隙石膏充填。

(3) 中新统咸水河组：咸水河组地层下部为紫红色，浅紫色粉砂质黏土岩、黏土岩夹浅黄灰色、浅紫红色、灰白色砂岩，偶夹青灰色薄层泥灰岩。底部为灰白色厚层含钙质结核细砂岩，砂砾岩；中部为浅紫红色、微红色粉砂质黏土岩夹少量灰色中层细砂岩；上部为褐黄色、微红色粉砂质黏土岩夹灰白、浅灰黄色中—细粒砂岩。

(4) 上新统临夏组：主要分布于范家坪、深沟桥、五泉山等地，岩层的出露条件较差，主要分布在陡坎下部。岩性为浅橘红色或锈黄色泥岩及疏松砂砾岩互层。其中，泥岩较致密、坚硬，砂砾岩结构疏松，具水平层理，砾石磨圆度好，砾石成分主要为石英砂岩和变质岩。该层底部为灰绿色砂质泥岩和砂岩。

（5）下白垩统河口群：主要分布于西固城西部及城关区东北部，多沿沟谷出露。岩性主要为砂岩、黏土岩、砾岩，岩层产状较平缓，形成有短轴背、向斜构造，与中—上奥陶统呈断层和不整合接触，与上三叠统、侏罗系为断层接触，与新近系为不整合关系。

2.1.2　软岩的区域性分布

西北地区的大中型山间盆地广泛分布新近系砂岩，以准噶尔、吐鲁番、哈密、塔里木及柴达木盆地等沉积为代表，其新近系发育齐全，沉积厚度大，尤其是在靠近山前地带，沉积物多为在干燥气候条件下形成的红色碎屑岩，西宁、宁夏常夹有厚度不等的石膏或岩盐夹层或团块。

甘肃红层软岩主要形成于三叠系上、中统，侏罗系上统，白垩系和新近系。白垩系、新近系红层软岩主要出露于第四纪以来上升强烈的陇中黄土高原地区，在陇南的徽成盆地、甘南高原等地也有少量出露。陇东黄土高原区则以白垩系为主，仅在平凉、环县一带分布有小面积新近系地层。甘肃红层软岩一般上覆第四系黄土，在河谷地段，堆积有第四系冲洪积物。

甘肃红层软岩分布区处于多种构造体系的复杂部位，主要构造体系有西秦岭东西构造带、北山东西构造带、古河西构造体系、祁吕贺兰山字型构造西翼、陇西旋卷构造体系及河西系构造。由于该区地处青藏高原隆起区的东北边缘地区，陇西旋卷构造体系、祁吕贺兰山字型构造体系等均属活动构造体系，新构造运动强烈。白垩系、新近系红层中褶皱、断裂构造较为发育。一般来说在盆地边缘及构造交汇接触带附近岩层倾角大，构造发育，盆地中心岩层产状相对平缓，局部呈近水平状。

兰州地区新近系软岩是外观以红色为主色调的新生代碎屑沉积岩层，以陆相沉积为主，岩性以砂岩、泥质砂岩、砂质泥岩或泥岩为主，岩性组合以互层为特征。软岩的形成具备两个条件：①适宜的古地貌条件：要有接受沉积的古沉积盆地和沉积物质，沉积盆地多为内陆盆地，物质则来源于周围山地提供丰富的岩石风化物；②适宜的古气候条件：新近系干燥炎热的古气候环境条件下，一方面岩石风化作用强烈，可以提供丰富的物源，另一方面岩石氧化作用强烈，可以形成红色外观特征。

2.2　兰州地区新近系软岩分布

兰州地区新近系软岩属陆相湖盆及山间凹地沉积，在新构造运动中被抬升，经受长期风化剥蚀及黄河的冲蚀切割作用，形成了表面起伏很大的风化剥蚀面，随后在其表面沉积了黄河各级阶地卵石和黄土状粉土，构成各级阶地的基座。

新近系软岩主要出露于黄河南北两岸的沟谷中，与下伏的河口群、皋兰群、加里东中期黑云母花岗岩呈不整合接触，其上被覆第四纪地层。在市区河谷盆地中，除新城盆地（河口镇、新城一带）基底为白垩系的砂砾岩和泥岩外，城关、七里河、安宁及西固区，下伏基岩均为新近系砂岩、泥质砂岩和泥岩。市内新近系砂岩、泥岩顶板起伏和缓，城关区一带层面标高为 1500～1515m，呈现出由西向东倾斜态势，层面坡降约 2‰；小西湖、十里店一带，层面标高在 1513m 左右；西固城一般埋深 25m 左右，接近黄河河床地带层面埋深 5～10m，标高 1525～1545m。总体来看，新近系软岩埋深在漫滩、一级阶地及二级阶地前缘为 5～10m，二级阶地中部 10～20m，后缘可达 25～30m 以上，见图 2.2-1。

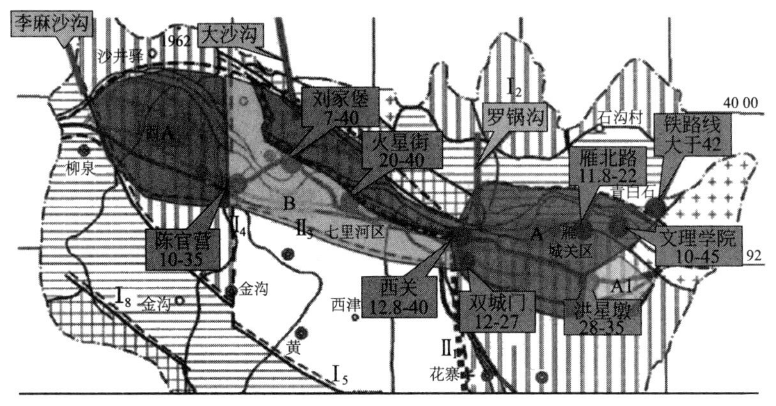

(A区：软岩埋深较浅，A1区：软岩埋深较深，B区：卵石层)

图 2.2-1　兰州市区新近系软岩分布示意图

2.3　兰州黄河阶地演化

2.3.1　兰州段黄河阶地地貌概况

兰州市境内黄土梁峁及深切沟谷地貌发育是地壳多级抬升最明显的标志，地貌形态一般表现为黄土梁峁及黄土塬，海拔最高可达 2200m，与河谷落差达 700m，河谷为地壳上升过程中受河流的下切和侧蚀作用所形成。兰州市主要发育 T1～T8 级黄河阶地，除 T1 为堆积阶地外，其余均为基座阶地，见表 2.3-1。

兰州市区黄河阶地形成时代及特征　　　　**表 2.3-1**

阶地	阶地类型	形成时代 (Ma BP)	下切速率 (mm/a)	青藏高原隆升阶段 (m)	基座高度 (m)	卵砾石厚度 (m)	黄土厚度 (m)
T1	堆积	0.01	1.00	共和运动	8	6	3
T2	基座	0.05	0.30	共和运动	20	5	20
T3	基座	0.14	0.56	共和运动	60	5	40
T4	基座	0.86	0.17	昆仑—黄河运动	140	5	100
T5	基座	0.96	0.09	昆仑—黄河运动	210	5	200
T6	基座	1.00	0.10	昆仑—黄河运动	230	3	310
T7	基座	1.20	1.00	昆仑—黄河运动	330	10	110
T8	基座	1.40	1.20	青藏运动 C 幕	410	4	90

注：据彭建兵等（2004）和潘保田等（2006）。

由于受到地貌和地质条件的影响，各阶地发育不尽相同，河流两岸呈不对称发育（图 2.3-1），北岸发育完整但分布局限，T4 以上阶地受后期流水冲刷形成丘陵状地貌；南岸主要发育 T1～T4 级阶地，尤其以 T3 级阶地发育最为广泛。阶地的发育特征反映了其与新构造运动的关系，并很好地对应了青藏高原更新世以来的阶段性隆升（彭建兵等，

2004)，其中黄河南岸的 T2～T4 级阶地高出河床 50～100m，由于近南北向沟谷切割，构成南岸的一系列的坪、台地；T5 级阶地高出河床 110～150m，保存较好的有伏龙坪后街、桃树坪等。

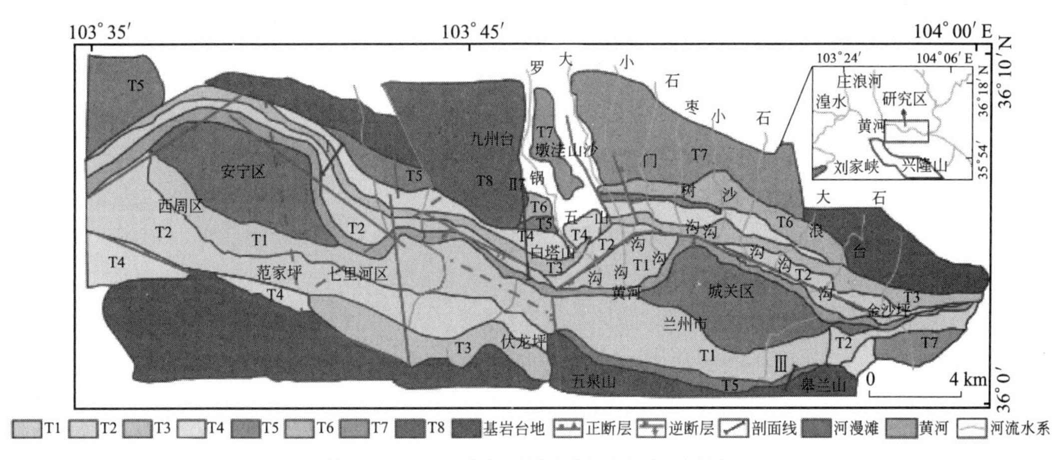

图 2.3-1　兰州市区黄河阶地分布示意图

2.3.2　兰州段黄河阶地结构特征

兰州市黄河两岸阶地形成的地质背景类似，地层组成基本相同。区内基本地层结构从下至上一般为：基岩（砂岩、泥岩）、河流冲洪积层和风成黄土，阶地基座上堆积数米厚河流砾卵石层，其上覆盖不同厚度的风成黄土，砾石层和黄土层间发育水平层理的砂土薄层，为河漫滩沉积，与下伏的卵砾石层构成阶地二元结构，不同地段略有差别，分述如下：

（1）黄河北岸安宁区阶地地层呈水平层状结构，基岩产状近于水平，无明显褶皱和断裂。泥岩层中存在软弱结构面，斜坡后缘黄土节理间距为 0.3～2.0m，将黄土切割成直立的棱形或柱状体，坡体前缘为河流相沉积，局部出露红色泥岩。

（2）九州台一带阶地地层仍呈水平层状结构，阶地出露较完整。该处斜坡带底部为变质岩，上部为新近系泥岩，阶地基座底部为卵砾石层，之上为河漫滩粉砂层，后期形成的午城黄土、离石黄土和马兰黄土依次覆盖在阶地之上。

（3）黄河南岸红山根一带地层略有变化，基底新近系泥岩倾角为 15°，坡体上覆黄土较薄，高程 1800m 处可见 T5 级阶地卵砾石层。

2.3.3　兰州段黄河阶地演变的地质过程

结合本区新构造运动间歇性抬升的特征，根据九州台黄土古土壤剖面研究成果和黄河阶地结构特征以及新近系软岩地层的研究（李保雄、苗天德，2003），兰州市黄河河谷演化可划分为 5 个阶段：

（1）黄河自距今 1.6 百万年左右诞生以来，兰州段形成目前发现最高级阶地 T8，距今约 1.4 百万年。该时期由于区域地壳抬升，南部山地隆起，北部地势低平，黄河下切，黄河 T8 阶地形成，随后接受黄土沉积。

（2）经历间歇式区域地壳整体抬升，南部皋兰山隆升速率大，北部向北掀斜，黄河贯通下切且向北迁移，距今约 1.2 百万年形成 T7 级阶地，至距今 1.0 百万年黄河 T6 级阶地形成，北岸高阶地出露后接受黄土沉积，南部山前为黄土古土壤或黄土与冲洪积层堆积。

（3）黄河主流继续整体向北迁移，自距今1.2百万年以来九州台以西河段向北摆动，以东河段向南摆动，流势渐由NEE向转为近EW向，河面仍较宽阔，黄河面貌基本形成，距今约0.96百万年黄河中游T5级阶地形成，距今0.86百万年左右T4级阶地逐渐形成，随后接受黄土沉积。

（4）T3阶地形成距今约0.14百万年，黄河现代水系格局形成，黄河古河道发生近NW向到SEE向的大迁移，流势与现代黄河已很接近。

（5）T2级阶地形成距今约0.05百万年，兰州黄河T1级阶地形成距今约0.01百万年，接受全新世黄土沉积，北部山前为黄土古土壤沉积，南部山前为黄土古土壤或黄土冲洪积层沉积，高级阶地上覆盖黄土，形成黄土梁地貌，至此黄河兰州段的现今地貌格局形成。

兰州盆地第三纪较为稳定，由于全球性的气候变暖，形成大范围的红层软岩和软岩夷平面，末期的构造运动使红岩发生轻微褶皱和挠曲。第四纪新构造运动显著，兰州盆地的新构造运动以振荡性抬升为特点，具体表现为老构造的复活，更体现为皋兰山—九州台隆起带的不均衡抬升。第四纪早更新世，随着全球气候的变凉变湿，黄河水量大增，在兰州盆地分汊形成宽大面流，红层夷平面上沉积了较厚的卵砾石层。九州台区的显著抬升，迫使黄河南移，北岸在早更新世形成Ⅵ、Ⅶ级阶地，在中更新世形成Ⅳ、Ⅴ级阶地，晚更新世形成Ⅲ级阶地，而南岸这三种类型阶地缺失。进入全新世，由于皋兰山区的更显著抬升，黄河开始北移，南岸形成宽大的Ⅰ、Ⅱ级阶地，北岸零星分布。

代表性场地兰州恒大绿洲规划区，属黄河北岸黄河高阶地及基岩山区，由于长期受地表水流强烈侵蚀切割作用，区内大部分新近系泥岩、砂岩裸露，局部残留的黄土高阶地及泥岩、砂岩残丘，演变为黄土梁峁、红层丘陵及沟谷凹地组合地貌。

在黄河北岸恒大绿洲规划区及外围区域，可追踪到较连续分布的黄河Ⅲ～Ⅷ级阶地。Ⅲ级阶地卵石层顶面代表性高程（场地东南部大沙沟桥北侧）1545m，Ⅳ级阶地卵石层顶面代表性高程（兰州城建学校操场南侧山脚）1580m，Ⅴ级阶地卵石层顶面代表性高程（至善堂老年公寓北侧山脚）1643m，Ⅵ级阶地卵石层顶面代表性高程（至善堂老年公寓北侧山体平台）1680m，Ⅶ级阶地卵石层顶面代表性高程（省计委北山林场西侧山体）1702m，Ⅷ级阶地卵石层顶面代表性高程（《四库全书》建设场地）1764m，卵石层以下为区域性夷平面，由寒武系皋兰群各类片岩或片麻岩等变质岩类组成黄土梁峁基底。

2.4 小结

（1）兰州地区新近系软岩属陆相湖盆及山间凹地沉积，在新构造运动中被抬升，经受长期风化剥蚀及黄河的冲蚀切割作用，形成了表面起伏很大的风化剥蚀面，随后在其表面沉积了黄河各级阶地卵石和黄土状粉土，构成各级阶地的基座。

（2）兰州地区新近系软岩分布范围广大，断陷盆地外部黄河低阶地区域埋藏于粉土及卵石层下部；高阶地区域主要分布于黄河以北的李麻沟、沙井驿，盐场堡、青白石以北的沟谷及黄河南岸的皋兰山、五泉山、八里窑、黄峪、西果园等地的沟谷内。

（3）根据赋存环境和含水状态，兰州砂岩可分为饱和与干燥两种类型。“饱和”砂岩分布于黄河低阶地，地下水位以下的砂岩，第四系覆盖层较薄，多作为高层建筑物筏板基础持力层；“干燥”砂岩分布于黄河两岸高阶地的基座或黄土梁峁、丘陵区埋藏于卵石或黄土状粉土下的砂岩，随着近几年城市向外围扩张，挖山填沟造地进行工程建设才开始有所涉及，研究探讨不多。

第 3 章 兰州软岩的结构与水理性质

3.1 兰州软岩的物质组成

砂岩外观一般为红色，同泥岩一起常被称为红层软岩。我国红层软岩是红色的碎屑岩沉积物和岩石风化物，主要形成于三叠纪、侏罗纪、白垩纪及新近纪的漫长地质历史时期，富含铁质氧化物，是呈红色、深红色或褐色的砂岩、泥质砂岩、粉砂岩等沉积岩类的统称。兰州地区砂岩分布范围较广、厚度比较大，除新城、青白石与什川一带为白垩系地层，其余地段砂岩均为新近系砂岩或碎屑岩类。

红层泥岩是指外观主色调为红色的碎屑和黏土沉积岩，主要形成于白垩纪、侏罗纪、三叠纪及新近纪的河湖相沉积。甘肃境内的红层泥岩分布面积约 7.956 万 km^2，约占全省总面积的五分之一。

3.1.1 软岩的颗粒组成

1. 砂岩的颗粒组成

兰州红楼时代广场的砂岩试样肉眼观察特征基本相近，新鲜面为红褐色或褐红色，具致密块状结构、细—中粒结构。颗粒分析试验表明，粒径大多集中于 0.25～0.075mm，含量为 59.9%～90.2%，平均为 74.7%；粉粒含量小于 7.7%，平均为 2.85%；黏粒含量小于 1.0%。颗粒分析的曲率系数为 0.98，不均匀系数介于 2.26～2.32，颗粒均匀，粒径主要分布在 0.075～0.25mm，见表 3.1-1、图 3.1-1。

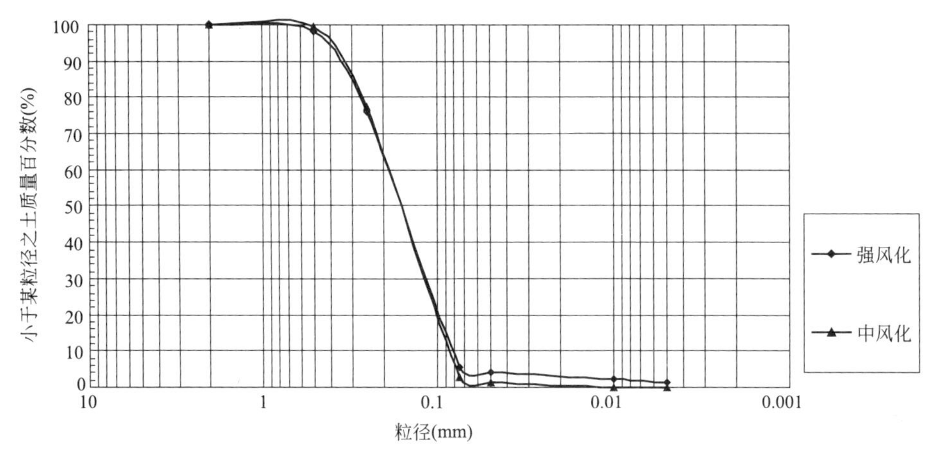

图 3.1-1 砂岩颗粒分析曲线

砂岩颗粒组成指标统计表　　　表 3.1-1

地层岩性	统计指标	颗粒组成(%)						
		2～0.5mm	0.5～0.25mm	0.25～0.075mm	0.075～0.05mm	0.05～0.01mm	0.01～0.005mm	<0.005mm
强风化砂岩	最大值	8.00	11.80	84.00	1.50	4.60	3.00	4.50
	最小值	1.10	44.80	53.90	1.20	0.00	0.00	0.00
	平均值	2.19	23.77	70.80	1.33	1.53	1.00	1.50
中风化砂岩	最大值	2.10	8.40	90.20	2.60	3.50	1.60	0.90
	最小值	1.10	37.60	59.90	0.80	0.00	0.00	0.00
	平均值	1.51	21.86	74.72	1.45	1.24	0.16	0.04

地层岩性	统计指标					
	d_{60mm}	d_{50mm}	d_{30mm}	d_{10mm}	C_u	C_c
强风化砂岩	0.19	0.17	0.125	0.084	2.26	0.98
中风化砂岩	0.20	0.17	0.13	0.086	2.32	0.98

本工程场地细砂岩主要由粒径介于 0.075～0.25mm 的细砂粒组成，粒径大于 0.075 的颗粒含量大于 85%，其次为粒径 0.5～0.25mm 的中砂颗粒和粒径 0.075～0.005mm 的粉粒。粒径小于 0.005mm 的黏粒含量极少，砂岩泥质胶结物质很少，胶结程度很差。

根据风化程度不同，分别统计强风化与中风化砂岩的物理性质指标见表 3.1-2，砂岩的比重变化不大，表明其矿物及颗粒组成比较稳定，含水率及密实度较高，随深度变化关系不明显。由于钻探取样时受护壁泥浆的影响，试验岩芯样品外围含水率和结构不能保持原始状态，样品内部所受影响较小，在钻探岩芯管内观察，砂岩含水率和密实度普遍较高。经室内含水率测定离散性较大，但仍可见中风化带含水率（w）略低于强风化带，干密度（ρ_d）则大于强风化带的趋势；孔隙比（e_0）变化范围较大，介于 0.426～0.604，接近密实砂土，强风化带略大于中风化带；岩样饱和度均在 50%左右。

砂岩物理力学指标统计表　　　表 3.1-2

地层名称	统计值	指标				
		含水率(%)	初始密度(g/cm^3)	干密度(g/cm^3)	孔隙比	残余饱和度(%)
强风化砂岩	样本数	3	3	3	3	3
	最大值	15.10	2.04	1.77	0.619	78.00
	最小值	1.10	1.68	1.66	0.518	5.00
	平均值	10.07	1.90	1.73	0.559	51.00
中风化砂岩	样本数	24	20	20	20	20
	最大值	19.50	2.09	1.89	0.604	91.00
	最小值	2.30	1.79	1.68	0.426	13.00
	平均值	10.98	1.94	1.77	0.521	50.70
	标准差	5.64	0.11	0.07	0.06	27.30
	变异系数	0.514	0.056	0.037	0.108	0.538
	标准值	12.99	1.90	1.75	0.54	61.42

甘肃财富中心砂岩试样肉眼观察特征基本相近，新鲜面为红褐色或褐红色，具细粒结构。砂岩颗粒分析表明，粒径大多集中于 0.25～0.075mm，含量为 70.2%～81.7%；<0.075mm 粉粒含量为 2.9%～9.6%。颗粒分析的曲率系数介于 0.84～0.87，不均匀系数介于 2.04～2.36，颗粒均匀，粒径主要分布在 0.075～0.25mm，见表 3.1-3、图 3.1-2。

砂岩颗粒组成指标统计表 **表 3.1-3**

地层编号	统计指标	颗粒组成(%)			
		2～0.5mm	0.5～0.25mm	0.25～0.075mm	<0.075mm
强风化砂岩	最大值	3.1	12.2	84.6	9.6
	最小值	3.1	6.5	80.8	6.1
	平均值	1.0	9.0	82.4	7.6
中风化砂岩	最大值	1.8	24.0	80.0	3.9
	最小值	1.1	15.6	70.2	2.9
	平均值	1.0	20.8	74.8	3.3

地层岩性	统计指标				
	d_{60mm}	d_{30mm}	d_{10mm}	C_u	C_c
强风化砂岩	0.16	0.10	0.08	2.08	0.86
中风化砂岩	0.19	0.12	0.08	2.24	0.85

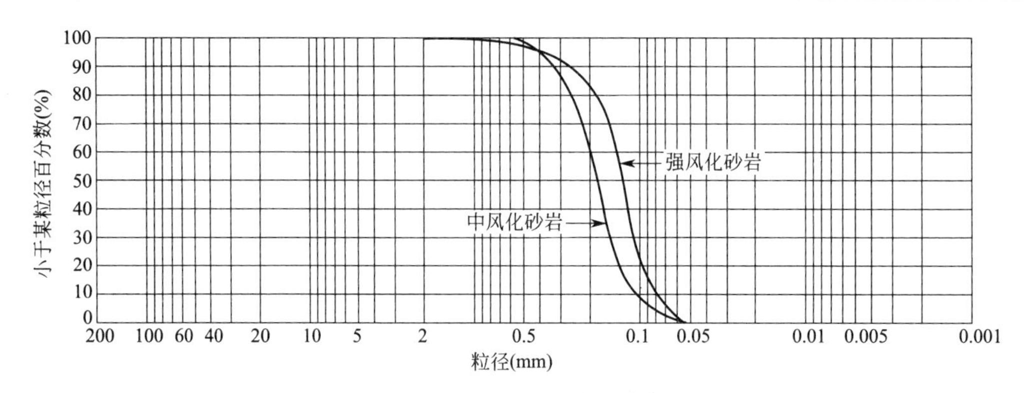

图 3.1-2 砂岩颗粒分析曲线

甘肃财富中心场地细砂岩主要由粒径介于 0.075～0.25mm 的细砂粒组成，粒径大于 0.075mm 的颗粒含量大于 85%。随深度增加，大于 0.25mm 颗粒含量增大，小于 0.075mm 颗粒含量减少。

对兰州不同区域砂岩的颗粒组成进行统计见表 3.1-4 和图 3.1-3，公交五公司区域的砂岩颗粒在粒径 0.5～20mm 的含量最多，西关区域的颗粒含量集中在粒径 0.25～10mm 之间，红楼时代广场、财富中心、省政府、雁北路、邮电以及火车站所在区域的颗粒含量的大都集中在粒径 2～5mm 与 0.25～2mm。

砂岩粒径分析结果 **表 3.1-4**

区域	小于某粒径百分比含量(%)							
	<20mm	<10mm	<5mm	<2mm	<1mm	<0.5mm	<0.25mm	<0.075mm
公交五公司	100	91.2	88.3	72	62.9	54.4	35.2	4.3
西关		100	96.5	89.6	84.6	75.5	51.9	5.5
省政府			100	94.7	90.7	82.1	52.3	3.4
红楼时代广场				100	97.8	85.9	70.8	1.3
财富中心				100	99.0	90.0	82.4	3.8
邮电				100	96.6	87.6	55.4	1.8
火车站				100	99.7	97.2	82.1	1.9
雁北路			100	96.7	88.9	72.3	48.6	2.3

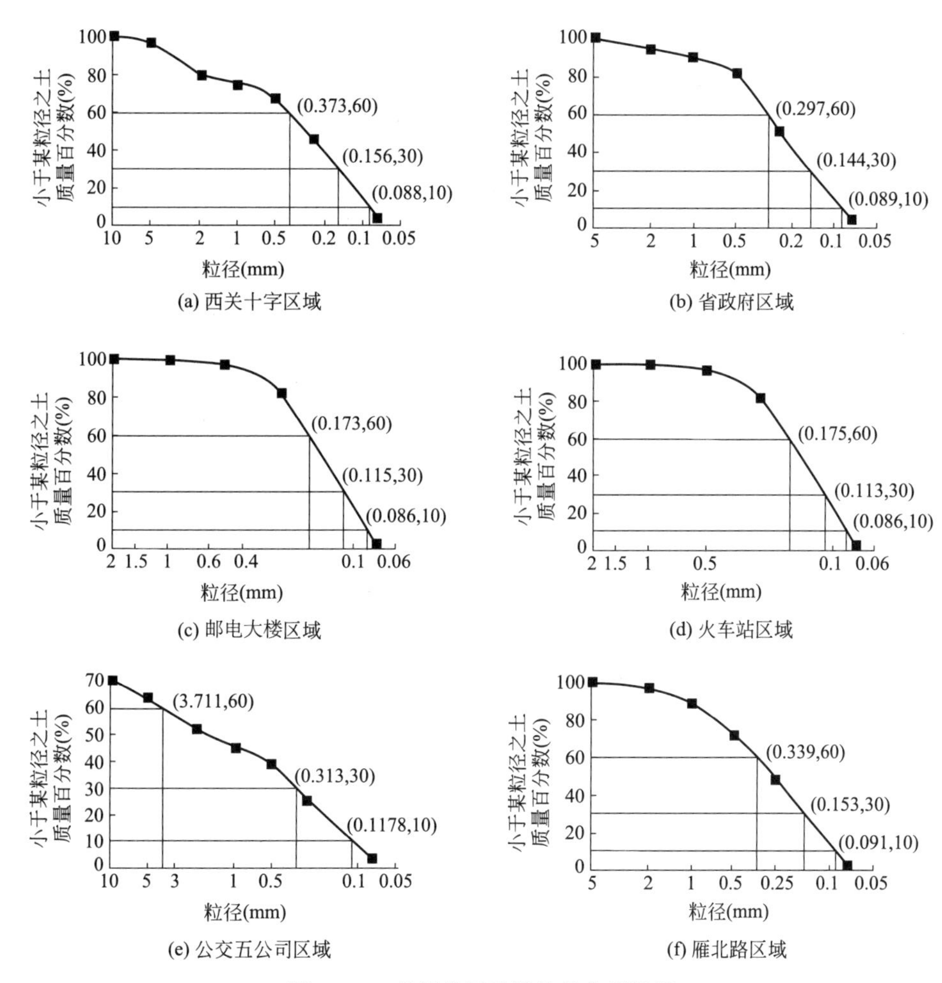

图 3.1-3　兰州地区砂岩粒径分析结果

2. 泥岩的颗粒组成

兰州两项工程泥岩的颗粒组成见表 3.1-5，<0.005mm 含量分别约占总重量 19.17%和 57.89%，黏粒含量变化较大。根据相关数据，不仅在不同地区之间泥岩的颗粒组成差异较大，在同一岩组内变化也很大。

泥岩基本物理性质　　**表 3.1-5**

编号	颗粒级配及其含量(%)				自由膨胀率(%)
	<0.002mm	0.005～0.002mm	0.005～0.075mm	>0.075mm	
文昌阁	27.27	30.62	20.95	20.95	52.00
徐家山	12.42	6.75	21.79	58.08	40.00

天然状态下泥岩中含有较多的黏土颗粒，其中一些细小的黏土颗粒堆积在一起构成了较大的黏土颗粒；泥岩的粗颗粒部分主要是由石英、长石等构成，而在粗颗粒周围黏附着许多细小的黏土颗粒，起到了链接的作用；通过高倍放大可以发现原本细小的黏土颗粒则是由更加细小的黏土颗粒堆积组成，这些黏土颗粒间主要是面对面接触或点对面接触。

3.1.2 软岩矿物组成

1. 砂岩的矿物组成

从兰州地区的典型区域基坑开挖面选取 17 个样本，通过 X 射线衍射试验（XRD）分析岩土体矿物成分与晶体结构，进行岩石矿物成分鉴定，得到的岩样矿物成分鉴定结果见表 3.1-6 和表 3.1-7。

各典型区域砂岩矿物成分（%） 表 3.1-6

区域名称	石英	钾长石	斜长石	黏土	方解石	其他
红楼时代广场	64	12	11	1	3	9
财富中心	62	13	12	3	4	6
西关十字	60	10	12	3	3	12
省政府	70	10	13	2	—	5
邮电大楼	55	15	16	6	1	7
火车站	65	15	12	5	—	3
公交五公司	60	10	11	7	2	10
雁北路	57	9	17	10	4	3

X-ray 全岩矿物定量分析结果（%） 表 3.1-7

工点	样品编号	黏土矿物	石英	钾长石	斜长石	方解石	铁白云石	磁铁矿	非晶质
雁园路	1	7	71	8	8	—	2	—	4
	2	7	78	—	10	—	—	—	5
	3	5	80	—	9	—	2	—	4
定西路	1	7	61	7	8	3	3	4	7
	2	7	67	9	8	—	3	—	6
	3	5	49	—	8	33	—	—	5
雁北路	1	8	71	7	8	—	—	—	6
	2	9	71	—	11	—	—	3	6
	3	6	68	—	10	11	—	—	5

砂岩矿物成分分析和特征描述见表 3.1-6 和表 3.1-8，各典型区域砂岩所含矿物成分基本相同，均含有石英、长石、岩屑，且石英含量最多，含量均达到 55%以上，长石次之，岩屑最少。

兰州各典型区域砂岩特征 表 3.1-8

区域名称	岩性定名	特征描述
省政府	中—细粒长石砂岩	岩石碎屑为石英、长石及少量岩屑，岩屑主要为变质岩、硅质岩；部分岩屑边缘具泥质薄膜。中—细砂级，分选较好，次圆—圆状。孔隙式胶结，胶结物为泥质。胶结松散，胶结物少见，粒间孔发育
西关十字	中—细粒长石砂岩	岩石碎屑为石英、长石及少量岩屑，岩屑主要为变质岩、变质石英岩、硅质岩；部分长石具风化现象。碎屑边缘具泥质薄膜。中—细砂级，个别达粗砂级，分选较好，次圆—圆状。孔隙式胶结，胶结物为泥质及方解石
邮电大楼	中—细粒长石砂岩	岩石碎屑为石英、长石及少量岩屑，岩屑主要为变质岩、变质石英岩、硅质岩；部分长石具风化现象。碎屑边缘具泥质薄膜。中—细砂级为主，个别达粗砂级，分选较差，次圆—圆状。孔隙式胶结，胶结物为泥质，偶见方解石。胶结松散，粒间孔发育
火车站	细粒长石砂岩	岩石碎屑为石英、长石及少量岩屑，岩屑主要为变质岩、硅质岩；碎屑边缘具泥质薄膜。细砂级为主，分选较差，次圆—圆状。孔隙式胶结，胶结物为少量泥质。胶结松散，胶结物少见，粒间孔发育

续表

区域名称	岩性定名	特征描述
公交五公司	不等粒长石砂岩	岩石碎屑为石英、长石及少量岩屑，岩屑主要为变质岩、硅质岩；极细砂—中砂级为主，个别粗砂级，分选较差，次棱—次圆。孔隙式胶结，胶结物为泥质，偶见方解石
雁北路	中—粗粒长石砂岩	岩石碎屑主要为石英、长石、岩屑；岩屑主要以变质石英岩岩屑为主，其他为黑云母、硅质岩、泥岩等岩屑，偶见火成岩岩屑。长石具风化现象。孔隙式胶结，胶结物主要为泥质，少量方解石。岩石松散，成岩度较差

兰州地区砂岩所含亲水性矿物（蒙脱石、伊利石、高岭石）和可溶性矿物较多，亲水性矿物遇水发生物理化学反应，砂岩固体颗粒有效联结应力下降，颗粒脱离硅、铁、钙、泥质胶结物的链接从而失去了胶结能力，生成了新的次生矿物从而改变了岩体的微观结构，致使岩石的软化性增强。

2. 泥岩的矿物及化学组成

兰州两项工程泥岩中全岩矿物、黏土矿物成分及其含量见表3.1-9。

泥岩矿物成分　　表3.1-9

试样编号	全岩矿物成分和含量(%)							黏土矿物相对含量(%)				
	石英	钾长石	斜长石	方解石	白云石	赤铁矿	石膏	黏土矿物	蒙脱石	伊利石	高岭石	绿泥石
文昌阁	27.8	—	5.4	13.0	1.8	3.1	<0.1	48.9	—	65	11	19
徐家山	45.1	7.9	6.2	8.6	1.0	1.1	0.8	29.3	66	17	9	8

依据测试结果，泥岩内全岩矿物以石英、黏土矿物、方解石为主。两处风化泥岩的颗粒级配、黏土矿物类型及其含量等有明显差异，徐家山滑坡泥岩中黏粒含量低于文昌阁滑坡泥岩，其中亲水性强的黏土矿物含量更高。

根据张晋东等人对宝兰客专兰州段泥岩软化特性的微观研究，泥岩中的氧化物主要为SiO_2、Al_2O_3及CaO，含量分别为55.59%、13.26%及7.69%，这3种合计占泥岩化学成分的76.54%，说明泥岩主要化学成分是SiO_2、Al_2O_3及CaO；泥岩中微量元素主要为P、Ba及Mn，含量分别为632μg/g、603.6μg/g及558.6μg/g，3种微量元素合计为1794.2μg/g，占总微量元素的67.9%。

3.2 软岩的岩体结构构造特征

岩体是指天然产状的岩石和分布在其中的结构面（如层面、裂隙、断层等）形成的总体。岩体结构面是自然地质历史过程中岩体内形成具有一定方向、一定规模、一定形态和特性的面、缝、层、带状的地质界面。结构面的成因、类型、规模、性状、物质组成对岩体可利用性、岩体整体与局部稳定性分析评价等有重要影响。因此，分析软岩岩体结构面的形成环境、展布规律、发育特征以及工程特性是研究软岩岩体结构特征的基础。

3.2.1 岩体的结构面特征

1. 结构面类型

岩体结构面可分为原生结构面和次生结构面两类。原生结构面是指岩石在生成过程中所形成的结构面，如沉积岩中的层理面、软弱夹层、沉积间断面和古风化面等。次生结构面，是指岩石生成以后，在地球内、外动力地质作用下所形成的结构面，包括构造结构面和非构造结构面。构造结构面主要由内动力地质作用所形成，如断层面、褶皱层面、错动面、节理面、劈理面等。非构造结构面主要由外动力地质作用所形成，如岩石的风化裂隙面，因岩体应力释放形成的卸荷裂隙，以及因人为爆破在岩石中所形成的破裂面等。工程岩体结构面的成因类型划分见表 3.2-1。

岩体结构面地质成因类型表 **表 3.2-1**

序号	成因	地质类型	主要特征
1	沉积结构面	1. 层面 2. 软弱夹层 3. 沉积间断面	1. 产状与岩层一致 2. 一般延续性较强 3. 易受构造及次生作用而恶化
2	火成结构面	1. 火成接触面 2. 岩流层面 3. 冷凝节理	1. 产状受岩浆形态控制 2. 接触面一般延续长、原生节理较短小 3. 火成岩流间可有泥质充填
3	变质结构面	1. 片理 2. 软弱夹层	1. 产状有区域性 2. 延续一般较差 3. 在深部一般闭合，地表明显
4	构造结构面	1. 劈理 2. 节理 3. 断层 4. 层间破碎夹层	1. 产状和岩层产状有一定关系 2. 特性和力学成因关系密切 3. 常为构造演化产物
5	表生结构面	1. 卸荷裂隙 2. 风化裂隙 3. 风化夹层 4. 泥化夹层 5. 层面及裂隙夹泥	1. 在地表部位发育 2. 延续性不强 3. 产状变化大 4. 结构面常有泥质物填充

2. 结构面分级

结构面的工程地质分级一般根据结构面的规模、工程地质性状及其工程地质意义进行，目前岩体结构面分级见表 3.2-2。

结构面分级及其特征 **表 3.2-2**

级序	分级依据	力学效应	力学属性	地质构造特征
Ⅰ级	结构面延展长，几公里至几十公里以上，贯通岩体，破碎带宽度达数米至数十米	1. 形成岩体力学作用边界 2. 岩体变形和破坏的控制条件 3. 构成独立力学介质单元	1. 属于软弱结构面 2. 构成独立的力学模型-软弱夹层	较大的断层
Ⅱ级	延展规模与研究的岩体相当，破碎带宽度比较窄，几厘米至数米	1. 形成块裂体边界 2. 控制岩体变形和破坏方式 3. 构成次级地应力边界	属于软弱结构面	小断层、层间错动带
Ⅲ级	延展长度短，从十几米至几十米，无破碎带，面内不夹泥，有的具有泥膜	1. 参与块裂岩体切割 2. 划分Ⅱ级岩体结构类型的重要依据 3. 构成次级地应力场边界	多数属坚硬结构面，少数属于软弱结构面	不夹泥、大节理或小错动面、开裂的层面
Ⅳ级	延展短，未错动，不夹泥，有的呈弱闭合状态	1. 划分岩体Ⅱ级结构类型的基本依据 2. 是岩体力学性质、结构效应的基础 3. 有的为次级地应力场边界	坚硬结构面	节理、劈理、层面、次生裂隙

续表

级序	分级依据	力学效应	力学属性	地质构造特征
Ⅴ级	结构面小，且连续性差	1. 岩体内形成应力集中 2. 岩块力学性质结构效应基础	坚硬结构面	不连续的小节理、片理面

参考上表，兰州软岩中的结构面具有的几个特点：

从结构面成因来看，软岩中主要是沉积层面，其控制着岩体的变形和破坏，因此兰州软岩结构面属于Ⅲ、Ⅳ、Ⅴ级；但在区域构造附近的软岩，岩体内部也分布断层和节理，此时有Ⅰ、Ⅱ级结构面。

从结构面的力学属性来看，兰州软岩多数为软弱结构面，少数为硬性结构面。泥岩与砂岩和砾岩间的沉积界面都属于软弱结构面，而砂岩和砾岩之间的则可视为硬性结构面。从兰州地区多个基坑、边坡等工程施工案例来看，软岩地区施工后一定时间内，软岩岩体中很容易形成结构面小、数量多、连续性差的表生结构面，结构面等级可划分为Ⅳ、Ⅴ级。

此外，兰州软岩中分布有大量的物质界面，如砂砾岩中的泥岩透镜体团块，泥岩中的砂砾岩透镜体。这些透镜体中间厚周边薄，被非渗透岩层封闭，冬季水在土体中结冰膨胀，同时由于水分的迁移和补给，在岩层中也会形成冰层和透镜体。因此，兰州软岩中的结构面具有一定的特殊性。

3.2.2　软岩岩体结构类型

《岩土工程勘察规范》GB 50021—2001（2009年版）、《工程岩体分级标准》GB/T 50218—2014将岩体结构类型分为块体结构、层状结构、碎裂结构、散体结构四类，其中又将层状结构细分为层状同向结构、层状反向结构、层状斜向结构、层状平叠结构四个亚类；考虑岩体完整程度、结构面结合程度、结构面产状、直立结构自稳能力四个方面的因素，将岩体结构面完整程度分为完整、较完整、较破碎、破碎、极破碎五类。

根据兰州软岩勘察实践，白垩系岩体大多属于块体结构、层状结构和碎块结构，而新近系和古近系软岩岩体大多属于块体结构、层状结构，岩体结构面完整性程度多为较完整—完整。

3.2.3　软岩崩解的微观特性

1. 砂岩崩解微观特性

砂岩崩解速率受多种因素共同影响，最大影响因素是渗透系数、黏土矿物含量和含水率。当砂岩干密度小于 $2g/cm^3$ 时，渗透系数和含水率对砂岩崩解速率的影响起主导作用；当砂岩干密度大于 $2g/cm^3$ 时，黏土矿物含量对砂岩崩解速率的影响起主导作用。

砂岩崩解前岩体表面有较多的砂岩颗粒和絮状连接物，崩解完成后砂岩颗粒之间的絮状连接物消失，砂岩颗粒从岩体表面脱落，形成较平整的水岩界面。砂岩本身存在孔隙和裂隙，水通过浅层孔裂隙渗入到岩体内，浅层黏土矿物吸水膨胀，水进入砂岩颗粒内将空气排出产生冲击颗粒作用力，非水稳性胶结键断裂导致颗粒间原子与离子间作用力减弱，颗粒间黏聚力降低表层颗粒脱落。随着崩解量增加，岩样体积变小，与水接触面积减小，崩解速率减小，直至崩解完成。

2. 泥岩崩解微观结构特征

崩解中期时的泥岩试样中元素的含量不同于天然状态时的泥岩，含量最多的是O、

Si、C、Al 和 Fe。崩解中期的黏土颗粒体积比天然状态时要大了许多，同时由于水的作用，使得较大的黏土颗粒更加容易发生脱落，泥岩遇水后其致密性以及强度迅速降低，这与黏土颗粒中矿物遇水体积逐渐膨胀有关。

泥岩完全崩解以后，细小颗粒松散无序地堆积在一起，孔隙和裂缝连通，微结构完全破坏。这是由于水与泥岩中的矿物发生了溶蚀与次生作用，使得泥岩试样进一步产生次生孔隙，孔隙又发展成裂缝，随着试样中孔隙和裂缝数量的不断增加，泥岩的强度不断降低，最终泥岩试样完全崩解泥化，使得其力学强度急速降低，流变性迅速增大。

3.3 水对兰州地区软岩的影响

3.3.1 软岩分布区地下水类型及特征

兰州市区主城区浅层地下水，一般属于第四系松散层孔隙潜水类型，根据含水层性质可分为第四系松散层孔隙潜水和基岩裂隙潜水。

1. 第四系松散层孔隙潜水

(1) 西固—七里河盆地内孔隙潜水

该段主要位于七里河断陷盆地内，所揭露的地下水为第四系松散层孔隙潜水，地下水主要赋存于第四系全新统冲洪积（Q_4^{al+pl}）砂卵石层以及下更新统冲积（Q_1^{al}）卵石层中，地下水类型属兰州断陷盆地松散岩类孔隙潜水，曾经是兰州市的主要水源地。区内埋藏有大厚度砂卵石构成的含水层，最大厚度可达 310m。该区砂卵石层大致可以分为 2 层，上部 150m 左右为疏松的砂卵石，下部砂卵石颗粒变细，含水层主要位于上部 150m 范围以内。

(2) 城关—雁滩盆地内黄河阶地孔隙潜水

该区段位于黄河南岸Ⅰ～Ⅱ级阶地，地下水类型为黄河阶地松散岩类孔隙潜水。地下水主要赋存于第四系全新统冲洪积（Q_4^{al+pl}）砂卵石层。区内由砂卵石构成的含水层，厚度可达 7～17m。卵石下部的砂岩、泥岩为相对隔水层，砂岩、泥岩层顶部分布孔隙、裂隙水。

2. 新近系砂岩、泥岩孔隙、裂隙潜水

基岩裂隙水分布不均、赋存和运动规律复杂。由于径流缓慢，一般为高矿化度水，主要接受上部潜水的越流补给，以潜流形式排泄。

兰州市城关区黄河右岸二级阶地地带，地下水动态主要受季节变化的影响，一年中表现为一个高水位期和一个低水位期。地下水的高、低水位期与季节变化同步，水位变化幅度较小，一般在 1.0～1.5m 的范围内。高水位期约 3 个月，季节性变化明显。主城区内地下水埋藏深度变化较大，兰州市区地下水埋深如表 3.3-1 所示。

兰州市区地下水埋藏深度　　表 3.3-1

地　区	地下水位埋深(m)	地　区	地下水位埋深(m)
小西湖至五里铺一级阶地	5.0～8.0	排洪南路停车场二级阶地	7.0～11.0
五里铺至东岗二级阶地	12.0～18.0	定西路至南河排洪道一级阶地	5.0～7.0
东方红广场至邮电大楼一级阶地	4.0～8.0	南河排洪道至雁北路高漫滩区	5.0～7.0
邮电大楼至定西路二级阶地	7.0～11.5		

3.3.2 水对兰州地区砂岩抗剪强度的影响

基岩裂隙水对软弱结构面、软弱夹层和破碎带的浸泡、软化作用导致岩体强度降低甚至解体，极易诱发坍塌、大变形等工程事故，对施工安全及建成后的运营管理构成严重威胁。

水是导致岩土抗剪强度衰减的最主要和最活跃的因素。地下水通过与岩土之间一系列的物理化学和力学作用，改变岩土抗剪强度。具体表现为水在岩土孔隙内产生孔隙水压力，减小岩土颗粒间的有效应力，降低岩土抗剪强度；孔隙水通过溶解岩土中可溶盐、与岩土中亲水的黏土矿物发生阳离子交换、改变黏粒双电层厚度等化学和物理作用改变岩土抗剪强度；一定水力梯度下，地下水流携带走岩土中的细小颗粒，也会降低岩土强度。

付翔宇对兰州地区砂岩进行了不同含水率下砂岩试样的单轴压缩试验研究，解释了不同含水率砂岩的变形特征、破坏模式以及力学性质变化特征，并对试验数据进行拟合，得出不同含水率下对应的砂岩强度曲线，如图3.3-1所示。

从图3.3-1可以看出，随初始含水率的增加，砂岩的单轴抗压强度呈持续下降趋势，含水率与强度的关系曲线基本呈线性负相关关系，初始含水率时强度达到最大值12.82MPa，在含水率为5%时强度降至最低0.77MPa。大致以含水率2%为拐点，低含水率时强度曲线较陡，含水率在2%～5%，强度曲线下降则较为平缓。

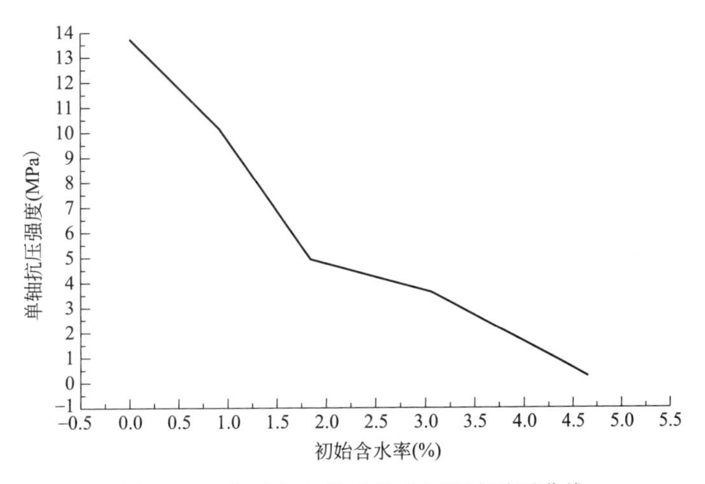

图3.3-1 初始含水率-单轴抗压强度关系曲线

造成强度变化率差异的主要原因存在两个方面：一是岩石的构造，岩石内部的细小空洞与狭长裂隙导致其在微观上的不连续，同时由于自然环境的侵蚀，导致其存在天然节理面，且裂隙在一般情况下各种矿物填充，颗粒之间的胶结强度直接决定了岩石强度的大小；二是水的物理化学作用与力学效应，水分子进入岩石后会填充岩石的裂隙，导致填充物溶解于水分子，造成颗粒间胶结失去稳定性，岩石特殊结构与水的溶蚀效应共同作用导致其强度劣化。

兰州地区砂岩多属泥质胶结，天然状态下风化严重，骨架颗粒之间由风化后的细小颗粒与矿物质填充、胶结，在遇水的过程中，胶结物溶于水，导致颗粒之间的胶结变得松散。在初始阶段，岩石强度变化降低的主要原因是水的量较少，渗透进岩体的不连续面（如坚硬岩石中的裂隙面、节理面与层理面），主要起润滑作用，使不连续面上的摩擦力减小和作用在不连续面上的剪应力增强，导致强度发生下降。而随着渗水量增加，初始含水率升高，岩石胶结物部分易溶性矿物质迅速溶解，因此，由矿物颗粒胶结而成的岩块在小压力下就会发生整体破坏，导致强度迅速降低，此时强度变化率达到最高。随着水分子的继续渗入，一些难溶于水和微溶于水的矿物质溶于水中，但是溶解速率较慢，虽然岩石的单轴抗压强度下降，但是下降速率却开始变得缓慢。随初始含水率的增加，砂岩的单轴抗压强度一直呈下降趋势，含水率与强度的关系曲线基本呈线性关系。

3.4 软岩渗透特性

兰州地区泥岩渗透系数一般小于 10^{-7}cm/s，一般认为，兰州地区泥岩为不透水层，工程界比较关注砂岩的渗透特性，以下主要介绍兰州地区砂岩的渗透特性。

兰州某建设场地所采集的 30 组试样渗透系数均值分布范围如图 3.4-1 所示，渗透系数 k 介于 5.07×10^{-4}～1.23×10^{-3}cm/s，其渗透系数与粉砂较为相似。变水头渗透试验所测得的横向渗透系数略大于纵向渗透系数，说明水平方向为其主要渗透方向，如图 3.4-2 所示。

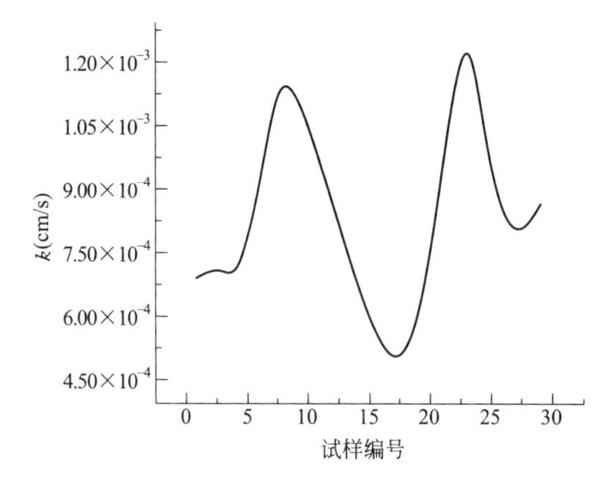

图 3.4-1　各取样点常水头渗透系数

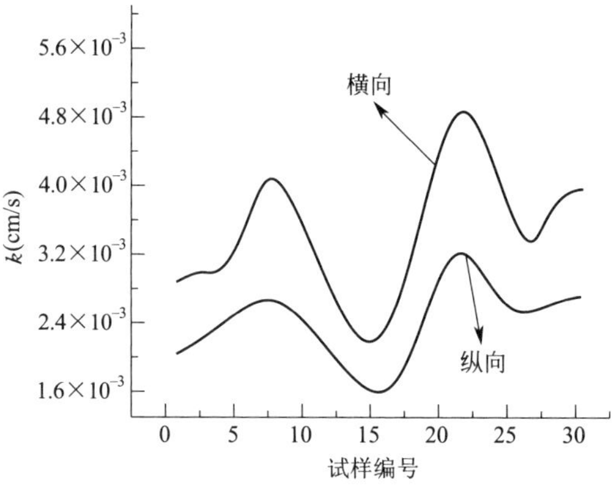

图 3.4-2　各取样点变水头渗透系数

1. 砂岩渗水现场试验

现场渗水试验通过记录水流从储水池流向蓄水池的渗流量和渗透时间来确定砂岩的渗透系数。原位渗水试验弥补了室内渗透试验对于岩样的扰动，更加直观地反映了砂岩层的渗水过程。渗透过程中渗水量与渗透时间的关系曲线如图 3.4-3 所示。

试验结果表明，现场渗水试验中砂岩两小时平均渗水量约为 0.216m^3，砂岩渗透系数介于 2.40×10^{-3}～4.05×10^{-3}cm/s，平均渗透系数为 3.13×10^{-3}cm/s。

采取室内渗透试验、抽水试验以及现场渗水试验确定其渗透系数如表 3.4-1 所示，根据《水利水电工程地质勘察规范》GB 50487—2008 的规定，砂岩的透水等级为中等透水。岩土体渗透性分级见表 3.4-2。

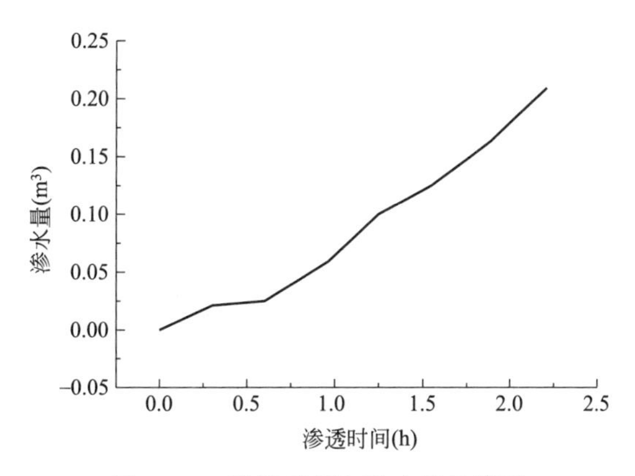

图 3.4-3　渗透时间与渗水量的关系

各类试验所得渗透系数汇总表　　表 3.4-1

试验方法	渗透系数范围(cm/s)	平均值(cm/s)
变水头竖向试验	$2.91\times10^{-4}\sim4.17\times10^{-3}$	2.40×10^{-3}
变水头横向试验	$1.14\times10^{-3}\sim6.68\times10^{-3}$	3.19×10^{-3}
常水头试验	$5.07\times10^{-4}\sim1.23\times10^{-3}$	8.68×10^{-4}
抽水试验	—	2.90×10^{-4}
现场渗水试验	$2.41\times10^{-3}\sim4.05\times10^{-3}$	3.13×10^{-3}

岩土体渗透分级　　表 3.4-2

渗透性等级	渗透系数 k(cm/s)	渗透率 q(%)	岩体特征	土类
极微透水	$k<10^{-6}$	$q<0.1$	完整岩石，含等价开度<0.025mm 裂隙的岩体	黏土
微透水	$10^{-6}\leqslant k<10^{-5}$	$0.1\leqslant q<1$	含等价开度 0.025～0.050mm 裂隙的岩体	黏土—粉土
弱透水	$10^{-5}\leqslant k<10^{-4}$	$1\leqslant q<10$	含等价开度 0.05～0.10mm 裂隙的岩体	粉土—细粒土质砂
中等透水	$10^{-4}\leqslant k<10^{-2}$	$10\leqslant q<100$	含等价开度 0.1～0.5mm 裂隙的岩体	砂—砂砾
强透水	$10^{-2}\leqslant k<100$	$q\geqslant100$	含等价开度 0.5～2.5mm 裂隙的岩体	砂砾—砾石、卵石
极强透水	$k\geqslant100$	$q\geqslant100$	含连通孔洞或等价开度>2.5mm 裂隙的岩体	粒径均匀的巨砾

室内渗透试验结果、现场渗水试验与抽水试验所测得的渗透系数 k 差别较大。室内渗透试验、现场渗水试验所测得渗透系数 k (cm/s) 数量级为 10^{-3}，抽水试验测得渗透系数 k (cm/s) 数量级为 10^{-4}，抽水试验所得结果能更为准确地反映砂岩的渗透性能。

2. 甘肃财富中心砂岩渗透性试验

甘肃财富中心项目现场采取的砂岩试样，室内渗透试验结果见表 3.4-3。

砂岩层渗透系数统计成果表　　表 3.4-3

渗透系数	类型	强风化砂岩	中风化砂岩
垂直方向 K_v(cm/s)	最大值	9.57×10^{-3}	3.12×10^{-3}
	最小值	4.31×10^{-3}	2.06×10^{-5}
	平均值	7.45×10^{-3}	1.04×10^{-3}
	频数	7	4
水平方向 K_h(cm/s)	最大值	5.34×10^{-3}	—
	最小值	2.31×10^{-3}	—
	平均值	4.17×10^{-3}	—
	频数	7	—

室内渗透试验表明：强风化砂岩垂直方向渗透系数介于 $4.31\times10^{-3}\sim9.57\times10^{-3}$cm/s，平均值为 7.45×10^{-3}cm/s，水平方向渗透系数介于 $2.31\times10^{-3}\sim5.34\times10^{-3}$cm/s，平均值为 4.17×10^{-3}cm/s；中风化砂岩层垂直方向渗透系数介于 $2.06\times10^{-5}\sim3.12\times10^{-3}$cm/s，平均值为 1.04×10^{-3}cm/s。强风化砂岩属于中等透水层，中风化砂岩属于中等—弱透水层。

3. 东方红广场砂岩的渗透性试验

针对施工现场开挖揭露的砂岩表现出的极易软化崩解的特点，采用常水头法和变水头法室内渗透试验。

常水头法室内试验和变水头法室内试验结果见表 3.4-4。

砂岩室内渗透试验结果　　表 3.4-4

试验编号	（常水头）渗透系数(cm/s)	（变水头）渗透系数(cm/s)
第一组	7.01×10^{-4}	2.54×10^{-3}
第二组	7.21×10^{-4}	2.62×10^{-3}
第三组	3.03×10^{-3}	4.15×10^{-3}
第四组	6.99×10^{-4}	2.13×10^{-3}
第五组	5.07×10^{-4}	2.06×10^{-3}
第六组	1.23×10^{-3}	5.24×10^{-3}

根据室内常水头及变水头渗透试验结果，该区域砂岩的渗透系数量级均介于 $10^{-4}\sim10^{-3}$cm/s，砂岩的透水等级为中等透水。

在揭露出的砂岩地层上进行现场渗透试验，试验结果见表 3.4-5。

砂岩现场渗水试验结果　　表 3.4-5

初始高度(cm)	渗透时间(s)	终止高度(cm)	渗水量(cm^3)	渗透系数(cm/s)
80.0	6236	75.0	2.695×10^{5}	4.001×10^{-3}
80.0	46920	57.0	1.192×10^{6}	3.050×10^{-3}
80.0	8303	75.0	2.695×10^{5}	3.005×10^{-3}
80.0	7140	74.0	3.255×10^{5}	4.053×10^{-3}
80.0	6600	76.0	2.161×10^{5}	2.990×10^{-3}
80.0	7200	76.0	2.161×10^{5}	2.741×10^{-3}
80.0	7140	76.0	1.893×10^{5}	2.405×10^{-3}
80.0	7020	76.0	2.161×10^{5}	2.811×10^{-3}

现场渗水试验其渗透系数量级均介于 $10^{-4}\sim10^{-3}$cm/s，透水等级为中等透水。

3.5 小结

（1）兰州软岩富含铁质氧化物，一般呈现红色或褐色，俗称红层软岩。新近系砂岩主要由粒径介于 0.075～0.25mm 的细砂粒组成，黏粒含量极少，多为泥质胶结，钙质胶结类型较少。砂岩主要成分为 SiO_2、Al_2O_3、MgO、Fe_2O_3 等颗粒，SiO_2 的含量远高于其他颗粒含量。泥岩的矿物成分主要为石英、方解石及斜长石，占总矿物含量的 80%左右，伊利石是含量最高的黏土矿物。

（2）兰州软岩分为覆盖型和裸露型两类。结构面类型属于Ⅲ、Ⅳ、Ⅴ级，结构面多数为软弱结构面，少数为硬性结构面，从结构面成因来看，软岩中主要为沉积层面，其控制着岩体的变形和破坏。

（3）砂岩崩解是由外及里的渐变过程和吸水渗透破坏过程，其崩解速率受多种因素共同影响，影响最大的因素是渗透系数、黏土矿物含量和含水率。泥岩的崩解是水与泥岩中的矿物发生溶蚀与次生作用，泥岩体产生次生孔隙，孔隙进一步发育成裂缝，孔隙和裂缝数量不断增加，泥岩的强度不断降低崩解泥化，使得其力学强度急速降低，流变性迅速增大。

（4）兰州泥质胶结砂岩具有透水性。其渗透系数量级在 10^{-4}～10^{-3}cm/s，按《水利水电工程地质勘察规范》GB 50487—2008 岩土体渗透性分级，强风化砂岩属于中等透水层，中风化砂岩属于中等—弱透水层。

第4章 兰州软岩的勘察评价

4.1 概述

工程实践中对兰州软岩的研究与认识，是伴随兰州城市建设发展的历程逐渐深入的过程。兰州市城区海拔1520m左右，与皋兰山最高峰相对高差约600m，黄河水系自西向东纵贯城区，形成了兰州市“两山夹一河”的沿河带状地形特征。兰州盆地南北宽8～15km，东西长40多千米，兰州的城市主体发展受到河谷地形较为强烈的限制，城市本身被迫沿河谷地形及黄河走向发展，是典型的河谷盆地型城市。国家第一个五年计划期间，城市规模迅速扩大，由原来的旧城拓展为由西固、安宁、七里河、盐场堡、城关五个城市组团沿黄河依次分布的带状布局模式，奠定了兰州城市的基本格局。1979～2009年，随着改革开放和西部大开发，兰州城市建设进入了较快发展时期，但城市用地的进一步扩展受到地形限制，仍然拘泥于盆地内，城市发展集中在对内部用地的完善上，并没有突破局限。2009年以前，兰州市城市发展呈现明显的“摊大饼式”的沿河流、铁路发展的模式，一方面城市建设用地还有存量，另一方面城市用地分布比较零散，规模也不大，没有形成集中的片区。这一时期的城市建筑规模一般较小，楼房层高低，很少有地下室，很少有基础埋深较大涉及新近系软岩或建筑物附加荷载影响深度超过工程地质特性良好的黄河阶地卵石的厚度，直接影响到下伏软岩的情况，选择以黄河阶地卵石为基础持力层就能满足工程需要。因此，在这一阶段，由于在工程实践中没有需求，对兰州软岩的研究不够深入，不成系统，仅凭经验进行定性评价，勘察报告中给出的承载力特征值仅为200～300kPa。2010年至今，兰州市城市建设进入快速发展阶段，一方面继续开拓新的城市空间，另一方面开始注重内部结构的优化完善，从注重规模的“量”转向注重城市综合性能的“质”的提高上，城市内部功能进一步完善，形成多个城市中心，公共配套工程也日趋完善。在这一时期，兰州市通过“拆低建高”优化城市内部结构，主城区内高层建筑鳞次栉比，发展迅速；形成城关区、南关十字、西客站等多个城市中心，建成多座超高层建筑，建成地铁1号线。这一阶段，由于城市建设快速发展的需要，建筑物规模，荷载、层高和基坑深度大幅提高，新建的高层建筑普遍基坑深度较大，多数基坑底位于新近系软岩层中，原来基于经验提出的软岩承载力特征值过于保守，无法满足工程设计需要，势必增大建设成本，增加工程实施难度。为解决工程实践中面临的问题，兰州工程界勘察设计和科研单位开始对兰州软岩进行系统、深入的研究，采用多种方法综合评价软岩工程地质特性，充分挖掘地基承载力潜力，并通过工程实践加以验证，取得了一些研究成果。

4.2　软岩地基勘察的基本要求

4.2.1　目的与任务

软岩场地勘察宜分阶段进行，可行性研究勘察应符合选择场址方案的要求，初步勘察应符合初步设计的要求，详细勘察应符合施工图设计的要求，场地条件复杂或有特殊要求的工程，宜进行施工勘察。

1. 可行性研究勘察阶段

可行性研究勘察应以搜集资料和工程地质调查为主，对拟建场地的稳定性和适宜性进行评价。

（1）搜集区域地质、地形地貌、工程地质和建筑经验等资料。

（2）了解拟建工程场地的地质构造、地层岩性、不良地质作用和地下水等工程地质条件。

（3）重点调查基岩的类型、产状、分布厚度等。

（4）对所选场址的稳定性和适宜性作出评价，对后续勘察要解决的重点问题提出建议。

2. 初步勘察阶段

初步勘察阶段应对地基基础方案选型进行初步论证，并提供相关资料、参数和建议。

（1）初步查明岩体工程性质。

（2）初步查明地下水类型、补给、径流、排泄条件、年变化幅度和腐蚀性。

（3）初步查明场地不良地质作用的发展趋势，评价场地稳定性。

（4）对地基基础方案和基坑支护方案选型进行初步论证。

3. 详细勘察阶段

详细勘察阶段应按单体建筑物或建筑群提出详细的岩土工程资料和设计、施工所需的岩土参数。

（1）查明建筑场地地层结构和岩土物理力学性质，并重点查明基础下软弱和坚硬地层的分布及其特性；对于岩质地基和岩质基坑工程，应查明岩石坚硬程度、岩体完整程度、基本质量等级及主要结构面的产状。

（2）查明地下水的初见及稳定水位、埋藏条件、类型、补给、径流及排泄条件、季节变化幅度和腐蚀性；应对抗浮设防水位、主要岩土层的渗透系数、基坑工程中地下水控制措施提出建议；采用降水控制措施时，应评价降水对周边环境的影响。

（3）根据高层建筑的勘察等级和场地工程地质、水文地质条件，应对地震效应、地基基础方案选型进行论证分析并提出建议。

（4）当建议采用天然地基时，应对地基的均匀性、软弱下卧层等进行分析评价；应提供设计计算所需各种参数、指标。

（5）当建议采用桩基时，应对桩基类型、持力层选择进行分析评价；应提供桩的极限侧阻力、极限端阻力和变形计算的有关参数；对成桩可行性、施工对环境的影响和应注意的问题提出建议。

（6）对基坑工程的设计、施工方案提出意见和建议；建议各侧壁涵盖最不利因素、提供设计用于计算的地质剖面；应提供计算基坑稳定性、土压力、变形所需的参数。

（7）对开挖深度超过15m的软岩基坑，提供回弹模量和回弹再压缩模量，需要时应布设回弹观测，实测基坑的回弹量；对天然地基或复合地基宜在开挖卸荷后基础底面处进行载荷试验，为最终确定天然地基承载力特征值或复合地基承载力特征值和变形参数进行验证。

4.2.2 勘察方案布置原则

1. 软岩地基岩土工程勘察阶段的划分及勘察内容应符合现行国家标准《岩土工程勘察规范》GB 50021的有关规定，满足设计和施工的要求。

2. 软岩地基岩土工程勘察应在工程地质测绘和调查的基础上进行，勘探时应先疏后密，先施工控制性勘探孔，后施工一般性勘探孔。应鉴定岩石的名称，进行岩石坚硬程度、岩体完整程度和岩体基本质量等级的划分。

3. 工程地质测绘范围应包括拟建建筑物地段及可能受其影响的地段，采用的比例尺及图幅应能将测绘范围内主要的地质要素和重要地质现象及其他重要信息完整、清晰地反映在图纸上。

4. 软岩地基勘探应符合下列要求：

（1）钻孔孔径应满足勘察目的、取样、测试及钻进工艺的要求。鉴别和划分地层的孔径不应小于75mm，采取软质岩试验岩样孔径不宜小于91mm；孔内测试试验的孔径应满足相应的要求；

（2）岩芯采取率对完整、较完整岩体不应低于80%，对较破碎、破碎岩体不应低于65%；应选用合适的钻探工艺提高岩芯采取率；

（3）对不同岩性界面和软弱结构面等需重点查明的部位，应采用双层单动取芯钻具连续取芯等措施提高岩芯采取率；

（4）当需采用岩石质量指标（RQD）评价岩石质量时，应采用75mm口径（N型）双层岩芯管；

（5）钻进回次进尺对完整、较完整的硬质岩石不应超过2m，对破碎软弱岩体、软硬互层岩体，不应超过1m，对不同岩性界面软弱结构面等特殊部位应减小回次进尺；

（6）不同岩性分层的界面深度量测误差不应超过5cm。

5. 软岩地基的勘探编录应符合下列要求：

（1）岩石的描述应包括地质年代、岩石名称、颜色、主要矿物、结构、构造、坚硬程度、节理裂隙特征、岩芯状态等表征岩石与岩体性状的内容；

（2）岩体的描述应包括结构面、结构体、岩层厚度和结构类型；

（3）计算岩芯采取率、岩石质量指标RQD等量化指标；

（4）对探井、探槽应绘制剖面图、展示图等反映井、槽壁和底面岩性、地层分界、构造特征、取样和原位试验位置。

6. 根据建筑物地基条件和岩土工程评价的需要，结合场地条件，可选择适宜的物探方法进行软岩地基物探测试，并符合下列要求：

（1）为查明勘探深度范围的岩土组合规律、断层破碎带、软弱结构体、空洞等异常地质体的位置、空间形态特征，可采用浅层地震、孔间地震波 CT、孔间电磁波 CT、孔间声波 CT、瞬态面波法等测试方法，跨孔（洞）间距、点距应根据探测的精度和探测的方法选择合理确定；

（2）为评价岩体完整性，确定岩体质量等级，可采用单孔或跨孔弹性波速测试。点距应按地球物理条件和仪器的精度要求确定，对声波法宜为 0.2～0.5m，对地震波法宜为 1～2m；

（3）当提供地基岩体的动弹性模量、动剪切模量、岩土卓越周期等参数指标时，可进行地微振测试；为确定场地抗震类别可进行覆盖层的剪切波测试，其测试数量应满足现行国家标准《建筑抗震设计规范》GB 50011 的规定。

7. 根据场地岩性条件、建筑物重要性和地基条件，软岩地基原位测试应符合下列要求：

（1）当确定天然地基或桩基持力层的地基参数指标时，对软岩体上的工程重要性等级为一级的工程应进行岩基静载荷试验，同一岩性层或岩体单元上的试验不应少于 3 个点；

（2）对各类软弱破碎岩体上的工程重要性等级为二、三级的工程，采用重型或超重型圆锥动力触探，动力触探测试孔与勘探钻孔间隔布置，或选择在代表性的钻孔旁布置，数量应占勘探点总数的 1/2，且不应少于 3 孔；每个岩性层试验数量不应少于 6 次；

（3）对破碎和较破碎岩石地基宜进行岩块点荷载强度试验，同一岩性层或岩体单元不应少于 6 组，对岩芯试件每组不应少于 5～10 个，对方块体或不规则块体每组应为 15～20 个；

（4）为进行斜坡场地稳定性计算，宜对岩体中的控制性软弱结构面进行现场大型剪切试验。

8. 软岩室内试验应符合下列要求：

（1）每个岩性层或岩体单元参加统计的数量不应少于 6 组；对 3 栋及 3 栋以上的建筑群，每栋每一主要岩层的试样不应少于 2 组；

（2）为评价软岩地基承载力，应进行饱和状态或天然状态单轴抗压试验；为评价岩体的完整性，应同步进行单轴抗压试验和岩样的波速测试；

（3）当评价软质岩石的软化性、膨胀性、崩解性等特殊性质时应进行相应的试验；

（4）当需提供软岩的弹性模量和泊松比时，应进行单轴压缩变形试验；

（5）当需提供软岩的抗剪强度指标时，应根据岩石的坚硬程度进行三轴压缩强度试验或直剪试验。

4.3　软岩勘察的工作方法

兰州软岩属于碎屑岩类，是一种软质或极软质岩石，其成岩作用、胶结程度存在明显差异，随着开挖暴露后应力释放作用明显，遇水迅速软化、崩解，受扰动后易丧失结构特性。兰州工程界总结软岩有“三怕”：怕水、怕暴露、怕扰动，形象地说明兰州软岩的特性。兰州软岩勘察时对钻探及取芯工艺的要求较高，并且同一区域内不同的场地间软岩的性质就可能存在明显的差异，需要采取不同的方法应对，勘察时钻探进尺较快，但岩芯易扰动破碎，常规钻探方法难以采取完整岩芯，浅部岩芯采取率几乎为零。采用双管单动取样器虽可采取成形岩芯，但难以保证岩芯的原始结构和含水量，室内试验指标评价软岩工程性质误差往往很大。

现阶段勘察工作中对兰州软岩的钻探取芯工艺经验积累、定量的风化程度划分标准、可靠的试验方法及明确的评价准则尚不成熟，往往带来较大盲目性与随意性，各勘察单位对软岩地基的勘察方法与评价准则及结论有较大的差别。现根据工程实践等结合前述兰州软岩的工程特性，就兰州软岩勘察的工作方法进行以下几方面阐述。

4.3.1 工程地质调查与测绘

工程地质调查与测绘是兰州软岩勘察工作中一项最基本的勘察方法，运用工程地质理论与方法对拟建场地及其周边区域内与工程建设有关的各种地质现象进行详细观察和描述，并结合收集到的相关资料分析其对工程建设的影响，目的是为了研究拟建场地的地层、岩性、构造、地貌、水文地质条件和不良地质作用的空间分布和各要素之间的内在联系，为场址选择和勘察方案的布置提供依据，指导下一阶段勘察工作的开展。

工程地质调查与测绘之前，应首先收集工程建设场地的地形图，区域地质资料，遥感影像，气象、地震、水文资料，周边邻近区域既有的建设工程资料，以及与场地有关的地质灾害记载资料。在收集资料的基础上，调查与测绘的重点内容应包括：软岩岩层层序、岩性，岩层空间组合与分布，岩石完整程度、含水情况，岩石产状、组合延伸状况、发育程度，构造带分布、发育情况以及与建设场地的相对位置关系，水文地质条件，不良地质作用的形成、分布、形态、规模及其对工程建设的影响，人为活动情况及对工程建设的影响等。

在开展工程地质调查与测绘工作时，应注意到兰州河谷阶地内，由于城市建设的深入发展，除三、四级阶地及其边缘地带的少部分区域存在岩石边坡或露头，可直接进行观察调查与测绘外，其他区域几乎不存在岩石直接出露的场地，没有从露头直接观察兰州软岩工程性质、地质构造和不良地质现象的条件。黄河河谷低级阶地一直是兰州市主要的工程建设区域，区内地层空间分布亦较为稳定，对于一般市政基础设施建设工程和民用建筑工程，应以收集资料和工程地质调查为主，结合收集到的邻近场地工程建设资料和周边正在施工的基坑工程、隧道工程等现场调查，对拟建场地的地貌单元划分、地层分布、软岩工程性质、水文地质条件和不良地质现象等做初步判断。对地质条件较复杂或地铁、桥梁、黄河穿越等有特殊要求的工程项目场地可根据需要进行工程地质测绘和必要的勘探工作，工程地质测绘的范围及精度应满足工程建设所执行的相关规范的要求，以解决实际问题为前提。

4.3.2 钻探与取样

兰州软岩的勘察工作中，钻探主要采用孔底环状钻进-冲洗钻进的回转钻进方法，使用硬质合金钻头，钻孔直径不小于75mm；不要求采取岩芯时，亦可采用孔底全面钻进的方法。兰州软岩质地偏软，钻探进尺较为容易，岩石质量较差，扰动后呈砂土状，很难取得较完整的岩芯，部分区域岩芯采取率甚至为零，下部岩石质量相对较好，岩芯采取率较高，但由于其本身属于软岩，遇水易软化崩解，受扰动后容易丧失结构性的特点，要取得高质量的室内试验岩石样品依旧困难，钻探设备和经验对取芯和取样质量的影响很大，见图 4.3-1、图 4.3-2。

图 4.3-1　典型强风化兰州软岩钻孔取芯效果（双层岩芯管）

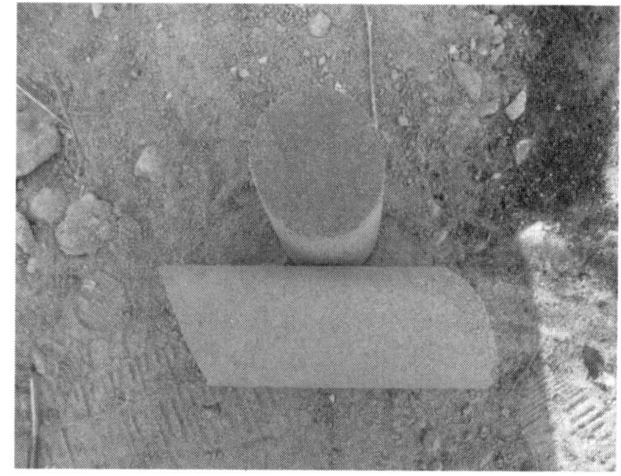

图 4.3-2　典型中风化兰州软岩钻孔取芯效果（双层岩芯管）

钻探过程的记录应包括：使用的钻进方法、钻具名称、规格、护壁方式等；钻进的难易程度、进尺速度、操作手感、钻进参数变化情况；孔内情况，应注意地下水位或冲洗液位及其变化等；取样及原位测试的编号、深度位置、取样工具名称规格、原位测试类型及其结果；钻探过程中发生的异常情况等。

岩芯的编录、描述应包括：地质名称、颜色、主要矿物、结构、构造、不同深度段湿度的变化、岩芯采取率、组成颗粒大小、形状、胶结物成分和胶结程度等。

通过多年勘探经验总结，为提高钻孔取芯和取样的质量，在钻探过程中有以下几点需要注意：

（1）钻机就位后需要对机台进行找平，支撑必须稳固到位，避免钻探过程中由于机械振动导致岩芯管和钻杆的异常抖动，岩芯被扰动破坏，无法达到理想的岩芯采取率的情况。加装履带式底盘和液压式支撑腿柱的钻机，在钻探时可以形成稳定支撑，最大程度避免钻探平台异常振动的影响，取得了很好的应用效果。

（2）需根据岩石软硬程度和状态调整钻机立轴转速和轴心压力，总体来说，在软岩钻探中钻机立轴转速不能过高，轴心压力根据钻探进尺的速度进行调整，一般采取增大钻压，降低转速的办法，以能够采取完整岩芯的转速和压力为宜。钻机转速和压力的把握对钻探取芯质量的影响较大，不同场地内岩质有可能存在差异，需要钻机操作人员具有丰富的经验。

（3）钻具选择方面宜采用金刚钻头或硬质合金钻头，钻头切削齿之间的排屑槽不宜过小。由于兰州软岩中黏土矿物含量较高，如排屑槽尺寸过小，容易在钻探过程中被岩屑、岩粉和泥浆封堵，使钻头无法有效冷却，导致烧钻现象。取芯钻探时，宜采用双层岩芯管钻进；当要求采取岩样时，对胶结作用弱，受扰动极易破坏结构性的岩层，宜采用单动双管取样器（双管单动活门式取样器）取样，对岩石质量较好，胶结作用较强的岩层，可利用双层岩芯管钻进取得的岩芯直接制作试样。

（4）宜采用双层岩芯管钻头钻进或无泵反循环钻进工艺；岩石质量较好时，亦可采用绳索取芯钻进工艺。当需要测定岩石质量指标（RQD）时，应采用外径 75mm（N 型）的双层岩芯管和金刚石钻头。当软岩中黏土矿物含量较高，使用冲洗液时一般不需要配置泥浆，用清水即可，钻探过程中会自造浆，但当上部覆盖层较为松散，孔壁无法稳定时，需提前配置泥浆（应使用无固相或低固相冲洗液）或采用套管护壁方式稳定孔壁。软岩钻孔的孔壁一般较为稳定，冲洗液主要作用是冷却钻头，带出岩屑，由于软岩遇水易于软化崩解的特性，钻探过程中冲洗液的循环速度需要控制好，在满足冷却钻头，冲洗岩屑要求的前提下，尽可能避免对岩芯的扰动。

（5）软岩钻探采取定向连续取芯的方式提高岩芯采取率，应注意回次进尺不得超过岩芯管长度；在岩体较完整，岩石质量较好的岩层，回次进尺不宜超过 2.0 m；在岩石质量较差的岩层，回次进尺应小于 0.5 m，如果回次进尺过长，会导致岩芯受到严重扰动，无法满足取芯、取样的要求。要求保留岩芯时，应及时对岩芯进行描述、拍照、取样，并迅速对岩芯进行封存，避免岩芯风化、崩解；对于近似砂土状的软岩，岩芯采取率低，封存困难，亦可现场直接开环刀样再送至实验室进行试验。采取岩样后的岩样盒和存放岩芯的岩芯盒应平稳安放，不得日晒、雨淋和受冻，搬运时应盖上岩芯盒箱盖，小心轻放，岩样应尽快送到实验室进行室内试验，避免长时间放置。

4.3.3 室内试验

兰州软岩物理力学性质主要受岩体本身结构、胶结类型、取样质量、地下水及试验条件等因素的影响，变化幅度大，具有较大的离散性。由于兰州软岩特殊的性质和赋存状态，采取未扰动的原状岩样难度较大，饱和抗压强度试验所需的试样制备十分困难，上部岩层几乎无法取样进行试验；岩样受扰动，进行室内试验，获取的试验指标失真，仅采用室内试验指标（单轴抗压强度、抗剪切参数）等评价软岩工程性质往往误差很大，因此，室内各种物理力学性质试验指标需结合现场原位测试成果，进行综合分析。

软岩的物理力学性质包括的内容较多，下面仅介绍与建筑工程密切相关的一些指标和对应的室内试验方法。

1. 密度

岩石的密度指单位体积内岩石的质量，可分为块体密度和颗粒密度。其中，块体密度是指包括孔隙体积在内的单位体积岩石的质量，包括天然密度、饱和密度以及干密度。块体密度与岩石的矿物组成、孔隙性、含水状态有关。通常情况下，块体密度越大，岩石的力学性质越好。颗粒密度是指岩石中固相物质质量与其体积之比，可用比重瓶法测定。

2. 含水率

含水率是指岩石中水的质量与固体物质质量之比。含水率对软岩来说是一个较为重要的参数，因为软岩的矿物组成中常含有较多黏土矿物，而黏土矿物遇水性质变化敏感，需要重点关注。

软岩中的水分多赋存于岩石孔隙与裂隙中，浅层软岩中含孔隙、裂隙水相对较多。一般来说，软岩在未受扰动情况下含水率不高，一般不超过 10%，但受扰动或软化后，在有地下水的环境下含水率会急剧上升，最高可达 20%，由于原岩基本没有胶结或弱胶结，施工时容易发生流变破坏，软岩含水率的控制是施工中一项非常重要的内容。

3. 孔隙率

孔隙率是指岩石中孔隙的总体积与岩石总体积之比。它能反映岩石的致密程度和裂隙发育程度，是反映岩石力学性质的重要物性指标之一。孔隙率越大，岩石中孔隙和裂隙越发育，力学性能越差。通过软岩试样颗粒级配分析试验，组成软岩的颗粒较为单一，粒径均匀，级配不良，颗粒之间填充不密实。

4. 渗透性

在一定的水力梯度或压力差作用下，岩石能被水透过的性质称为渗透性。渗透系数是表示岩石渗透性的重要指标，与岩石中的孔隙状况密切相关，软岩地基、基坑或软岩隧道工程的评价中尤其关注岩石渗透系数的大小。与常规的室内渗透试验设备相比，柔性壁渗透仪通过围压与反压之间的压差作用使柔性薄膜挤压试样，从而有效避免了侧壁渗漏问题，能够比较准确地测试岩土试样的渗透系数。

5. 软化性

岩石软化性的大小可用软化系数表示，即岩石饱和单轴抗压强度与干燥条件下单轴抗压强度之比。一般软岩的软化性都较强，软化系数较小，尤其是黏土岩和泥质胶结的软岩，对水的敏感性都很强，这也是在实际工程中造成软岩性质复杂多变的原因之一。

兰州软岩由于成岩时间短，成岩作用差，陆相成岩等条件影响，形成了无胶结或泥质弱胶结的特性，原岩受扰动及水浸泡影响极易产生结构破坏，强度急剧降低的现象，稳定性随时间显著变差。兰州市区深基坑和隧道施工过程中，经常会遇到因软岩遇水和施工扰动软化而导致的岩体稳定性变差，强度急剧降低，支护结构变形，基底表层扰动后呈松散砂状等问题，对施工带来很大困扰，软岩工程中对防排水需有足够的重视。

6. 崩解性

崩解性是指岩石与水相互作用时失去黏聚力、丧失强度的性质，它是一种物理风化作用，也是软岩的重要工程性质之一，同样体现出了水的重要影响。一般用耐崩解性指数表示，可通过室内干湿循环试验测定。

从工程实践经验来看，软岩的崩解主要原因是其矿物成分和特殊的结构性，软岩结构属于碎屑岩类，胶结方式以泥质胶结和钙质胶结为主，崩解的速度、程度与软岩成分及胶结方式有很大关系，泥质胶结软岩的崩解作用十分强烈，钙质胶结的软岩崩解作用不明显。

7. 膨胀性

岩石遇水后发生体积膨胀的性质称为膨胀性。主要由岩石中所含黏土矿物遇水发生水楔作用，促使水分子进入颗粒之间加大颗粒间距所致。兰州地区个别区域分布的新近系泥岩具有弱膨胀性，遇水强度骤减在工程建设中需予以重视。

8. 抗压强度和抗剪强度

岩石抗压强度在岩体分类、岩体稳定性分析、强度参数计算、地基承载力确定方面都具有重要作用，包括单轴抗压强度和三轴抗压强度。单轴抗压强度指岩石试样在无侧限条件下，受轴向力作用破坏时，单位面积上能承受的最大荷载，饱和单轴抗压强度是在工程中应用最为广泛的评价岩石力学性质的室内试验指标。《建筑地基基础设计规范》GB 50007—2011 中采用饱和单轴抗压强度乘以折减系数的方法计算岩石地基的承载力特征值，但此方法在实际应用时存在缺陷，主要体现在：①单轴试验时岩石试样处于无侧限的单向受力状态，而实际中，地基处于有围压的三轴应力状态，承载力值要明显大于前者。三轴抗压强度与单轴的区别就是有侧限围压，试样处于三向应力状态，能反映地基的实际受力状态。②折减系数的取值难以确定。多个地区实测反算的折减系数值常大于规范中推荐的建议值，按规范取值过于保守，不同地区间的经验对折减系数取值影响较大，而即使在同一地区，完整程度难以确定、风化程度难以划分等因素也都制约着折减系数的准确确定。③软岩由于其特殊的物质组成和结构，岩样易受扰动，按照《工程岩体试验方法标准》GB 50266—2013 中的规定，采用煮沸法、真空抽吸法或自由浸水饱和法制作饱和试件，在这个过程中岩样容易崩解破坏，遇水软化，饱和抗压强度试验标准试样制取十分困难。软岩试样在浸水饱和后一般呈不稳定状态，在无侧限条件下抗压强度极低，无法作为设计依据，以天然状态下软岩单轴抗压强度作为设计依据较为合理。因此，甘肃省地方标准《岩土工程勘察规范》DB 62/T 25—3063—2012 中规定：为划分坚硬程度和软化特性进行岩石试验时，宜分别测定天然状态、干燥状态和饱和状态下的强度以及物理力学性质指标；对于极软岩，可测定天然状态的抗压强度，同时应配套进行颗粒分析、含水量、块体密度、吸水率等物理性质试验。

抗剪强度指岩石在一定应力条件下能抵抗剪切作用的最大剪应力，按剪切试验方法可分为抗剪断强度、抗切强度和摩擦强度，一般所说的抗剪强度都是指抗剪断强度。测试方法主要包括直剪试验、抗剪断试验、三轴试验等，测得的抗剪强度指标可用于承载力计算。

4.3.4 原位测试

兰州软岩勘察中，常用的原位测试方法有：标准贯入试验、动力触探试验、波速测试、旁压试验、载荷试验。上节中提到，软岩钻探取芯易受扰动，岩样在制备过程中容易崩解破坏，易产生膨胀、崩解、软化或沿裂隙面开裂，呈不稳定状态，室内试验得到的结果难以真实反映岩石物理力学性质，也难以作为合理的设计依据。当室内试验的结果难以为工程设计提供可靠依据和技术支撑时，更加凸显出原位测试技术在软岩勘察中的重要性。原位测试技术在软岩的勘察中占有很重要的位置，这是因为它与室内试验的传统方法比较起来，具有下列明显的优点：①可在工程建设场地进行现场测试，避免了因取样、制样过程中对试样的扰动而带来的试验结果不能代表软岩的原始状态指标，大幅降低了所测指标的工程应用价值的问题。②原位测试是在软岩原来所处的位置上或基本上在原位状态和应力条件下对软岩性质进行的测试，保持了软岩的天然结构，天然含水量以及天然应力状，因而更能反映岩体真实的物理力学状态和宏观结构（如节理、裂隙等）对软岩的性质的影响。③旁压试验、波速测试等原位测试技术方法可连续进行，可以得到连续的物理力学性质指标随深度变化规律。

1. 标准贯入试验

标准贯入试验（SPT）是用质量为63.5kg的重锤按照规定的落距（76cm）自由下落，将标准规格的贯入器打入地层，根据贯入器贯入一定深度得到的锤击数来判定地层性质的原位测试方法。这种测试方法适用于砂土、粉土、一般黏性土、极软岩和花岗岩残积土，由于其自身局限性，在兰州软岩的勘察中，仅在上部胶结程度差，受扰动后极破碎或呈散砂状的极软岩中有所应用。

标准贯入试验的目的是判别极软岩层的密实度，估算极软岩层的地基承载力和压缩模量，估算软岩层内摩擦角，在测试同时也可利用标贯器带出部分岩芯，用于现场鉴别。兰州地区尚未建立极软岩标准贯入试验击数与物理力学参数之间对应关系，用标准贯入试验估算极软岩地基承载力、压缩模量和内摩擦角等参数时，主要从定性分析角度进行经验性估算，无法做到量化的精确计算。

2. 动力触探试验

圆锥动力触探试验（DPT）是软岩勘察中较为常用的原位测试方法之一，它是利用一定质量的落锤，以一定高度的自由落距将标准规格的圆锥形探头击入岩土层中，根据探头贯入击数、贯入度判别岩土层的变化，评价岩土层的工程性质。

兰州地区软岩勘察中，动力触探一般作为定性分析的依据，可采用重型或超重型，通过贯入击数的差异，判断极软岩层的密实度、软硬程度，通过多个测试点的动力触探曲线评价地基均匀性，通过经验类比估算地基承载力、变形指标和桩基参数等。

由于工程经验的相对匮乏以及极软岩赋存环境、工程性质较大的差异性，缺乏足够的统计样本数据，尚不能建立适用于本地区的动力触探击数与极软岩物理力学性质指标之间可靠的换算关系。在工程应用中，主要还是结合邻近区域工程建设的经验，结合室内试验和其他原位测试成果，根据近似原则进行类比，粗略估算相关参数。

兰州砂岩浅部受扰动后呈散砂状，与第四系沉积的密实砂土很难在现场勘探取样中区分，在工程实际应用中，常根据标贯、动探的试验指标区分扰动后极软岩与第四系沉积的砂土，见表4.3-1。

部分工程中扰动后极软岩标准贯入与动力触探试验指标　　表4.3-1

工程名称	标准贯入试验(击/30cm)		动力触探试验(击/10cm)	
	①实测值	②修正值	①实测值	②修正值
第三产业大厦		50～128	70～80	48～120
兰州商学院	90	67.5		
兰州工贸商场			80～150	62～112
西北市政院			63～90	49～66
飞天商场	55～212	55		
兰州服务大厦	37～90	63		

3. 波速测试

在地层介质中传播的弹性波可分为体波和面波。体波又可分为压缩波（P波）和剪切波（S波），剪切波的垂直分量为SV波，水平分量为SH波；在地层表面传播的面波可分为 Rayleigh 波（R 波）和 Love 波（L 波）。体波和面波在地层介质中传播的特征和速度各不相同，由此可以在时域波形中加以区别。利用弹性波波速测试结果确定的岩土弹性参数，可以进行场地类别划分、岩体完整程度分类、岩石风化程度划分、间接确定岩石弹性模量参数、为场地地震反应分析和动力机器基础进行动力分析提供地基土动力参数、检验地基处理效果等方面的应用，通常波速测试主要有三种方法：检层法、跨孔法和面波法。

兰州地区在软岩的勘察中，主要利用波速测试划分场地类别，获取抗震设计相关参数和利用波速划分软岩的风化程度。甘肃省地方标准《岩土工程勘察规范》DB 62/T 25—3063—2012 中规定：基础埋置深度大或在软岩中采用桩基础、需要分层评价工程性质或划分软质岩石风化程度时，可根据岩芯采取率、含水量、块体干密度、吸水率、天然状态单轴抗压强度及剪切波速等指标随深度变化综合确定。根据地区经验，兰州软岩强风化状态下剪切波速一般小于 500m/s，中风化状态下剪切波速一般为 500～600m/s，微风化状态下等效剪切波速一般大于 600m/s。兰州软岩部分工程动力参数指标见表 4.3-2。

部分工程软岩动力参数指标 **表 4.3-2**

工程名称	风化状态	纵波速 v_p (m/s)	横波速 v_s (m/s)	动弹性模量 K_d (kPa)	动泊松比 ν_d	动剪切模量 G_d(kPa)
兰州化工	强风化	673～1250	137～568	118～1670	0.27～0.49	40～671
	中风化	1304～2500	497～980	1484～2430	0.33～0.42	523～910
小西湖	强风化	778～1391	283～662	516～1065	0.30～0.46	176～358
	中风化	1514～2827	397～499	1012～2557	0.45～0.49	346～557

4. 旁压试验

旁压试验原理是通过向圆柱形旁压器在竖直的孔内使旁压膜侧向膨胀，并由该膜（或护套）将压力传递给周围土体，使土体产生变形直至破坏，从而得到压力与扩张体积（或径向位移）之间的关系。根据这种关系对地基土的承载力（强度）、变形性质等进行评价。

旁压试验是在现场不具备载荷试验条件时，评价地基承载力特征值和变形参数的最为可靠的原位测试方法，在兰州软岩的勘察中发挥着非常重要的作用。按将旁压器置入目标地层的方式不同，目前工程中常用的旁压仪分为预钻式和自钻式两种。

预钻式旁压试验利用钻探预先成孔，需要与钻机配合使用，应保证成孔质量，对于孔壁稳定性差的地层，宜采用泥浆护壁钻进或其他防止孔壁坍塌的措施，钻孔直径与旁压器直径应良好配合；成孔后将旁压器放入孔内，通过对观测段孔壁施加径向压力使地基岩土体产生相应变形，测得岩土体各级压力与变形对应关系。

自钻式旁压试验是将旁压器安装在钻杆上，旁压器底端安装旋转刀具，钻进时随之进入地层影响深度，停钻后进行试验，通过对观测段孔壁施加径向压力使地基岩土体产生相应变形，测得岩土体各级压力与变形对应关系。自钻式旁压试验的自钻钻头、钻头回转速度、钻进速率、刃口距离、泥浆压力和流量等应通过试验确定。

旁压试验设备的传感器、仪表在试验前应进行校准、标定，并应在有效期内使用。旁压试验应在有代表性的位置和深度进行，旁压器的量测腔应在同一岩土层内，试验点的垂直间距不宜小于 1m，每层岩土层的测点不应小于 1 个，厚度大于 3m 的地层测点不应少于 3 个。试验时的加荷等级可采用预期的临塑压力的 1/7～1/5 或极限压力的 1/12～1/

10。软岩或极软岩旁压试验的加载增量可采用100～600kPa，具体应根据岩石风化程度、软硬程度和完整程度等因素综合确定。初始阶段的加荷等级可取小值，必要时可做卸荷再加载试验，测定再加荷旁压模量。每级压力应保持相对稳定的观测时间，对软岩宜为1min，维持1min变形观测时间时，加荷后15、30、60s测读变形量；维持3min变形观测时间时，加荷后15、30、60、120、180s测读变形量。

整理试验数据时，首先应对试验记录的压力与变形量数据进行校正，根据校正后的数据绘制旁压试验曲线，包括压力和水位下降值绘制 p-s 曲线，或根据校正后的压力和体积绘制 p-V 曲线（图4.3-3）；根据旁压试验曲线用作图法确定初始压力（p_0）、临塑压力（p_f）和极限压力（p_L）等基本参数；当采用作图法难以获得初始压力（p_0）时，也可采用静止土压力计算确定。

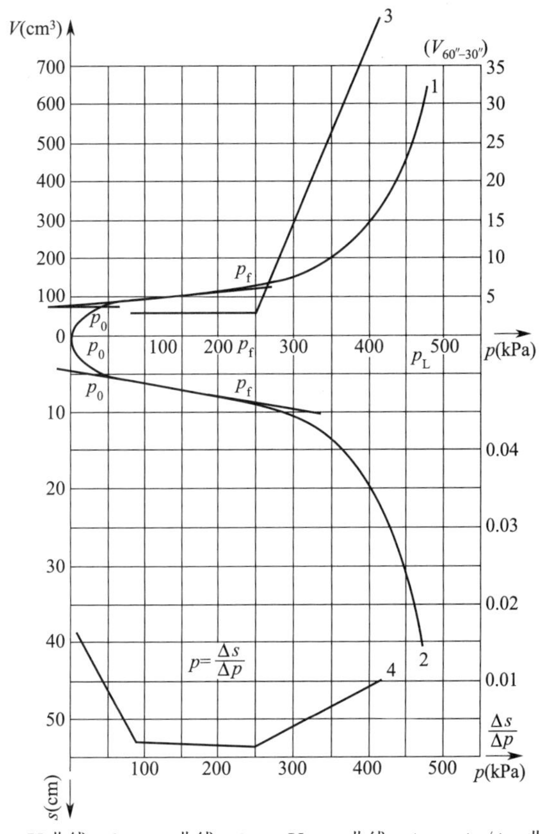

1—p-V 曲线；2—p-s 曲线；3—p-$V_{60''-30''}$ 曲线；4—p-$\Delta s/\Delta p$ 曲线

图4.3-3 旁压试验曲线

（1）利用旁压试验确定地基承载力特征值 f_{ak} 时，可采用极限压力与临塑压力两种计算方法。

①利用极限压力 p_L 确定地基承载力特征值。

当极限压力 p_L 小于等于临塑压力 p_f 的2倍时，取极限压力的二分之一，由下式确定：

$$f_{ak}=\frac{p_L}{2}-p_0 \tag{4.3-1}$$

当极限压力 p_L 大于临塑压力 p_f 的 2 倍时，由下式确定：

$$f_{ak}=\frac{p_L-p_0}{K} \tag{4.3-2}$$

式中：f_{ak}——地基承载力特征值（kPa）；

K——安全系数，可根据地区经验确定，无地区经验时也可参考《地基旁压试验技术标准》JGJ/T 69—2019 中给出的经验值进行计算。兰州软岩的旁压试验中，K 值一般取 2.0～2.5。

②利用临塑压力 p_f 计算时由式(4.3-3) 确定。

$$f_{ak}=\lambda(p_f-p_0) \tag{4.3-3}$$

式中：f_{ak}——地基承载力特征值（kPa）；

λ——修正系数，可根据地区经验确定，当无地区经验时可取 0.7～1.0。

按照以上方法确定的地基承载力特征值，可以进行深度修正。

（2）旁压模量 E_m 应根据旁压曲线直线段的斜率按下列公式计算确定：

①当用位移（S）计量时：

$$E_m=2(1+\mu)\left(S_c+\frac{S_0+S_f}{2}\right)\frac{\Delta p}{\Delta S} \tag{4.3-4}$$

② 用体积（V）计量时：

$$E_m=2(1+\mu)\left(V_c+\frac{V_0+V_f}{2}\right)\frac{\Delta p}{\Delta V} \tag{4.3-5}$$

式中：E_m——旁压模量（kPa）；

$\Delta p/\Delta S$、$\Delta p/\Delta V$——旁压试验曲线直线段斜率（kPa/cm、kPa/cm^3）；

μ——泊松比，可按地区经验确定，当无经验时可按《地基旁压试验技术标准》JGJ/T 69—2019 给出的建议值查表确定，兰州软岩泊松比 μ 一般取 0.25；

S_c——旁压器测试腔固有体积 V_c，用测管水位位移值表示（cm）；

S_0——旁压曲线直线段延长线与纵轴（位移轴）的交点，其值为旁压器弹性膜接触孔壁所消耗的水体积，用测管水位位移值表示（cm）；

S_f——临塑压力 p_f 所对应的测水管水位位移值（cm）；

V_c——旁压器测试腔固有体积（cm^3）；

V_0——旁压曲线直线段延长线与纵轴（体积轴）交点表示的值，即为旁压器弹性膜接触孔壁所消耗的水体积（cm^3）；

V_f——临塑压力所对应的体积（cm^3）。

（3）旁压剪切模量（G_m）应由下式计算确定：

①当用位移（S）计量时：

$$G_m=\left(S_c+\frac{S_0+S_f}{2}\right)\frac{\Delta p}{\Delta S} \tag{4.3-6}$$

②当用体积（V）计算时：

$$G_m=\left(V_c+\frac{V_0+V_f}{2}\right)\frac{\Delta p}{\Delta V} \tag{4.3-7}$$

式中：G_m——旁压剪切模量（kPa）。

（4）侧向基床系数 K_m 可按下式估算：

$$K_m=\beta\frac{\Delta p}{\Delta r} \tag{4.3-8}$$

式中：K_m——侧向基床系数（MPa/m）；

Δp——旁压试验压力增量（kPa）；

Δr——Δp 对应的径向位移增量（mm）；

β——修正系数，可以根据地区经验确定，全、强风化岩0.25～0.35取值。

通过旁压变形参数与变形模量和压缩模量的关系，可以计算确定岩土层的变形模量和压缩模量。

根据兰州工程界多年来对软岩旁压试验的工程实践，在钻具、试验设备选择和测试方法上有以下几点经验：

（1）甘肃中建市政工程勘察设计研究院有限公司于2010年在兰州地区最先引入旁压试验测试软岩的物理力学性质，最初测试过程中旁压器测试腔直径与常用的钻孔直径不匹配，测试腔直径为50mm，钻机厂家配套的钻头直径均大于75mm，因此，需要自行加工对应尺寸的钻头进行预成孔，由于非标准加工和供应商能力问题，临时加工的钻头精度存在较大误差，造成孔质量和钻孔尺寸与旁压器测试腔不匹配，对旁压试验结果的影响非常大。此后引进的设备增加了PM-1B和PM-2B型旁压器，其测试腔外径达到88mm，可以与标准化的钻探设备相匹配，从此解决了钻孔与旁压器测试腔不匹配的问题，测试准确性得到保证。兰州地区工程勘察钻机中，钻机配套的钻头直径均大于75mm，因此，在兰州地区进行软岩旁压试验时宜选用PM-1B或PM-2B型旁压器。

（2）兰州地区软岩在部分区域有砾岩夹层或砂岩中含砾石的情况，此类岩层在旁压试验时，砾石很容易刺破测试腔的弹性膜，导致试验失败，在有些工程案例中，甚至出现过每次加压弹性膜都会被刺破的情况。遇到此类地层可采用外置保护铠甲对弹性膜进行保护，在实际测试过程中也验证了保护铠甲确实能够发挥很好的保护作用。保护铠甲在安装时应仔细固定，测试腔放入钻孔中预定位置的过程中，要特别注意避免过多与孔壁摩擦导致保护铠甲错位，从而失去对弹性膜的保护作用。

（3）兰州地区冬季寒冷，气温降至零度以下，最低气温接近－20℃。在冬季进行现场旁压试验时，应注意防冻，避免水箱和导压管中的水结冰，现场有条件时可以搭建保温棚，棚内生火保持温度，将水箱、导压管、测试腔和旁压仪等全套旁压试验设备放在保温棚内进行操作；现场条件不具备时，也可在试验用水中加兑酒精等抗冻剂，避免结冰。

5. 载荷试验

载荷试验是指在天然地基上通过承压板向地基施加竖向荷载，测定承压板下应力主要影响范围内岩土的承载力和变形模量的一种原位测试方法，能够反映承压板下1.5～2.0倍承压板直径或宽度范围内地基土强度、变形的综合性状。载荷试验是目前检验地基（含天然地基、复合地基、桩基）承载力的各种方法中应用最为广泛的一种，并且试验结果最直观、最准确、最可靠。因此，利用载荷试验检验地基承载力的方法被广泛采纳进相关工程规范或标准中。现场载荷试验利用人工加载的方式施加试验荷载，常用的有锚桩、配重块和自平衡等方法，模拟地基或基础的实际工作状态，测试其加载后承载性能及变形特征。其显著的优点是受力条件比较接近实际，简单易用，试验结果直观且准确；缺点是试验规模较大，对试验场地有较高的要求，在工程前期勘察阶段，往往不具备实施条件，试验周期较长，费用相对较大。

（1）浅层平板载荷试验

浅层平板载荷试验适用于确定浅部地基土层承压板下压力主要影响范围内的承载力和变形参数。承压板面积一般采用 0.25～0.5m^2，对均质、密实以上的地基土（如老堆积土、砂土）可采用 0.1m^2，对新近堆积土、软土和粒径较大的填土不应小于 0.5m^2；试验标高处的试坑宽度不应小于承压板宽度或直径的三倍；应保持试验土层的原状结构和天然湿度，在试坑开挖时，应在试验点位置周围预留一定厚度的土层，在安装承压板前再清理至试验标高，在承压板与土层接触处，应铺设厚度不超过 20mm 厚的中砂或粗砂找平层，以保证承压板水平并与土层均匀接触。加荷分级不应少于 8 级，最大加载量不应小于设计要求的两倍，荷载按等量分级施加，每级荷载增量为预估极限荷载的 1/10～1/8，当不易预估极限荷载时，对软岩可采用 100～200kPa 的每级荷载增量。荷载量测精度不应低于最大荷载的±1%，承压板的沉降可采用百分表或电测位移计量测，其精度不应低于±0.01mm。当采用沉降相对稳定法（常规慢速法）时，每级加荷后，按间隔 5、5、10、10、15、15min，以后每隔半小时测读一次沉降量，当在连续两小时内，每小时的沉降量均小于 0.1mm 时，则认为已趋于稳定，可施加下一级荷载。

确定地基土承载力特征值：

①强度控制法

当 p-s 曲线上有明显的直线段时，一般采用直线段的终点对应的荷载值为比例界限，取该比例界限所对应的荷载值为承载力特征值。

当 p-s 曲线上无明显的直线段时，可用下述方法确定比例界限：

在某一荷载下，其沉降量超过前一级荷载下沉量的两倍，即 $\Delta S_n > 2\Delta S_{n-1}$ 的点所对应的荷载即为比例界限。

绘制 $\lg p$-$\lg s$ 曲线，曲线上转折点所对应的荷载即为比例界限。

绘制 p-$\Delta p/\Delta s$ 曲线，曲线上的转折点所对应的荷载值即为比例界限，其中 Δp 为荷载增量，Δs 为相应的沉降量。

当极限荷载小于对应比例界限的荷载值的 2 倍时，取极限荷载值的一半作为承载力特征值。

②相对沉降控制法

当不能按比例界限和极限荷载确定时，承压板面积为 0.25～0.50m^2，可取 $s/b=$ 0.01～0.015 所对应的荷载，作为地基土承载力特征值，但其值不应大于最大加载量的一半。同一土层参加统计的试验点不应少于三点，当试验实测值的极差不超过平均值的 30%时，取此平均值为该土层的地基承载力特征值 f_{ak}。

浅层平板载荷试验的变形模量 E_0(MPa)，可按下式计算：

$$E_0 = I_0(1-\nu^2)\frac{pd}{s} \tag{4.3-9}$$

式中：I_0——刚性承压板的形状系数，圆形承压板取 0.785，方形承压板取 0.886；

ν——土的泊松比；

d——承压板直径或边长（m）；

p——p-s 曲线线性段的压力（kPa）；

s——与 p 对应的沉降（mm）。

（2）深层平板载荷试验

深层平板载荷试验是平板载荷试验的一种，适用于埋深等于或大于 5.0 m 和地下水位以上的地基土，用于确定深部地基土及大直径桩桩端土层在承压板下应力主要影响范围内的承载力及变形参数。

深层平板载荷试验的承压板采用直径为 800mm 的刚性板，可采用厚约 300mm 的现浇混凝土板，可直接在外径为 800mm 的钢环或钢筋混凝土管桩内浇筑；加载反力装置有压重平台反力装置、地描反力装置、锚桩横梁反力装置、锚桩（地锚）压重联合反力装置、自平衡反力装置。深层平板载荷试验的试坑（井）直径应等于承压板直径，当试坑（井）直径大于承压板直径时，紧靠承压板周围外侧的土层高度不应小于承压板直径；试坑（井）底的岩土应避免扰动，保持其原状结构和天然湿度；在承压板下铺设不超过 20mm 的中、粗砂找平层；加荷等级可按预估极限承载力的 1/15～1/10 分级施加；位移量测的精度不应低于±0.01mm，荷载量测精度不应低于最大荷载的±1%。采用沉降相对稳定法（常规慢速法）时，每级加荷后，第一个小时内按间隔 5、5、10、10、15、15min，以后每隔半小时测读一次沉降，当在连续 2h 内，每小时的沉降量小于 0.1mm 时，则认为沉降已趋稳定，可加下一级荷载。

根据深层平板载荷试验确定地基土承载力特征值：

①强度控制法

当 p-s 曲线上有比例界限时，取该比例界限所对应的荷载值；

当满足上述终止加载条件的前三条之一时，其对应前一级荷载定为极限荷载，当该值小于对应比例界限的荷载值的 2 倍时，取极限荷载的一半。

②相对沉降控制法

当不能按比例界限和极限荷载确定地基土承载力时，可取 s/d＝0.01～0.015 所对应的荷载值，但其值不应大于最大加载量一半。

同一土层参加统计的试验点不应少于三点，当试验实测值的极差不超过平均值的 30%时，取此平均值为该土层的地基承载力特征值 f_{ak}。

根据深层平板载荷试验所确定的地基承载力特征值 f_{ak}，在使用时不再进行基础埋深的地基承载力修正，即基础埋深的地基承载力修正系数 η_d 取 0。

深层平板载荷试验的变形模量 E_0 可按下式计算：

$$E_0=\omega \frac{pd}{s} \tag{4.3-10}$$

式中：ω——与试验深度和土类有关的系数，对于受扰动后呈散砂状的极软岩，可参照砂类土取值。

（3）岩石地基载荷试验

岩石地基载荷试验是平板载荷试验的一种，适用于确定完整、较完整、较破碎岩石地基作为天然地基或桩基础持力层时的承载力。

岩石地基载荷试验采用直径为 300mm 的刚性承压板，当岩石埋藏深度较大时，可采用钢筋混凝土桩，但桩周需采取措施以消除桩身与岩土之间的摩擦力。岩石地基载荷试验的加载通常采用堆载或锚杆的方式，第一级加载值为预估设计荷载的1/5，以后每级为1/10。位移量测的精度不应低于±0.01mm，荷载量测精度不应低于最大荷载的±1%。岩石地基载荷试验采用沉降相对稳定法（常规慢速法）的加荷方式；加压前，每隔10min读数一次，连续三次读数不变时可开始试验。加载后立即读数，以后每10min读数一次，连续三次读数之差均不大于0.01mm时，可施加下一级荷载。

试验成果可用于确定岩石地基的承载力特征值或桩基础持力层的桩端承载力特征值。

对应于 p-s 曲线上起始直线段的终点为比例界限，符合终止加载条件前两条之一时，其对应的前一级荷载为极限荷载。将极限荷载除以3的安全系数，所得值与对应于比例界限的荷载相比较，取小值。每个场地载荷试验的数量不应少于3个，取最小值作为岩石地基或桩基础持力层的承载力特征值。

4.4 软岩工程性质评价

4.4.1 兰州软岩的工程分类

1. 初步分类

根据砂岩遇水崩解速率不同，将兰州地区砂岩分为Ⅰ、Ⅱ、Ⅲ类：Ⅰ类为透水层（中等透水）、崩解迅速，崩解成颗粒状；Ⅱ类为弱透水、崩解缓慢，崩解成小块状；Ⅲ类为不透水层、基本不崩解或少许棱角崩解，见表4.4-1。典型原状样见图4.4-1。

图4.4-1 兰州地区砂岩原状样照片

兰州地区砂岩初步分类　　表4.4-1

类别	崩解速度	野外特征	代表性场地
Ⅰ类	<1h 快速崩解	岩芯较破碎或呈短柱状，锤击声哑，无回弹，手可捏碎，浸水后崩解迅速，崩解物呈泥状、渣状，挖掘机可挖	雁园路站、省政府站、火车站、邮电大楼、红楼时代广场、甘肃财富中心、兰州环球中心
Ⅱ类	1～24h 部分崩解	岩芯较完整，锤击声哑，无回弹，浸水后手可折断，浸水后崩解较慢，崩解物呈块状，部分需要挖掘机破碎锤破碎	定西路站、西关十字、公交五公司、2号线停车场
Ⅲ类	基本不崩解	岩芯较完整，锤击声不清脆，无回弹，可击碎，岩块用手不易折断，手指可刻出印痕，浸水后少许棱角崩解，需要挖掘机破碎锤破碎或者浅层爆破	雁北路站、名城兰州城市综合体

2. 工程分类

以干密度、天然状态单轴抗压强度和渗透系数为分类指标，进行砂岩工程分类。

（1）干密度

将兰州地铁 1 号线和 2 号线、一些超高层项目的砂岩干密度试验数据进行统计，各类型砂岩干密度变异系数在 0.02～0.07，变异性很小，见图 4.4-2～图 4.4-4。

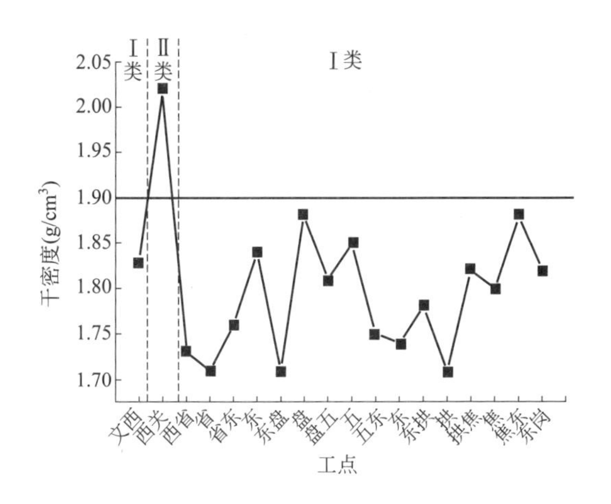

图 4.4-2　兰州地铁 1 号线砂岩干密度统计

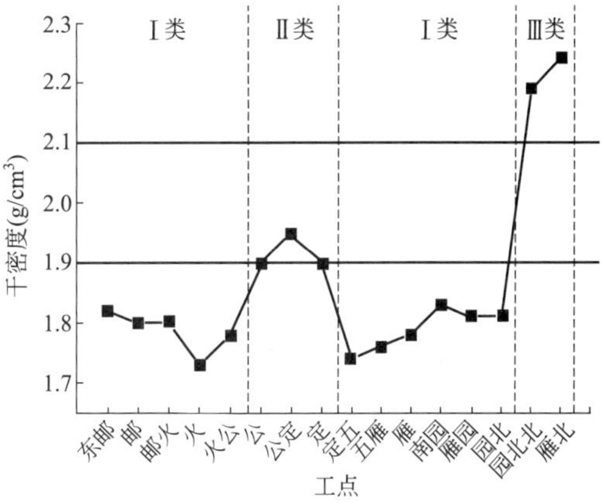

图 4.4-3　兰州地铁 2 号线砂岩干密度统计

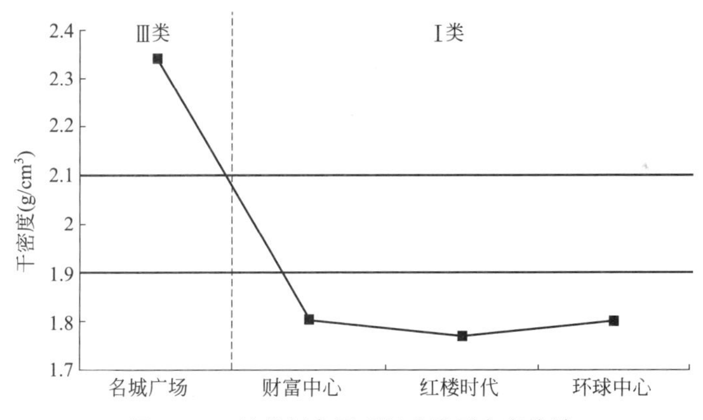

图 4.4-4　兰州超高层项目砂岩干密度统计

兰州地铁 2 号线雁北路站、名城兰州城市综合体的干密度大于 2.1g/cm^3，兰州地铁 1 号线西关站、兰州地铁 2 号线定西路站、公交五公司站的干密度介于 1.9～2.1g/cm^3，其余项目的干密度均小于 1.9g/cm^3。

将砂岩干密度指标设定两个界限：1.9g/cm^3 和 2.1g/cm^3，可以划分出不同性质的砂岩，根据各工点现场的开挖情况对照初步分类原则可得出：干密度小于 1.9g/cm^3 为Ⅰ类砂岩，大于 1.9g/cm^3 且小于 2.1g/cm^3 为Ⅱ类砂岩，大于 2.1g/cm^3 为Ⅲ类砂岩。

（2）天然状态单轴抗压强度

将兰州地铁 1 号线和 2 号线、一些超高层项目的砂岩天然状态单轴抗压强度试验数据进行统计，绘制曲线见图 4.4-5 和图 4.4-6。

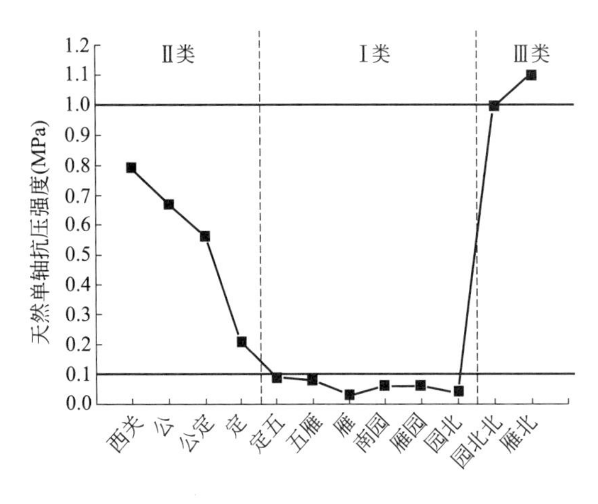

图 4.4-5 兰州地铁砂岩强度统计

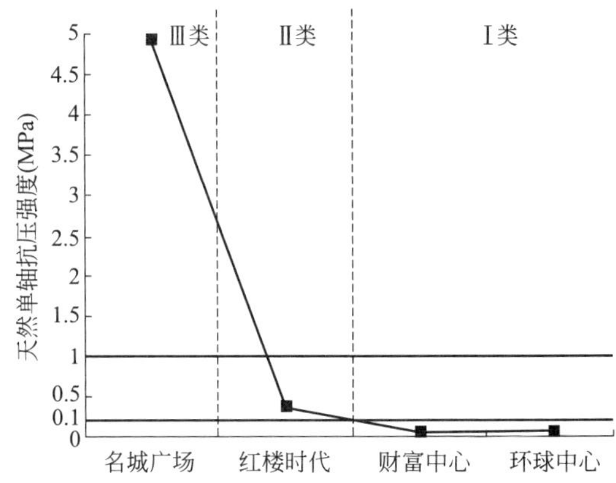

图 4.4-6 兰州超高层项目砂岩强度统

兰州地铁定西路至五里铺区间、五里铺至雁南路区间、雁南路站、雁南路至雁园路区间、雁园路站、雁园路至雁北路区间、甘肃财富中心超高层项目、兰州环球中心项目的砂岩天然单轴抗压强度均小于 0.1MPa，西关什字站、公交五公司站、公交五公司至定西路区间、兰州红楼时代广场的砂岩天然单轴抗压强度均小于 1.0MPa，且大于 0.1MPa，雁园路至雁北路区间北侧、雁北路站、名城兰州综合体项目砂岩天然单轴抗压强度均大于等于 1.0MPa。

将天然单轴抗压强度指标设定两个界限：0.1MPa 和 1.0MPa，可以划分出不同性质的砂岩，根据各工点现场的开挖情况对照初步分类原则可得出：天然单轴抗压强度小于 0.1MPa 为Ⅰ类砂岩，大于 0.1MPa 且小于 1.0MPa 为Ⅱ类砂岩，大于 1.0MPa 为Ⅲ类砂岩。

（3）渗透系数

将兰州地铁 1 号线和 2 号线、一些超高层项目的砂岩渗透试验数据进行统计，见表 4.4-2。

各类砂岩渗透试验结果 **表 4.4-2**

序号	砂岩类型	试验工点	渗透系数(cm/s)	备注	渗透性
1	Ⅰ类	雁园路站	1.9×10^{-3}	现场	中等透水
2		省政府站	3.1×10^{-4}	室内	
3		邮电大楼	1.2×10^{-4}	室内	
4		火车站	1.6×10^{-4}	室内	
5		红楼时代广场	9.26×10^{-3}	室内	
6		甘肃财富中心	7.45×10^{-3}	室内	
7	Ⅱ类	定西路站	9.3×10^{-5}	现场	弱透水
8		西关站	8.4×10^{-5}	室内	
9		公交五公司站	6×10^{-7}	室内	
10	Ⅲ类	雁北路站	8.7×10^{-6}	现场	微透水
11			9.9×10^{-8}	室内	
12		名城兰州城市综合体	1.5×10^{-6}	现场	

通过室内渗透试验并结合现场渗透试验，给出渗透系数的分界：Ⅰ类渗透系数大于等于 10^{-4}cm/s，Ⅱ类渗透系数介于 10^{-4}～10^{-5}cm/s，Ⅲ类渗透系数小于 10^{-5}cm/s。同时得出Ⅰ类砂岩为中等透水层，Ⅱ类为弱透水层，Ⅲ类为微透水层。

（4）砂岩的工程分类

砂岩的工程分类见表 4.4-3。

砂岩的工程分类　　表 4.4-3

类别	干密度 (g/cm^3)	天然单轴抗压强度(MPa)	渗透系数 (cm/s)	野外特征
Ⅰ类	<1.9	<0.1	$>1\times10^{-4}$	岩芯较破碎或呈短柱状，锤击声哑，无回弹，浸水后崩解迅速，崩解物呈泥状、渣状
Ⅱ类	1.9～2.1	0.1～1.0	1×10^{-4}～1×10^{-5}	岩芯较完整，锤击声哑，无回弹，浸水后崩解较慢，崩解物呈块状
Ⅲ类	≥2.1	>1.0	$<1\times10^{-5}$	岩芯较完整，锤击声不清脆，无回弹，可击碎，岩块用手不易折断，手指可刻出印痕，浸水后少许棱角崩解

4.4.2　兰州软岩的物理力学特性

1. 物理性质指标

（1）矿物成分分析

从兰州地铁一些典型样本进行岩石矿物成分鉴定，得到的岩样矿物成分鉴定结果见表 4.4-4。

兰州地铁车站砂岩岩样矿物成分表　　表 4.4-4

车站名称	石英 (%)	钾长石 (%)	斜长石 (%)	方解石 (%)	黏土 (%)	其他 (%)	支撑类型	接触方式	胶结类型
省政府	70	10	13	—	2	5	颗粒	点	泥质、孔隙
西关什字	60	10	12	3	3	12	颗粒	点	泥质、孔隙
邮电大楼	55	15	16	1	6	7	颗粒	点	泥质、孔隙
火车站	65	15	12	—	5	3	颗粒	点	泥质、孔隙
公交五公司	60	10	11	2	7	10	颗粒	点	泥质、孔隙
雁北路	57	9	17	4	10	3	颗粒	点～线	泥质、孔隙

兰州砂岩的矿物成分基本相同，均含有石英、长石、岩屑和一定量的黏土矿物，其中岩屑以变质岩、变质石英岩、硅质岩为主。石英含量最多，达到 55%以上，长石次之，岩屑最少。孔隙式胶结，胶结物主要为黏土矿物（泥质），少量方解石（钙质），胶结松散，粒间孔隙发育。砂岩属于陆源碎屑岩，是由母岩机械破碎产生的碎屑物质经搬运、沉积及压实胶结等作用而形成的岩石，岩块强度主要取决于胶结物成分及胶结类型。砂岩胶结物的矿物成分和微观结构见表 4.4-5 和图 4.4-7。

砂岩胶结物的矿物成分和微观结构试验结果　　表 4.4-5

类型	胶结物	胶结物含量(%)	颗粒接触性质	胶结类型	胶结程度	微裂隙	压实作用	崩解速度
Ⅰ类	泥质	4.1	点	孔隙	低	多	低	快
Ⅱ类	泥质，少量钙质	8.4	点	孔隙，少量薄膜	中	中	中	较慢
Ⅲ类	泥质，钙质	11	点一线	孔隙，少量接触	高	少	高	慢

三类砂岩中，钙质胶结物占总胶结物含量依次递增，即Ⅰ类<Ⅱ类<Ⅲ类。钙质胶结物的存在削弱了岩石的崩解性。

Ⅰ、Ⅱ、Ⅲ三类砂岩均属于颗粒支撑；Ⅰ类胶结类型为孔隙，Ⅱ类主要为孔隙，少量

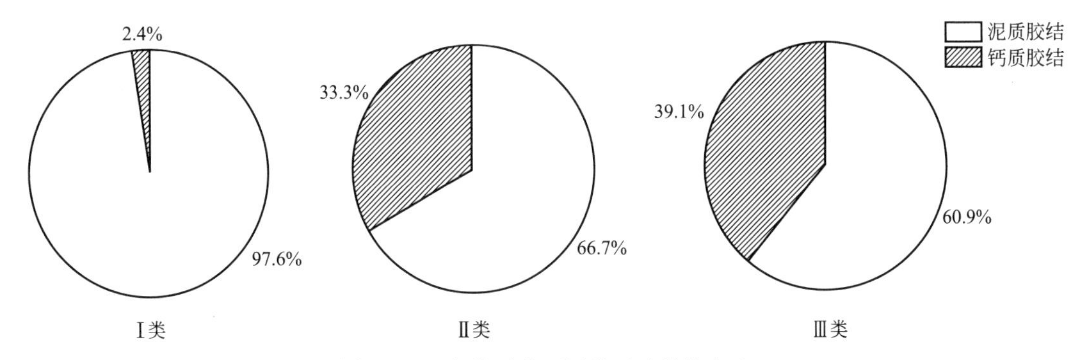

图 4.4-7 各类砂岩不同类型胶结物占比

为薄膜，Ⅲ类主要为孔隙，少量为接触；Ⅰ、Ⅱ类接触方式为点，Ⅲ类接触方式主要为点，少量为点—线。从颗粒接触方式和胶结类型角度，证实了不同类型砂岩压实作用大小关系为：Ⅰ类＜Ⅱ类＜Ⅲ类。

（2）核磁共振分析

核磁共振分析可以快速检测岩石孔隙特征。由于Ⅰ类砂岩试样松散，不符合核磁共振试验对样品的要求，Ⅱ、Ⅲ两类砂岩，试验结果见表 4.4-6。

不同类型红砂岩核磁共振试验结果表　　表 4.4-6

类型	工点	序号	孔隙度(%)
Ⅱ类	定西路	1	29.87
		2	31.31
Ⅲ类	雁北路	3	10.1
		4	10.37
		5	11.97
		6	13.28

通过核磁共振分析可知，Ⅱ类砂岩的孔隙度几乎是Ⅲ类的三倍，Ⅱ类砂岩的压实作用小于Ⅲ类砂岩，同时佐证了Ⅱ类砂岩的干密度比Ⅲ类的低，且渗透系数比Ⅲ类的大。

（3）电镜试验

扫描电镜分析砂岩试样各元素含量见表 4.4-7。

电镜扫描元素分析试验结果　　表 4.4-7

元素	质量百分比(%)	原子百分比(%)
C	3.98	6.25
O	58.23	68.68
Na	0.46	0.37
Mg	2.26	1.76
Al	8.26	5.78
Si	23.45	15.75
S	0.21	0.12
K	1.01	0.49
Ca	0.53	0.25
Fe	1.6	0.54
总量	100	100

通过放大 50 倍照片和放大 100 倍照片，见图 4.4-8，可以发现砂岩颗粒呈块状分布，密实度较差，颗粒之间具有较大空隙，导致砂岩具有透水性；颗粒与孔隙之间存在大量胶结物，由所含元素百分比可知，岩样中存在较多易溶盐成分，这也导致砂岩遇水时的渗透性大大增加。

放大50倍　　放大100倍

图 4.4-8　砂岩电镜扫描结果

(4) 砂岩颗粒成分

固体颗粒构成砂岩骨架，粒径大小及占比对砂岩的物理力学性质起决定性作用，通过颗粒分析试验可知，粒径大多集中于 0.25～0.075mm，含量为 59.9%～90.2%，粉粒含量为 0～9.6%，黏粒含量小于 1.0%。砂岩不均匀系数介于 2.08～3.78，曲率系数介于 0.85～0.94，粒径主要分布在 0.075～0.25mm，颗粒单一，粒径均匀，级配不良，颗粒之间填充不密实，存在较大的孔隙，佐证了砂岩具有透水性。

(5) 物理性质指标

不同场地软岩试样物理性质试验结果见表 4.4-8。兰州软岩物理性质指标受取样方法、状态、岩相、试验方法等因素影响，各指标值有较大差异。

砂岩层物理性质指标统计成果表　　**表 4.4-8**

岩性	指标				
	含水量(%)	比重	密度(g/cm^3)	干密度(g/cm^3)	孔隙比
强风化砂岩	4.5～22	2.63～2.75	1.82～2.37	1.71～1.88	0.376～0.642
中风化砂岩	4.2～19.5		2.09～2.53	1.90～2.34	0.337～0.604
泥岩	5.8～15.6	2.67～2.74	2.03～2.27	1.85～2.21	0.217～0.459

岩性	指标			
	饱和度(%)	吸水率(%)	弹性模量($\times10^4$MPa)	泊松比
强风化砂岩	5.0～98.3	10.5～30.4	0.010～0.79	0.19～0.25
中风化砂岩	13.0～91.0	5.3～29.9	0.028～0.94	0.18～0.23
泥岩	62.4～100	—	—	—

(6) 砂岩浸水崩解特征

砂岩的浸水崩解现象为一种物理风化作用，由于矿物成分中含有较多的伊利石、蒙脱石等亲水性黏土矿物是导致砂岩遇水膨胀崩解、失水干缩开裂的原因。伊利石和蒙脱石等碎屑矿物比表面积非常大，且具有较强的亲水性，浸水时易于引起水分向岩石孔隙中运动而引起膨胀、软化和最终破碎。尤其是伊利石矿物的结构单位层间为氧-氧联结，其键力很弱，易被具有氧键的强极化水分子楔入所分开，引起崩解。

根据崩解试验结果以及现场岩样的浸水观察；Ⅰ类砂岩耐崩解指数为 0～0.39%，现场浸水后，在 1h 内快速崩解为砂状。Ⅱ类砂岩耐崩解指数为 3.72%～4.39%，随深度增加有增大趋势，现场在 1～24h 部分崩解呈块状。Ⅲ类砂岩耐崩解指数为 30%左右，现场基本不崩解。

2. 力学性质指标

(1) 单轴抗压强度

在不同场地采取软岩试样进行室内单轴抗压强度试验，试验结果见表 4.4-9 和图 4.4-9。

兰州极软岩单轴抗压强度统计表　　表 4.4-9

地层	单轴抗压强度(天然)(MPa)	单轴抗压强度(饱和)(MPa)	单轴抗压强度(干燥)(MPa)
强风化砂岩	0.03～1.71	0.02～0.03	0.21～0.76
中风化砂岩	0.36～3.39	0.60～1.20	2.69～10.70
泥岩	0.46～3.42	0.33～5.00	1.25～19.00

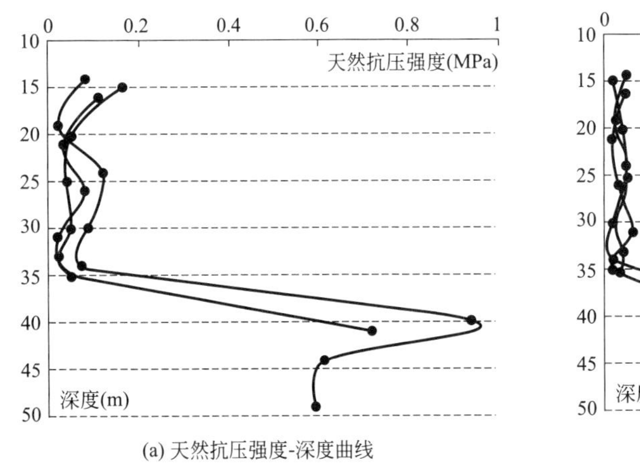

(a) 天然抗压强度-深度曲线

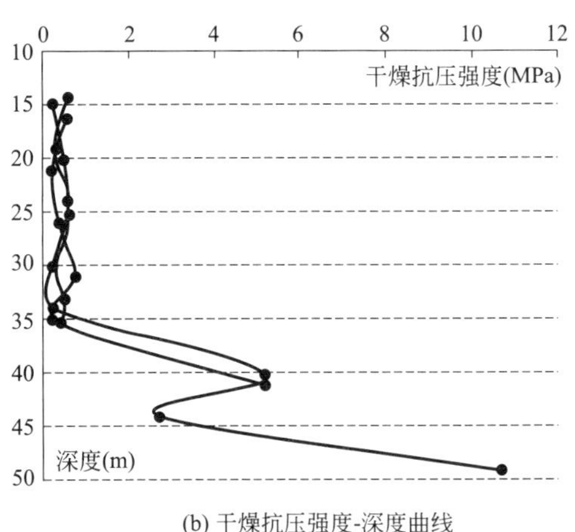

(b) 干燥抗压强度-深度曲线

图 4.4-9　某场地砂岩单轴抗压强度-深度曲线

通过单轴抗压强度-深度曲线可知，强风化砂岩（10～36m）天然/干燥抗压强度随着深度的增大不明显；不同风化程度的砂岩，其天然/干燥抗压强度变化较大，中风化砂岩（36m 以下）的天然/干燥抗压强度大于强风化砂岩天然/干燥抗压强度 8～10 倍以上。

(2) 抗剪强度

不同场地砂岩试样室内直剪试验和三轴强度试验（不固结不排水 UU 和固结不排水 CU），结果见表 4.4-10。

兰州极软岩抗剪强度统计表　　表 4.4-10

地层	直剪试验		三轴试验(CU)		三轴试验(UU)	
	C(kPa)	φ(°)	C(kPa)	φ(°)	C(kPa)	φ(°)
强风化砂岩	8.0～21	29.8～31.5	21～45.4	32～40.96	11.85	35.34
中风化砂岩	19～25.7	32～40.7	—	—	—	—
泥岩	50～80	31.4～45.0	—	—	—	—

（3）压缩试验

将强风化砂岩芯样现场采取环刀试样，进行室内压缩试验（加荷至 1600/3200kPa），分析各级压力下试样的压缩变形规律，见图 4.4-10 和图 4.4-11。

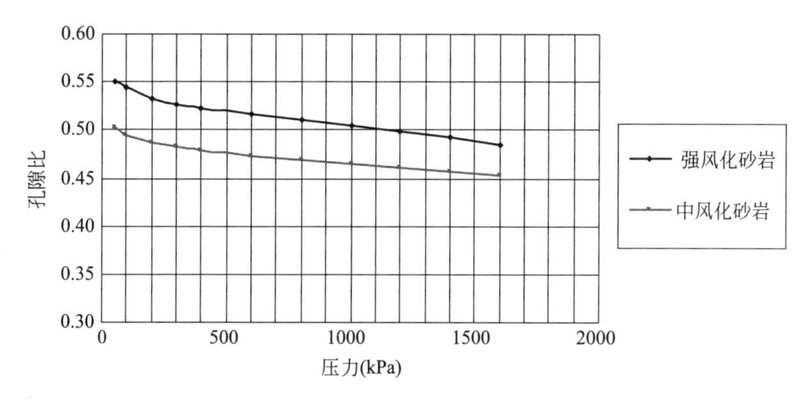

图 4.4-10　红楼时代广场项目砂岩压缩曲线

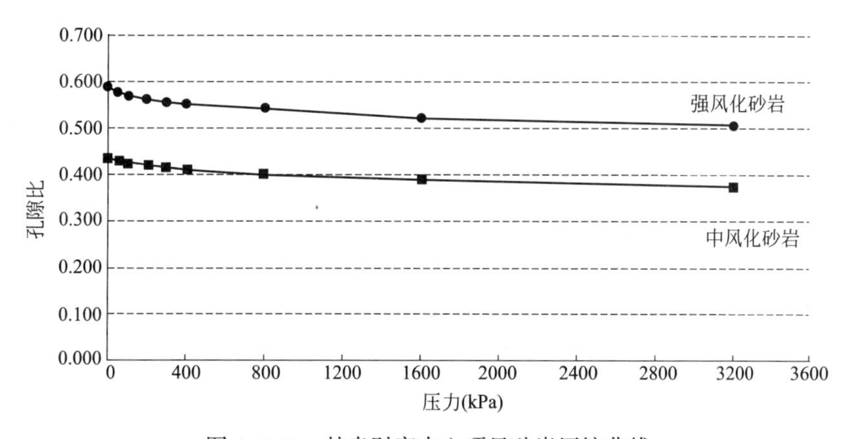

图 4.4-11　甘肃财富中心项目砂岩压缩曲线

试验结果表明，砂岩在各级压力下，均呈现低压缩性。强风化砂岩较中风化砂岩压缩性大。在 800～1600kPa 压力段，孔隙比介于 0.389～0.544，压缩系数介于 0.01～0.03，压缩模量介于 67.4～109.0MPa。

（4）应力应变特征

单轴抗压试验的应力应变表现为弹—塑性变化。当应变约为破坏应变的 5%～10%时，应力与应变呈线性增长，塑性应变段变形增长加快，变形发展到破坏应变的 60%～70%时，直至产生剪切滑移，试样沿斜截面破坏。而饱和试样的应力应变曲线为压密—弹—塑性变化。应变的急剧增长达到破坏应变的60%时与应力增长同步，临近破坏点前又进入塑性变形，直至产生张裂性破坏。典型的应力应变曲线见图4.4-12(a)。

三轴压缩试验应力应变表现为：风干试样的应力应变曲线近似为压密—弹—塑性变化，在轴向压力（σ_1）作用下，初期以结构孔隙压密为主，应变量增长较快，在应变达到破坏应变的10%～20%时进入弹性变形阶段，达到破坏应变的90%时发生塑性变形，试样产生贯通上下端面的斜截面剪滑，产生明显峰值，破坏后应力急剧下降，破坏形式属于典型的脆性破坏。而饱和试样应力应变曲线为弹—塑性变化，在轴向压力作用下，在初段应变随应力线性增长，达到破坏应变的60%时产生塑性变形，破坏后应力下降缓慢，破坏面为张剪性劈裂，破坏形式属于非脆性破坏。典型应力应变曲线见图4.4-12(b)。

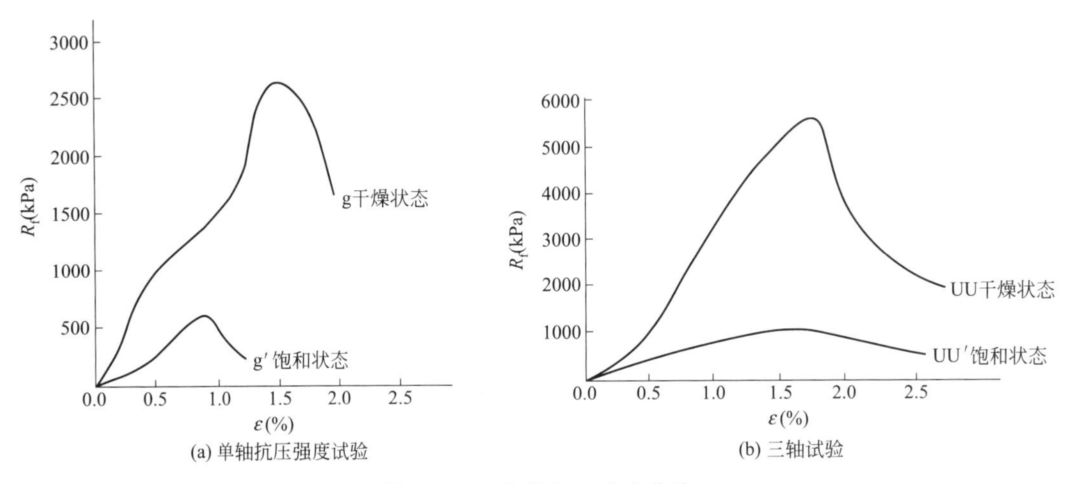

图4.4-12　砂岩应力-应变曲线

4.5 软岩地基评价

软岩地基的岩土工程分析评价应在工程地质测绘、勘探、测试和收集已有资料的基础上，结合工程特点和要求进行。应充分了解工程结构的类型、特点、荷载情况和变形控制要求；掌握工程建设场地的地质背景，考虑软岩材料的非匀质性、各向异性、软化性、崩解性和工程性质随时间的变化，评估岩土参数的不确定性，确定其最佳的估值；评价时应充分考虑当地软岩地基工程经验；对于理论依据不足，实践经验不多的软岩地基评价问题，应通过现场模型试验等方法获取的实测数据进行分析评价。

4.5.1 场地稳定性和适宜性评价

在项目前期可行性论证和规划选址阶段的勘察中，需要对拟建工程场地的稳定性和工程建设适宜性进行分析评价。场地稳定性评价可采用定性的评判方法，工程建设适宜性评价宜采用定性和定量相结合的综合评判方法。

1. 场地稳定性评价

1）场地稳定性可划分为不稳定、稳定性差、基本稳定和稳定等四级，其分级应符合下列规定：

（1）符合下列条件之一的，应划分为不稳定场地：

①强烈全新活动断裂带；

②对建筑抗震的危险地段；

③不良地质作用强烈发育，地质灾害危险性大地段。

（2）符合下列条件之一的，应划分为稳定性差场地：

①微弱或中等全新活动断裂带；

②对建筑抗震的不利地段；

③不良地质作用中等-较强烈发育，地质灾害危险性中等地段。

（3）符合下列条件之一的，应划分为基本稳定场地：

①非全新活动断裂带；

②对建筑抗震的一般地段；

③不良地质作用不发育，地质灾害危险性小地段。

（4）符合下列条件的，应划分为稳定场地：

①无活动断裂；

②对建筑抗震的有利地段；

③不良地质作用不发育。

注：从不稳定开始，向稳定性差、基本稳定、稳定推定，以最先满足的为准。

2）工程建设场地的稳定性分区应在各评价单元的场地稳定性评价基础上进行，并应绘制场地稳定性分区图。

2. 工程建设适宜性评价

1）工程建设适宜性可划分为不适宜、适宜性差、较适宜和适宜等四级。

2）工程建设适宜性的定性评价应符合表 4.5-1 的规定。按表 4.5-1 评定划分为适宜的场地，可不进行工程建设适宜性的定量评价。

工程建设适宜性的定性分级标准 表 4.5-1

级别	分级要素	
	工程地质与水文地质条件	场地治理难易程度
不适宜	1)场地不稳定； 2)地形起伏大,地面坡度大于 50%； 3)岩土种类多,工程性质很差； 4)洪水或地下水对工程建设有严重威胁； 5)地下埋藏有待开采的矿藏资源	1)场地平整很困难,应采取大规模工程防护措施； 2)地基条件和施工条件差,地基专项处理及基础工程费用很高； 3)工程建设将诱发严重次生地质灾害,应采取大规模工程防护措施,当地缺乏治理经验和技术； 4)地质灾害治理难度很大,且费用很高
适宜性差	1)场地稳定性差； 2)地形起伏较大,地面坡度大于等于 25%且小于 50%； 3)岩土种类多,分布很不均匀,工程性质差； 4)地下水对工程建设影响较大,地表易形成内涝	1)场地平整较困难,需采取工程防护措施； 2)地基条件和施工条件较差,地基处理及基础工程费用较高； 3)工程建设诱发次生地质灾害的可能性较大,需采取较大规模工程防护措施； 4)地质灾害治理难度较大或费用较高

续表

级别	分级要素	
	工程地质与水文地质条件	场地治理难易程度
较适宜	1)场地基本稳定； 2)地形有一定起伏，地面坡度大于10%且小于25%； 3)岩土种类较多，分布较不均匀，工程性质较差； 4)地下水对工程建设影响较小，地表排水条件尚可	1)场地平整较简单； 2)地基条件和施工条件一般，基础工程费用较低； 3)工程建设可能诱发次生地质灾害，采取一般工程防护措施可以解决； 4)地质灾害治理简单
适宜	1)场地稳定； 2)地形平坦，地貌简单，地面坡度小于等于10%； 3)岩土种类单一，分布均匀，工程性质良好； 4)地下水对工程建设无影响，地表排水条件良好	1)场地平整简单； 2)地基条件和施工条件优良，基础工程费用低廉； 3)工程建设不会诱发次生地质灾害

3）工程建设适宜性的定量评价应在定性评价基础上进行。定量评价宜采用评价单元多因子分级加权指数和法。当有成熟经验时，可采用模糊综合评判等其他方法评判。当采用定性和定量评价方法分别确定的工程建设适宜性级别不一致时，应分析原因后综合评判。

4）当采用评价单元多因子分级加权指数和法进行工程建设适应性评价时，应符合下列规定：

（1）评价单元的定量评价因子体系应由一级因子层和二级因子层组成。一级因子层应包括地形地貌、水文、工程地质、水文地质、不良地质作用和地质灾害、活动断裂和地震效应等；二级因子层应为反映各一级因子主要特征的具体指标。

（2）评价因子体系定量标准可按《城乡规划工程地质勘察规范》CJJ 57—2012附录D表D确定。

（3）应以评价单元为单位，按以下步骤进行计算：

① 选定一级因子、二级因子；确定二级因子的具体计算分值（X_j）；

② 按下式计算评价单元的适宜性指数（I_s），并根据本节中表4.5-3的标准判定评价单元的工程建设适宜性分级。

$$I_s=\sum_{i=1}^{n}\omega'_i\left(\sum_{j=1}^{m}\omega''_{ij}\cdot X_j\right) \tag{4.5-1}$$

式中：n——参评一级因子总数；

m——隶属于第 i 项一级因子的参评二级因子总数；

ω'_i——第 i 项一级因子权重，按表4.5-2取值；

ω''_{ij}——隶属于第 i 项一级因子下的第 j 项二级因子的权重，按表4.5-2取值。

5）评价单元多因子分级加权指数和法的一级、二级因子权重的确定应符合下列规定：

（1）应根据各级因子对工程建设适宜性的影响程度，将其划分为主控因素、次要因素或一般因素。

（2）一级因子权重（ω'_i）、二级因子权重（ω''_{ij}）应满足下列要求：

① $\sum_{i=1}^{n}\omega'_i=1$，$n$ 为参评一级因子总数；

② $\sum_{j=1}^{m}\omega''_{ij}=10$，$m$ 为隶属于第 i 个一级因子的参评二级因子总数。

(3) 一级、二级因子的权重宜根据对其划分的类别，按表 4.5-2 取值。

因子权重取值　　　　**表 4.5-2**

因子类别	一级因子权重 ω'_i	二级因子权重 ω''_{ij}
主控因素	$\omega'_i\geqslant0.50$	$\omega''_{ij}\geqslant5.00$
次要因素	$0.20\leqslant\omega'_i<0.50$	$2.00\leqslant\omega''_{ij}<5.00$
一般因素	$\omega'_i<0.20$	$\omega''_{ij}<2.00$

注：因子权重可根据专家会议法、德尔菲法（Delphi）或地区经验综合确定。

6) 各评价单元的工程建设适宜性可根据评价单元的适宜性指数，按表 4.5-3 判定。

评价单元的工程建设适宜性判定标准　　　　**表 4.5-3**

评价单元的适宜性指数	工程建设适宜性分级
$I_s<20$	不适宜
$20\leqslant I_s<45$	适宜性差
$45\leqslant I_s<70$	较适宜
$I_s\geqslant70$	适宜

7) 建设场地的工程建设适宜性分区应在各评价单元的工程建设适宜性评价基础上进行，并应绘制工程建设适宜性分区图。

4.5.2　软岩地基均匀性评价

软岩场地的勘察中，当采用软岩作为天然地基方案时应在拟建场地整体稳定性基础上，根据场地软岩工程性质的变化情况进行分析论证，评价软岩地基的均匀性。对于受扰动后呈散砂状，失去原有结构性，强度急剧降低的极软岩，应进行地基均匀性评价和变形验算。对判定为不均匀的地基，应进行沉降、差异沉降、倾斜等分析评价。

根据兰州地区多年工程经验，在以软岩为基础持力层的地基评价中，在单一场地内，其地基均匀性一般较好，多数场地都属于均匀地基，但应注意以下几种情况：

1. 当场地内软岩埋深起伏变化较大时，可能出现基础局部位于软岩层上，局部位于碎石土、砂土、粉土等土类地层上的情况，地基的均匀性应根据基底下各岩土层的空间分布和变形参数进行计算并评价。

2. 当场地内作为基础持力层的软岩层存在岩性相变的情况时，导致基底下软岩层物理力学性质表现出较明显的差异性，这种情况下应进行工程地质分区，查明不同岩性相变区域的地层空间分布，在此基础上评价软岩地基的均匀性。

3. 对基底荷载很大且集中的超高层建筑，或对差异沉降十分敏感的构筑物，在评价软岩地基均匀性时，还应考虑施工扰动对地基的影响，以及在工程建设、使用期间有可能导致的地基持力层性质随时间而变化的情况。

4.5.3　软岩工程性质分带

兰州工程界多年以来仍然沿用软岩风化带划分的习惯做法，但划分方法主要依据钻探岩芯破碎程度粗略判定，停留在人为因素影响严重的定性划分水平上，不同的勘测设计单位依据自身积累的经验划分风化分带，其结果往往是同一区域、同样地层、不同勘测单位或不同的技术人员所划分的风化分带截然不同，所提供的岩土参数也相差悬殊。风化分带的工程意义不够清晰，工程实用性不强。

岩体风化作用是组成地壳的上部岩体在太阳的辐射、水、大气及生物等各种营力的作用下使其成分和结构不断发生变异的地质作用的总称，包括物理风化、化学风化和生物风化。风化作用作为外力地质作用的一种，主要是针对完全意义的岩石进行定义的，由于风化作用的存在，引起不同风化分带中的岩石在结构构造、矿物成分、色泽及结构面状态等方面产生明显的差异。新近系软岩是早期母岩风化作用的产物，经搬运、沉积、压固、胶结形成现阶段的物质形态，但尚未经重结晶与成岩矿化作用形成完全的岩化结构与成岩矿物，仍处于沉积成岩的过程中。

兰州软岩在成岩过程中，虽然存在风化作用与成岩作用相伴，但风化特征不明显，结构构造、矿物成分等均未产生明显变化，没有形成相对鲜明的分带现象。从野外的表征现象来看，直接出露或被第四系地层覆盖的软岩，也仅仅表现为在受大气、水及生物等外因作用影响，浅表层岩体的胶结程度相对较弱，力学性质变差，存在一定程度的土化现象，土化层之下的岩体再无明显的差异性。相关规范根据岩石的风化程度将岩石划分为：全风化、强风化、中等风化、微风化及未风化 5 个等级，各风化等级对应的岩体野外特征及相关参数各规范中均有对应的内容。各规范将软岩列入风化程度划分的适用范围之外，按照岩石风化程度划分标准不适用于新近系软岩。

近年来，随着兰州软岩工程性质研究的进一步深入，一些学者提出对兰州软岩的“风化带”划分应该重新定义它的内涵，应该有明确的工程意义和符合软岩沉积特性的评价方法，既然不能准确划分风化程度，同时相关规范对半成岩也不要求划分风化带，不应该在软岩风化划分的惯性思维中继续下去，可考虑像对待大厚度土层一样，用工程性质分层（分带）的概念替代传统思维的“风化带”概念，依据强度、波速、水理特性等指标随深度变化综合进行工程性质分带。

4.5.4 地基工程岩体级别确定

地基工程岩体应按表 4.5-4 规定的岩体基本质量级别定级。

岩体基本质量分级 **表 4.5-4**

岩体基本质量级别	岩体基本质量的定性特征	岩体基本质量指标 BQ
Ⅰ	坚硬岩，岩体完整	＞550
Ⅱ	坚硬岩，岩体较完整；较坚硬岩，岩体完整	550～451
Ⅲ	坚硬岩，岩体较破碎；较坚硬岩，岩体较完整；较软岩，岩体完整	450～351
Ⅳ	坚硬岩，岩体破碎；较坚硬岩，岩体较破碎—破碎；较软岩，岩体较完整—较破碎；软岩，岩体完整—较完整	350～251
Ⅴ	较软岩，岩体破碎；软岩，岩体较破碎—破碎；全部极软岩及全部极破碎岩	≤250

当根据基本质量定性特征和岩体基本质量指标 BQ 确定的级别不一致时，应通过对定性划分和定量指标的综合分析，确定岩体基本质量级别。当两者的级别划分相差达 1 级及以上时，应进一步补充测试。

岩体基本质量指标 BQ，应根据分级因素的定量指标 R_c 的兆帕数值和 K_v 按下式计算：

$$BQ=100+3R_c+250K_v \tag{4.5-2}$$

式中：R_c——岩石饱和单轴抗压强度（MPa）；

K_v——岩体完整性指数。

使用式(4.5-2）计算时，应符合下列规定：

当 $R_c>90K_v+30$ 时，应以 $R_c=90K_v+30$ 和 K_v 代入计算 BQ 值；

当 $K_v>0.04R_c+0.4$ 时，应以 $K_v=0.04R_c+0.4$ 和 R_c 代入计算 BQ 值。

4.6　岩土工程评价

1. 岩体质量评价应根据岩石坚硬程度、岩体完整程度按表 4.6 -1 确定。

岩体基本质量等级划分　　**表 4.6-1**

坚硬程度	完整程度				
	完整	较完整	较破碎	破碎	极破碎
坚硬岩	Ⅰ	Ⅱ	Ⅲ	Ⅳ	Ⅴ
较硬岩	Ⅱ	Ⅲ	Ⅳ	Ⅳ	Ⅴ
较软岩	Ⅲ	Ⅳ	Ⅳ	Ⅴ	Ⅴ
软　岩	Ⅳ	Ⅳ	Ⅴ	Ⅴ	Ⅴ
极软岩	Ⅴ	Ⅴ	Ⅴ	Ⅴ	Ⅴ

注：1. 岩石坚硬程度、岩体完整程度可采用定量与定性相结合，以定量为主的方法进行分类，并应符合现行国家规范《岩土工程勘察规范》GB 50021 的有关规定；

2. 对未进行波速测试的钻孔，可按岩石质量指标 RQD 值划分岩体完整程度：RQD>90 为完整，90≥RQD>75 为较完整，75≥RQD>50 为较破碎，50≥RQD≥25 为破碎，RQD<25 为极破碎。

2. 新近系泥岩可根据标准贯入试验的锤击数 N，按表 4.6-2 进行风化程度分类。

新近系泥岩风化程度分类　　**表 4.6-2**

锤击数 N	$N\leqslant30$	$30<N\leqslant50$	$N>50$
风化程度	全风化	强风化	中等风化

3. 软岩地基承载力特征值确定。对岩体基本质量等级为Ⅳ、Ⅴ级、工程重要性等级为一级的工程，其地基承载力特征值可在饱和单轴抗压强度试验或点荷载强度试验成果初步确定的基础上，由静载荷试验确定；对工程重要性等级为二、三级的工程，可由饱和单轴抗压强度试验或点荷载强度试验，结合当地经验确定。

4. 软硬岩夹层或互层的地基承载力特征值，可参照以下方法确定：

（1）岩层产状水平或缓倾斜时，当基础直接置于软质岩上的，可取软质岩的承载力特征值作为软硬岩互（夹）层的承载力特征值；当基础直接置于硬质岩上的，可根据基底硬质岩体的厚度及其质量等级、基础宽度或直径，结合工程经验综合确定。对Ⅱ级岩体，当硬质岩体厚度与基础宽度或直径的比值（HB）为 0.5～1.0 时，取 0.6～0.8 倍硬质岩承载力特征值作为软硬岩互（夹）层的承载力特征值；HB 为 1.0～20 时，可取 0.8～1.0 倍；HB 大于 2.0 时，直接取硬质岩承载力特征值作为软硬岩互（夹）层的承载力特征值；对Ⅳ、Ⅴ级岩体，可取下卧软质岩的承载力特征作为软硬岩互（夹）层的承载力特征值。

(2) 当岩层产状陡倾斜或直立时，可按软质岩、硬质岩所占面积与各自承载力特征值进行加权平均确定软硬互层岩组的承载力特征值。

5. 软岩地基基础施工应进行持力层检验，对存在影响基础稳定或不均匀变形的软弱夹层、断层破碎带等特殊岩土工程问题的场地，应进行施工勘察，并加强施工过程中的信息反馈，出现异常应分析其原因和潜在的危害性，提出处理措施及建议。

4.7 小结

(1) 软岩场地岩土工程勘察应在工程地质测绘和调查的基础上进行。可行性研究勘察应符合选择场址方案的要求，初步勘察应符合初步设计的要求，详细勘察应符合施工图设计的要求，场地条件复杂或有特殊要求的工程，宜进行施工勘察。

(2) 钻孔孔径应满足勘察目的、取样、测试及钻进工艺的要求。采样适宜的钻探工艺提高岩芯采取率，对不同岩性界面和软弱结构面等需重点查明的部位，应采用双层单动取芯钻具连续取芯等措施并应减小回次进尺。

岩石的描述应包括地质年代、岩石名称、结构构造、坚硬程度、节理裂隙特征、岩芯状态等表征岩石与岩体性状的内容。计算岩芯采取率、岩石质量指标 RQD 等量化指标。

软岩地基每个岩性层或岩体单元参加统计的数量不应少于 6 组，评价软岩地基承载力，应进行饱和状态或天然状态单轴抗压试验；评价岩体的完整性，应同步进行单轴抗压试验和岩样的波速测试。评价软质岩石的软化性、膨胀性、崩解性等特殊性质时应进行相应的试验，当需提供软岩的弹性模量和泊松比时，应进行单轴压缩变形试验；当需提供软岩的抗剪强度指标时，应根据岩石的坚硬程度进行三轴压缩强度试验或直剪试验。

(3) 为查明勘探深度范围的岩土组合变化剖面、断层破碎带、软弱结构体、空洞等异常地质体的位置、空间形态特征，采用浅层地震、孔间地震波 CT、孔间电磁波 CT 孔间声波 CT、瞬态面波法等测试方法；为评价岩体完整性，确定岩体质量等级，采用单孔或跨孔弹性波速测试；提供地基岩体的动弹性模量、动剪切模量、岩土卓越周期等参数指标时，可进行地微振测试。

(4) 软岩地基承载力特征值确定。对岩体基本质量等级为Ⅳ、Ⅴ级、工程重要性等级为一级的工程，其地基承载力特征值可在饱和单轴抗压强度试验或点荷载强度试验成果初步确定的基础上，由静载荷试验确定；对工程重要性等级为二、三级的工程，可由饱和单轴抗压强度试验或点荷载强度试验，结合当地经验确定。

(5) 软岩地基基础施工应进行持力层检验，对存在影响基础稳定或不均匀变形的软弱夹层、断层破碎带等特殊岩土工程问题的场地，应进行施工勘察，并加强施工过程中的信息反馈，出现异常应分析其原因和潜在的危害性，提出处理措施及建议。

(6) 兰州软岩的“风化带”划分应该有明确的工程意义和符合软岩沉积特性的评价方法，可采用工程性质分层（分带）的概念替代传统思维的“风化带”概念，依据强度、波速、水理特性等指标随深度变化综合进行工程性质分带。

第 5 章　软岩的承载力与变形特征

5.1　地基承载力概述

地基承载力（Subgrade bearing capacity）是针对地基基础设计提出的为方便评价地基强度和稳定的实用性专业术语，是评价地基稳定性的综合性用词。土的抗剪强度理论是研究和确定地基承载力的理论基础。

1. 地基承载力基本定义

地基承载力广义上具体指地基土单位面积上随荷载增加所发挥的承载潜力，分为地基极限承载力和地基承载力容许值，常用单位 kPa。其中地基极限承载力是指使地基土发生剪切破坏而即将失去整体稳定性时相应的最小基础底面压力；而地基承载力容许值是要求作用在基底的压应力不超过地基的极限承载力，并且有足够的安全度，而且所引起的变形不能超过建筑物的容许变形，满足以上两项要求，地基单位面积上所能承受的荷载，它是考虑了一定安全储备的地基承载力。通常，人们提到地基承载力主要是指地基承载力容许值。

在荷载作用下，地基要产生变形。随着荷载的增大，地基变形逐渐增大，初始阶段地基土中应力处在弹性平衡状态，具有安全承载能力。当荷载增大到地基中开始出现某点或小区域内各点在其某一方向平面上的剪应力达到土的抗剪强度时，该点或小区域内各点就发生剪切破坏而处在极限平衡状态，土中应力将发生重分布。这种小范围的剪切破坏区，称为塑性区。地基小范围的极限平衡状态大都可以恢复到弹性平衡状态，地基尚能趋于稳定，仍具有安全的承载能力。但此时地基变形稍大，必须验算变形的计算值不允许超过允许值。当荷载继续增大，地基出现较大范围的塑性区时，将显示地基承载力不足而失去稳定，此时地基达到极限承载力。

2. 地基承载力的基本值、标准值和设计值

地基承载力基本值 $[f_0]$ 是指一定基础宽度和埋置深度条件下的地基承载能力，一般采用静载荷试验确定或根据土的物理、力学性质指标查相关的承载力表或根据当地的工程经验确定；地基承载力标准值 $[f_k]$ 是按标准方法试验并经统计处理后的承载力值，是在基本值的基础上结合建筑物类型进行回归修正；地基承载力设计值 $[f]$ 是地基承载力标准值考虑宽度和深度修正后的数值，按荷载试验和用实际基础宽度、深度按理论公式计算所得地基承载力即为设计值。

3. 地基承载力特征值

《建筑地基基础设计规范》GB 50007—2011 规定在地基计算时用“地基承载力特征值”表示正常使用极限状态计算时才用的地基承载力和单桩承载力的设计使用值，其含义即为在发挥正常使用功能时所允许采用的抗力设计值，以避免过去一律提“标准值”时所带来的混淆。并提出地基承载力特征值［f_{ak}］是指由载荷试验测定的地基土压力变形曲线线性变形段内规定的变形所对应的压力值，其最大值为比例界限值。该值的确定可以是统计得出，也可以是传统经验值或某一物理量限定的值。其理由是考虑到土为大变形材料，当荷载增加时，随着地基变形的相应增长，地基承载力也逐渐加大，很难界定出一个真正的“极限值”。同时，建筑物的使用有一个功能要求，常常是地基承载力还有潜力可挖，而变形已达到或超过正常使用的限值。因此，地基设计是采用正常使用极限状态这一原则，所选定的地基承载力是在地基土的压力变形曲线线性变形段内相应于不超过比例界限点的地基压力值，即允许承载力。

4. 确定地基承载力应考虑的因素

地基承载力不仅取决于地基土的性质，还受到以下影响因素的制约。

（1）基础形状的影响：在用极限荷载理论公式计算地基承载力时是按条形基础考虑的，对于非条形基础应考虑形状不同对地基承载力的影响。

（2）荷载倾斜与偏心的影响：在用理论公式计算地基承载力时，均是按中心受荷考虑的。但荷载的倾斜和偏心对地基承载力是有影响的，当基础上的荷载倾斜或者倾斜和偏心两种情况同时出现时，基础可能由于水平分力超过基础地面的剪切阻力。

（3）覆盖层抗剪强度的影响：基底以上覆盖层抗剪强度越高，地基承载力显然越高，因而基坑开挖的大小和施工回填质量的好坏对地基承载力有影响。

（4）地下水位的影响：地下水位上升会降低土的承载力。

（5）下卧层的影响：由于地基中的应力会向持力层以下的下卧层传递，因此，下卧层的强度和抗变形能力对于地基承载力有影响，确定地基持力层的承载力设计值应对下卧层的影响作具体的分析和验算。

此外，还有基底倾斜和地面倾斜的影响，地基压缩性和试验底板与实际基础尺寸比例的影响、相邻基础的影响、加荷速率的影响和地基与上部结构共同作用的影响等。在确定地基承载力时，应根据建筑物的重要性及结构特点，对上述影响因素作具体分析。

5.2 岩石强度准则

岩石抵抗破坏的能力被称为岩石的强度。破坏是指岩石材料的应力超过了它的极限或者变形超过了它的允许范围，这里主要指应力超过了它的极限。岩石材料破坏的形式主要有两类：一类是断裂破坏；另一类是流动破坏（出现显著的塑性变形或流动现象）。断裂破坏发生于应力达到强度极限，流动破坏发生于应力达到屈服极限。在简单应力状态下，可以通过试验来确定材料的强度。例如，通过单轴压缩试验可以确定材料的单轴压缩强度，通过单轴拉伸试验可以确定材料的单轴抗拉强度等，同时可建立相应的强度准则。但是，在复杂应力状态下，如果仿造单轴压缩（拉伸）试验建立强度准则，则必须对材料在各种各样的应力状态下，一一进行试验，以确定相应的极限应力，以此来建立其强度准则，这显然是难以实现的。所以要采用判断推理的方法，提出一些假说，推测材料在复杂应力状态下破坏的原因，从而建立强度准则，这样的一些假说被称为强度理论。岩体的强度性质主要通过强度准则来反映。

5.2.1　岩石强度理论

岩石强度理论是研究岩石在一定的假说条件下，在各种应力状态下的强度准则的理论。强度准则又称破坏判据，它表征岩石在极限应力状态下（破坏条件）的应力状态和岩石强度参数之间的关系，一般可以表示为极限应力状态下的主应力间的关系方程，即：

$$\sigma_1 = f(\sigma_2, \sigma_3) \tag{5.2-1}$$

或者表示为处于极限平衡状态截面上的剪应力 τ 和正应力 σ 间的关系方程：

$$\tau = f(\sigma) \tag{5.2-2}$$

在上述方程中包含岩石的强度参数，目前常用的岩石强度准则介绍如下。

1. 库仑强度准则

最简单和最重要的准则乃是由库仑（C. A. Coulomb）于 1773 年提出的“摩擦”准则。库仑认为，岩石的破坏主要是剪切破坏；岩石的强度，即抗摩擦强度等于岩石本身抗剪切摩擦的黏聚力和剪切面上法向力产生的摩擦力。平面中的剪切强度准则（图 5.2-1）为：

$$|\tau| = c + \sigma\tan\varphi \tag{5.2-3}$$

式中：τ——剪切面上的剪应力（剪切强度）；

σ——剪切面上的正应力；

c——黏聚力（或内聚力）（应力单位）；

φ——内摩擦角。

库仑准则可以用莫尔极限应力圆直观地图解表示，如图 5.2-1 所示。

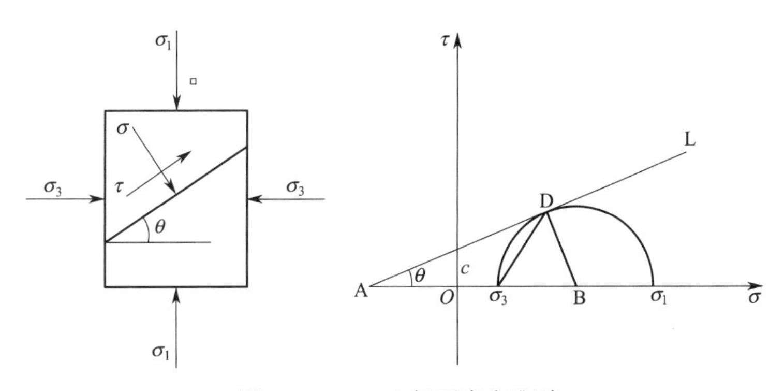

图 5.2-1　σ-τ 坐标下库仑准则

式(5.2-3) 确定的准则由直线 AL（通常称为强度曲线）表示，其斜率 $f = \tan\varphi$，且在 τ 轴上的截距为 c。在图 5.2-1 所示的应力状态下，某平面上的应力 σ 和 τ 由主应力 σ_1 和 σ_3 确定的应力圆所决定，如果应力圆上的点落在强度曲线 AL 之下，则说明该点表示的应力还没有达到材料的强度值，故材料不发生破坏；如果应力圆上的点超出了上述区域，则说明该点表示的应力已超过了材料的强度并发生破坏；如果应力圆上的点正好与强度曲线 AL 相切（图中 D 点），则说明材料处于极限平衡状态，岩石所产生的剪切破坏将可能在该点所对应的平面（剪切面）上发生。若规定最大主应力方向与剪切面（指其法线方向）间的夹角为θ（称为岩石破断角），则由图 5.2-1 可得：

$$2\theta=\frac{\pi}{2}+\varphi \tag{5.2-4}$$

故有：

$$\frac{1}{2}(\sigma_1-\sigma_3)=\left[c\cot\varphi+\frac{1}{2}(\sigma_1+\sigma_3)\right]\sin\varphi$$

若用σ_m 和τ_m 分别表示平均主应力和最大剪应力，则得到库仑准则表达式为：

$$\tau_m=\sigma_m\sin\varphi+c\cos\varphi \tag{5.2-5}$$

其中：$\tau_m=\frac{1}{2}(\sigma_1-\sigma_3)$，$\sigma_m=\frac{1}{2}(\sigma_1+\sigma_3)$

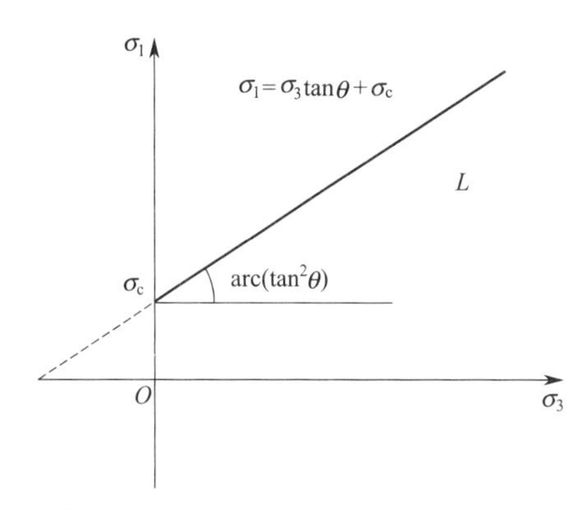

图 5.2-2　σ_3 - σ_1 坐标系的库仑准则

若取$\sigma_3=0$，则极限应力σ_1 为岩石单轴抗压强度σ_c，得到由主应力、岩石破裂角和岩石单轴抗压强度给出的在σ_3 - σ_1 坐标系（图 5.2-2）中的库仑准则表达式：

$$\sigma_1=\sigma_3\tan^2\theta+\sigma_c \tag{5.2-6}$$

如图 5.2-1 所示，图中极限应力条件下剪切面上正应力σ 和剪力τ 用主应力σ_1、σ_3 表示为：

$$\begin{cases}\sigma=\frac{1}{2}(\sigma_1+\sigma_3)+\frac{1}{2}(\sigma_1-\sigma_3)\cos2\theta \\ \tau=\frac{1}{2}(\sigma_1-\sigma_3)\sin2\theta\end{cases} \tag{5.2-7}$$

对于σ_3 为负值（拉应力），可能会在垂直于σ_3 平面内发生拉伸破坏。特别在单轴拉伸（$\sigma_1=0$，$\sigma_3<0$）中，当拉应力值达到岩石抗拉强度σ_t 时，岩石发生张性断裂。

2. 莫尔强度理论

莫尔（Mohr）将库仑准则推广到考虑三向应力状态，最主要的贡献是认识到材料性质本身乃是应力的函数。他总结指出，到极限状态时，滑动平面上的剪应力达到一个取决于正应力与材料性质的最大值，并可用下列函数关系表示：

$$\tau=f(\sigma) \tag{5.2-8}$$

式(5.2-8) 在τ-σ 坐标系中为一条对称于σ 轴的曲线，可通过试验方法求得，即由对应于各种应力状态（单轴拉伸、单轴压缩及三轴压缩）下的破坏莫尔应力圆包络线，即各破坏莫尔圆的外公切线（图 5.2-3），称为莫尔强度包络线给定。利用这条曲线判断岩石中一点是否会发生剪切破坏时，可在事先给出的莫尔包络线（图 5.2-3）上，叠加上反映实际试件应力状态的莫尔应力圆。如果应力圆与包络线相切或相割，则研究点将产生破坏；如果应力圆位于包络线下方，则不会产生破坏。莫尔包络线的具体表达式可根据试验结果用拟合法求得。

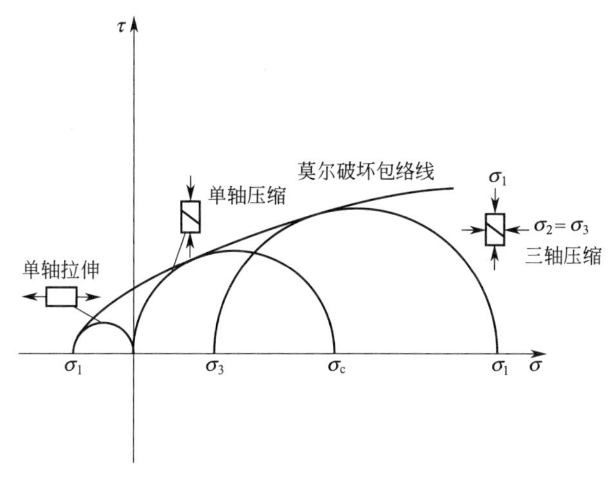

图 5.2-3　完整岩石的莫尔强度曲线

目前，已提出的包络线形式有：斜直线型、二次抛物线型、双曲线型等。其中斜直线型与库仑准则基本一致，其包络线方程如式(5.2-3）所示。因此，库仑准则是莫尔准则的一个特例。下面介绍二次抛物线和双曲线型的判据表达式。

（1）二次抛物线型

岩性较坚硬至较弱岩石的强度包络线近似于二次抛物线，其表达式为：

$$\tau^2=n(\sigma+\sigma_t) \tag{5.2-9}$$

式中：τ——剪切面上的剪应力（剪切强度）；

σ——剪切面上的正应力；

σ_t——岩石的单轴抗拉强度；

n——待定系数。

利用式(5.2-9）中的关系，得到二次抛物线型包络线的主应力表达式为：

$$(\sigma_1-\sigma_3)^2=2n(\sigma_1+\sigma_3)+4n\sigma_t-n^2 \tag{5.2-10}$$

在单轴压缩条件下，有 $\sigma_3=0$，$\sigma_1=\sigma_c$，则有：

$$n=\sigma_c+2\sigma_t\pm2\sqrt{\sigma_t(\sigma_c+\sigma_t)} \tag{5.2-11}$$

利用式(5.2-9)～式(5.2-11）可判断岩石试件是否破坏。

（2）双曲线型

坚硬、较坚硬岩石，如砂岩、灰岩、花岗岩等岩石的强度包络线近似于双曲线，其表达式为：

$$\tau^2=(\sigma+\sigma_t)^2\tan^2\varphi_0+(\sigma+\sigma_t)\sigma_t \tag{5.2-12}$$

式中：φ_0——包络线渐进线的倾角，$\tan\varphi_0=\frac{1}{2}\sqrt{\left(\frac{\sigma_c}{\sigma_t}-3\right)}$；

τ——剪切面上的剪应力（剪切强度）；

σ——剪切面上的正应力；

σ_t——岩石的单轴抗拉强度。

利用式(5.2-12) 可判断岩石中某一点是否破坏。

莫尔强度理论实质上是一种剪应力强度理论。是在岩石力学中应用最广的准则之一，该理论比较全面地反映了岩石的强度特征，使用方便、意义明确。它既适用于塑性岩石，也适用于脆性岩石的剪切破坏，同时也反映了岩石抗拉强度远小于抗压强度这一特性，并能解释岩石在三向等拉时会破坏，而在三向等压时不会破坏（曲线在受压区不闭合）的特点，这一点已为试验所证实。因此，目前莫尔理论被广泛应用于岩石工程实践。莫尔判据的缺点是忽略了中间主应力对强度的影响，而研究表明此影响并不能忽略，其影响程度在15%左右，且只适用于剪切，受拉区的适用性还值得进一步探讨，并且不适用于拉伸破坏、膨胀、蠕变破坏等情况。

3. 格里菲斯强度理论

格里菲斯（Griffith）在研究钢和玻璃等脆性材料时发现，其断裂的起因是分布在材料中的微小裂纹尖端有拉应力集中（这种裂纹称为格里菲斯裂纹）所致。基于此，他提出了脆性断裂理论，即格里菲斯理论：脆性材料内部裂隙在外力作用下，材料处于复杂应力状态，裂隙端部会产生拉应力集中，改变材料内部应力状态，当某一拉应力值超过材料抗拉强度，裂隙便开始扩展、连接以及贯通，最终导致材料破坏。该理论在 20 世纪 70 年代末引入岩体力学领域，能较正确地说明岩石破坏机理。

基于上述基本思想，格里菲斯建立了平面压缩的格里菲斯裂隙模型，得到强度条件：

$$\begin{cases}\dfrac{(\sigma_1-\sigma_3)^2}{\sigma_1+\sigma_3}=8\sigma_t,(\sigma_1+3\sigma_3\geqslant 0)\\ \sigma_3=-\sigma_t,(\sigma_1+3\sigma_3\leqslant 0)\end{cases} \tag{5.2-13}$$

分析可以得到以下结论：

（1）岩石的单轴抗压强度是抗拉强度的 8 倍，其反映了脆性材料的基本力学特征。

（2）岩石破坏时，可能处于任何应力状态，材料的破坏机理与应力状态无关，而是拉伸破坏。在准则的理论解中还可以证明。新裂纹与最大主应力方向斜交，而且扩展方向会最终趋于与最大主应力平行。

格里菲斯准则开创了从材料内部结构研究其破坏机理的先河，非常适用于说明裂隙发生初期的应力情况，但它有以下不足和问题：未考虑各裂隙间的相互作用，仅能作为单个裂隙开裂条件而不能代表整个岩体；岩石常处于压应力场环境，裂隙受压可能会闭合，从而在裂隙面上产生摩擦阻力，使裂隙岩石强度提高，而格里菲斯未考虑此情况；只给出了裂隙开裂方向，未给扩展方向。格里菲斯强度准则是针对玻璃和钢等脆性材料提出来的，因而只适用于研究脆性岩石的破坏。而对一般的岩石材料，莫尔-库仑（Mohr-coulomb）强度准则的适用性要远远大于格里菲斯强度准则。

4. Hoek-Brown 强度准则

Hoek-Brown（E. Hoek 和 E. T. Brown）通过对大量室内岩石三轴试验和现场试验资料结果进行统计分析后得到一种经验型强度准则，即 Hoek-Brown 强度准则。目前应用较为广泛，是最为符合岩石强度特性的准则之一。其表达式为：

$$\sigma_1=\sigma_3+\sigma_c\left(m_i\frac{\sigma_3}{\sigma_c}+l\right)^{0.5} \tag{5.2-14}$$

式中：σ_1、σ_3——最大、最小压应力；

σ_c——岩石单轴抗压强度；

m_i——材料常数，可根据三轴结果回归分析获得，也可查表获得，取值范围 0.001～25.0。

E. Hoek 等于 1992 年在此表达式基础上进行改进，将研究对象从岩石扩展到岩体，增加了适用性，得到的广义 Hoek-Brown 强度准则表达式为：

$$\sigma_1=\sigma_3+\sigma_c\left(m_b\frac{\sigma_3}{\sigma_c}+S\right)^{a} \tag{5.2-15}$$

式中：m_b、S、a 为经验参数，可基于地质强度指标 GSI 取值：

$$\begin{aligned} m_b&=\exp\left(\frac{\text{GSI}-100}{28-14D}\right)m_i \\ s&=\exp\left(\frac{\text{GSI}-100}{28-14D}\right) \\ a&=0.5+\frac{1}{6}\left[\exp\left(-\frac{\text{GSI}}{15}\right)-\exp\left(-\frac{20}{3}\right)\right] \end{aligned} \tag{5.2-16}$$

式中：D——扰动参数，范围 0～1.0，对无扰动岩体取 0，非常扰动岩体取 1.0。

Hoek-Brown 强度准则综合考虑了岩体结构、应力状态等对强度的影响，可以反映岩体的非线性破坏特点，特别适用于低应力区和拉应力区，最大的不足是参数难以准确确定。

5.2.2　岩体破坏机制及破坏判据

在岩体力学试验、岩体工程及自然界岩体中见到的破坏现象，在模型试验中都可见到。通过大量工程实践和野外观察可知，岩体破坏机理与岩体结构密切相关。资料表明，岩体破坏机制主要为 7 种：①拉伸破坏；②剪切破坏；③结构体沿软弱结构面滑动破坏；④结构体转动破坏；⑤倾倒破坏；⑥溃屈破坏；⑦弯折破坏。由此可见，岩体的破坏机制是十分复杂的，因此相应的破坏判据也是多种多样的，不同的破坏类型应采用不同的破坏判据（强度准则）。

本书主要就岩体的拉伸破坏、剪切破坏及结构体沿软弱结构面滑动破坏等破坏机制进行破坏判据的讨论。

1. 拉伸破坏判据

大量的试验资料表明，在无围压和低围压下，脆性岩块在轴向压力作用下产生的破裂面大多数与 σ_1 方向平行。受单向压力的岩体，破坏方式与此相似，常产生轴向拉裂。这种破坏时的极限应变与加载速度关系很小，近似为一常数，所产生的脆性张破裂由张应变控制。张应变控制下的张破裂力学模型显示，脆性材料大多数属于弹性介质，可以假定：

$$\varepsilon_3=\frac{1}{E}\left[\sigma_3+\mu(\sigma_1+\sigma_2)\right] \tag{5.2-17}$$

当张应变达到允许张应变 $\varepsilon_{3,0}$ 时，石体发生张裂缝，而产生破裂。其破坏条件为：

$$\sigma_3-\mu(\sigma_1+\sigma_2)=-E\varepsilon_{3,0} \tag{5.2-18}$$

其中：$\varepsilon_3=\mu\varepsilon_1$ 或 $\varepsilon_{3,0}=\mu_0\varepsilon_{1,0}=\mu_0\varepsilon_0$。

式中，ε_0 为单轴压力下极限应变，$\varepsilon_0=\frac{1}{E}\sigma_0$，即有：

$$\sigma_1=\frac{\sigma_3}{\mu_0}-\sigma_2+\sigma_c \tag{5.2-19}$$

当 $\sigma_2=\sigma_3$ 时，有：

$$\sigma_1=\frac{1-\mu_0}{\mu_0}\sigma_3+\sigma_c \tag{5.2-20}$$

式(5.2-15)、式(5.2-16) 便是在三维应力场内产生拉伸破坏的判据。

在通常情况下，岩体是一种多裂隙体，这决定了岩体力学的试验结果总是分散的。其分散性的大小主要决定于岩体内裂隙存在状况。很早就有人注意到材料内的裂隙对材料破坏的影响。Griffith（1920）对这个问题进行了研究，提出了最大拉应力判据：

$$\tau^2=4\sigma_t(\sigma_t-\sigma) \tag{5.2-21}$$

式中：σ_t——岩体的单向抗拉强度；

σ——岩体的正应力；

τ——岩体的剪应力。

2. 剪切破坏判据

剪切破裂是岩块脆性破裂的一种形式。此外，剪切破坏还存在另一种形式，即剪应力作用的塑性流动破坏。剪切破坏可以用莫尔-库仑判据进行研究，其判据式和判别方法详见本章节 5.2.1。在应用莫尔-库仑判据时，注意使用岩体的应力与强度参数进行正确的判据。

3. 沿结构面滑动的判据

岩体沿某一结构面滑动破坏的力学模型及大量实验结果证明，这种破坏方式常可用莫尔-库仑直线型判据进行判别，即：

$$\tau=\sigma_n\tan\varphi_i+C_j \tag{5.2-22}$$

式中：φ_i——结构面的摩擦角；

C_j——结构面的黏聚力。

这个判据对坚硬结构面和软弱结构面都适用，但应当注意，φ_i、C_j 包括结构面起伏效应的修正部分，即爬坡角修正部分在内。

5.3 软岩地基承载力

5.3.1 软岩地基承载力的确定方法

地基承载力是地基在受荷后不会发生破坏和失去稳定的能力。目前确定软岩地基承载力的方法主要有理论计算法、规范法、查表法和原位试验法。岩体地基承载力可按岩体性质与类别、风化程度等由规范查表确定，也可通过理论计算确定，这两种方法都具有很大的近似性，一般在初设阶段采用。准确的岩体地基承载力应通过试验确定，包括岩体现场载荷试验和室内岩块单轴抗压强度试验。

1. 理论计算法

荷载作用下岩基的失效模式会随岩体的结构特性、物理力学特性、应力状态等因素的不同而不同，状况不同，计算方法随之变化。实际中，岩体结构十分复杂，有关承载力的理论计算难以取得突破，到目前为止，结果还不尽人意，出现的计算理论也都做了简化近似，结果只能作为定性参考之用。理论计算结果已考虑边载和尺寸效应，无须进行修正。从工程实用性而言计算公式有：

（1）压裂破坏模式的岩石地基极限承载力计算公式为：

$$f_u=q_u\cdot(N_c+1) \tag{5.3-1}$$

式中：f_u——岩基极限承载力（kPa）；

q_u——岩石无侧限抗压强度（kPa）；

N_c——承载力系数，与内摩擦角 φ 有关，$N_c=\tan^2\left(45°+\frac{\varphi}{2}\right)$。

（2）剪切破坏模式的岩石地基极限承载力计算公式为：

$$f_u=0.5\gamma bN_\gamma+cN_c+qN_q \tag{5.3-2}$$

式中：γ——岩体重度（kN/m^3）；

b——条形基础宽度（m）；

c——岩体黏聚力（kN）；

q——超载（kN）；

N_γ、N_c、N_q——承载力系数，内摩擦角的函数。

破坏面为曲面时可按下式确定：

$$N_\gamma=\tan^6\left(45°+\frac{\varphi}{2}\right)-1$$

$$N_c=5\tan^4\left(45°+\frac{\varphi}{2}\right)$$

$$N_q=\tan^6\left(45°+\frac{\varphi}{2}\right) \tag{5.3-3}$$

极限承载力公式的基本假设为：把土体作为弹-塑体，在剪切破坏以前不显示任何变形，破坏以后则在恒值应力下产生流变。按条形基础进行计算，计算时作了如下简化：略去了基底以上土的抗剪强度；略去了上覆土层与基础之间的摩擦力、上覆土层与持力层之间的摩擦力；与基础宽度 b 相比，基础的长度是很大的。

2. 规范计算法

（1）依据《建筑地基基础设计规范》GB 50007—2011 规定，地基承载力特征值可由载荷试验或其他原位测试、公式计算，并结合工程实践经验等方法综合确定。具体确定时，应结合当地建筑经验按下列方法综合考虑：

① 对一级建筑物采用载荷试验、理论公式计算及原位试验方法综合确定；

② 对二级建筑物可按当地有关规范查表或原位试验确定，有些二级建筑物尚应结合理论公式计算；

③ 对三级建筑物可根据邻近建筑物的经验确定。

对完整、较完整和较破碎的岩石地基，可根据饱和单轴抗压强度按式(5.3-4）计算地基承载力特征值。由于单轴试验时为无侧限围压条件，其计算值尚需考虑深宽修正。

$$f_a = \Psi_r f_{rk} \tag{5.3-4}$$

式中：f_a——岩石地基承载力特征值（kPa）；

f_{rk}——岩石饱和单轴抗压强度标准值（kPa）；

Ψ_r——折减系数。根据岩体完整程度及结构面的间距、宽度、产状和组合，由地区经验确定。无经验时，对完整岩体可取0.5；对较完整岩体可取0.2～0.5；对较破碎岩体可取0.1～0.2。

饱和单轴抗压强度折减法取样方便、试验效率高、费用较低，且此方法确定的岩基承载力值，对于大部分乙级建筑和一些荷载较小的甲级建筑已经能够符合要求，故其在建筑领域岩基承载力确定中使用十分广泛。但对于破碎、极破碎的岩石地基，因无法取样试验，故不能用该法确定地基承载力特征值。

（2）依据《高层建筑岩土工程勘察标准》JGJ/T 72—2017规定，按土层考虑时，根据其抗剪强度指标 c_k、φ_k 确定地基承载力特征值按下式计算：

$$f_u = (N_\gamma \xi_\gamma b\gamma)/2 + N_q \xi_q \gamma_0 d + N_c \xi_c c_k \tag{5.3-5}$$

式中：f_u——地基极限承载力（kPa）；

N_γ、N_q、N_c——地基承载力系数；

ξ_γ、ξ_q、ξ_c——基础形状修正系数；

b、l——基础的底面宽度与长度，当基础底面宽度大于6m时，按6m取值；

γ_0、γ——基底以上和基底组合持力层的土体平均重力密度（kN/m^3）；

d——基础埋置深度（m）；

c_k——地基持力层代表性黏聚力标准值（kPa）。

3. 查表法

《建筑地基基础设计规范》GB 50007—2011取消了地基承载力表，但现行地方规范和行业规范仍在延续应用。在公路和铁路规范，港口规范，成都、湖北、广东、广西等地方相关规范中，均给出了根据野外调查鉴别结果确定的岩基承载力特征值经验表，可以根据岩石类别（硬质岩、软质岩、极软质岩）和风化程度（强风化、中风化、微风化）查表获得对应的岩基承载力值。查表法简明方便，但经验性太强，需对风化程度准确的划分和判断，一般作为辅助方法与其他原位试验综合确定岩基承载力值。归纳相关规范软岩地基承载力值确定见表5.3-1。

软岩地基承载力值（kPa） **表5.3-1**

节理发育程度	节理很发育	节理发育	节理较发育或不发育	备注
《公路桥涵地基与基础设计规范》JTG 3363—2019	500～800	800～1000	1000～1200	地基承载力特征值 f_{a0}
《铁路桥涵地基和基础设计规范》TB 10093—2017	500～800	700～1000	900～1200	地基基本承载力 σ_0

续表

风化程度	强风化	中风化	微风化	备注
《港口工程地基规范》JST 147—1—2010	200～500	500～1000	1000～1500	地基承载力设计值(f_d)
《成都地区建筑地基基础设计规范》DB 51/T 5026—2016	500～1000	1000～3000	3000～8000	地基极限承载力标准值(f_{uk})
湖北省地方标准《建筑地基基础技术规范》DB 42/242—2014	600～800	1500～3500	2500～4500	地基承载力特征值(f_a)
广东省地方标准《建筑地基基础设计规范》DBJ 15—31—2016	600～1000 极破碎	1000～2000 破碎	≥2000 较破碎	地基承载力特征值(f_a)
《广西壮族自治区岩土工程勘察规范》DBJ/T 45—066—2018	400～750	750～1600	1600～2500	地基承载力特征值(f_a)

4. 原位试验法

原位试验由于在现场原地进行，相比取样后进行室内试验所受扰动小得多，结果更为准确和具有参考价值。目前使用原位试验确定岩基承载力的方法主要有旁压试验、动力触探试验、标准贯入试验及载荷试验。其中以载荷试验最为准确和权威，根据《建筑地基基础设计规范》GB 50007—2011 相关规定，对完整、较完整和较破碎的岩石地基，可按岩石地基载荷试验方法确定；对破碎、极破碎的岩石地基，可根据平板载荷试验确定。

载荷试验是目前与实际贴合度最高的确定地基承载力与变形特性的方法，它利用承压钢板模拟基础将荷载传递至地基，以测定板下影响区的承载和变形数据，通常包括加荷装置、反力装置和观测装置，主要类型及试验要点如表 5.3-2 所示。

不同载荷试验要点总结　　表 5.3-2

	浅层平板载荷试验	深层平板载荷试验	岩石地基载荷试验
适用条件	浅部地基土层；荷载作用于半无限体表面情况	深部地基土层及大直径桩桩端土层；荷载作用于半无限体内部情况	完整、较完整、较破碎岩石地基
承压板尺寸	面积不小于 0.25m^2，对软土不小于 0.5m^2	直径 0.8m 的刚性板，紧靠承压板周围外侧土层高度不少于 80cm	直径 0.3m 的圆形刚性板；当埋深较大时可用钢筋混凝土桩
加荷分级	不少于 8 级；最大加载量不小于设计值两倍	分级施加预估极限承载力的 1/10～1/15	单循环加载，第一级加载预估设计值的 1/5，以后每级 1/10
加载方法	每级加载后，按间隔 10min、10min、10min、15min、15min 测量，以后每半小时测读一次沉降量，当在连续 2h 内，每小时的沉降值小于 0.1mm 时认为已趋于稳定，进行下一级加载	每级加载后，按间隔 10min、10min、10min、15min、15min 测量，以后每半小时测读一次沉降量，当在连续 2h 内，每小时的沉降值小于 0.1mm 时认为已趋于稳定，进行下一级加载	每级加荷后马上测读，之后每 10min 一测；当连续 3 次读数之差都不大于 0.01mm 时，视为稳定，施加下一级荷载
终止加载条件	1. 承压板周围土体有明显侧向挤出； 2. 沉降陡增，p-s 曲线现陡降段； 3. 某级荷载下，24h 沉降速率达不到稳定标准； 4. 沉降量 s 与承压板宽度或直径 b 之比≥0.06	1. 沉降陡增，p-s 曲线有陡降段，且 s≥0.04d； 2. 某级荷载下，24h 沉降速率不能达到稳定； 3. 本级沉降量大于前一级沉降量的 5 倍； 4. 当持力层土层坚硬，沉降量较小时，最大加载量不小于设计要求的 2 倍	1. 沉降量不断变化，沉降速率在 24h 内有增大趋势； 2. 荷载加不上或勉强加上而无法维持稳定

续表

	浅层平板载荷试验	深层平板载荷试验	岩石地基载荷试验
承载力特征值的确定	1. p-s 曲线上有比例界限时，取比例界限对应荷载； 2. 极限荷载小于对应比例界限荷载值的与 2 倍时，取极限荷载值的一半； 3. 不能按 1、2 确定时，当压板面积为 0.25～0.5m^2，取 s/b＝0.01～0.015 所对应荷载值，但不应大于最大加载量的一半	1. p-s 曲线上有比例界限时，取比例界限对应荷载； 2. 满足终止加载条件前 3 条之一时，其对应前一级荷载为极限荷载。当极限荷载小于 2 倍比例界限荷载时，取极限荷载的一半； 3. 不能按 1、2 确定时，取 s/b＝0.01～0.015 所对应荷载值，但不应大于最大加载的一半	1. 极限荷载除以 3 所得值与比例界限值中的较小值； 2. 试验数量不少于 3 个，取最小值

除了表中所示的三种方法，在《岩土工程勘察规范》GB 50021—2001（2009 年版）中还提到了螺旋板载荷试验，螺旋板载荷试验适用于深层地基土或地下水位以下的地基土。其试验精度、终止加载条件及地基承载力特征值的确定均同深层平板载荷试验。

由于周期较长、工艺复杂且造价较高等客观局限性，载荷试验未能在实际工程中广泛应用。但载荷试验的准确性是其他方法无法取代的，故载荷试验通常作为其他方法的检验标准，且地基基础设计等级为甲级的建筑物宜通过载荷试验确定地基承载力及变形计算参数。

5.3.2 软岩地基承载力的修正

《建筑地基基础设计规范》GB 50007—2011 规定，从载荷试验或其他原位测试、经验值等方法确定的地基承载力特征值，当基础宽度大于 3m 或埋置深度大于 0.5m 时，强风化和全风化的岩石，可参照所风化成的相应土类进行承载力修正，其他状态下的岩石不修正。修正公式如下：

$$f_a = f_{ak} + \eta_b \gamma (b-3) + \eta_d \gamma_m (d-0.5) \tag{5.3-6}$$

式中：f_a——修正后地基承载力特征值（kPa）；

f_{ak}——地基承载力特征值（kPa），由载荷试验或其他原位测试、公式计算，并结合工程实践经验等方法综合确定；

η_b、η_d——基础宽度和埋置深度的地基承载力修正系数；

γ——基础底面以下土的重度（kN/m^3），地下水位以下取浮重度；

b——基础底面宽度（m），当基础底面宽度小于 3m 时按 3m 取值，大于 6m 时按 6m 取值；

γ_m——基础底面以上土的加权平均重度（kN/m^3），地下水位以下取浮重度；

d——基础埋置深度（m），自室外地面标高算起。

其他行业及地方规范也规定了地基承载力特征值的修正公式，此书不再赘述。但对于岩石地基承载力特征值的修正，均遵循强风化和全风化的岩石，可参照所风化成的相应土类取值，其他状态下的岩石不修正。

5.3.3 存在的问题

在岩土工程勘察中，软岩地基由于采样手段不同，致使所获得的岩石饱和单轴抗压强度标准值相差颇大，最终导致依据岩石单轴饱和抗压试验值折减确定的承载力特征值明显偏低，旁压试验、载荷试验确定的承载力较高，且均有富余。因对岩石地基的问题研究不够深入，进而产生了以下问题：

1. 三大强度准则在软岩地基中的适用性

莫尔-库仑（Mohr-Coulomb）强度准则、格里菲斯（Griffith）强度准则和 Hoek-Brown 强度准则是岩石力学领域常用的三大强度准则。岩体三大强度准则对认识岩体强度的本质和岩体破坏机制有重要意义，其假设条件不同，适用范围也不尽相同。

莫尔-库仑强度准则实质上是一种剪应力强度理论，它适用于塑性岩石及脆性岩石的剪切破坏，不适用于膨胀或蠕变破坏等。用于岩石地基时主要存在以下问题：

（1）不适用于拉伸破坏情况。脆性岩石实质以拉伸破坏为主，而在拉伸条件下破裂面分离，内摩擦角没有实际意义；

（2）莫尔-库仑强度准则通常视黏聚力和内摩擦角为常数，而忽略了强度参数的非线性；

（3）不能反映结构面的影响。

格里菲斯强度准则只适用于研究脆性岩石的拉伸破坏，格里菲斯强度准则解决了莫尔-库仑强度准则不能解决的拉应力问题。用于岩石地基时主要存在以下问题：

（1）作为一种数学模型很有意义，但与试验结果并不完全符合，例如格里菲斯强度理论的岩石抗压强度为抗拉强度的 8 倍，而试验结果可达 15 倍；

（2）也不能反映结构面的影响。

Hoek-Brown 强度准则是与室内试验和现场试验成果吻合的非线性经验强度准则，它建立了能反映单轴抗压、单轴抗拉、三轴抗压以及结构面影响的非线性经验强度准则。强度包络线为抛物线，充分注意了岩体强度参数的非线性。但对于岩石的剪切破坏，莫尔-库仑强度准则较 Hoek-Brown 强度准则更为简明。

2. 用抗剪强度指标计算软岩地基承载力的合理性

抗剪强度指标计算软岩地基承载力时，考虑到硬质岩的岩体抗剪强度参数难以测定和选取，且脆性岩石和节理化岩体用抗剪强度指标描述其强度还存在理论上的不足，故本书建议该法主要用于可以采取不扰动试样的完整、较完整的极软岩。

在使用抗剪强度指标计算软岩地基承载力时需要注意两种情况：一是脆性岩体地基，破坏初期产生脆性裂纹、压碎并形成楔体，最终发展成为剪切破坏。抗剪强度指标计算软岩地基承载力要求地基变形控制在线性范围内，不超过临界点，且岩体不被压碎。但这种情况下软岩地基发生剪切破坏时岩体已发生碎裂，改变了初始状态的强度参数；二是倾斜的层状岩层，由于层面对应力传递的影响，塑性破坏区呈不规则状，甚至沿结构面发生滑移，为结构面起控制作用的岩体地基，无法使用抗剪强度指标计算软岩地基承载力。对于实际工程，岩石地基承载力的确定一般留有足够的安全裕度。在计算过程中最主要是要在安全、可靠和经济的基础上，力求简易。

3. 用单轴抗压强度指标确定软岩地基承载力的局限性

用单轴饱和抗压强度确定软岩地基承载力存在两个问题：一是由于裂隙的发育导致岩体强度低于岩块强度，因此在确定软岩地基承载力时需要乘以小于 1.0 的折减系数，裂隙发育程度越高，折减系数越小。折减系数的确定是经验取值，计算方法不够精确，且人为主观因素作用较大；二是在进行单轴饱和抗压强度试验时并没有施加侧限压力，但软岩地基为三向应力条件下的竖向压缩，故采用该法确定软岩地基承载力偏于安全。

现阶段，对于岩土体力学计算的理论和方法仍需不断发展完善，相关理论主要功用是认识机制、正确导向。在计算过程中计算参数的测定和选取是主要障碍。用单轴抗压强度乘以折减系数确定地基承载力特征值的方法由于忽略了地基的侧限，故整体偏于安全。但利用单轴饱和抗压强度确定软岩地基承载力，其方法简便，可操作性强，故在工程上广为应用。一般建筑物基础压力不大，大多数条件下能满足要求，但对于承载力要求较高的建筑物和构筑物，计算结果过于保守。

4. 软岩地基承载力的深宽修正问题

地基承载力的深宽修正是以莫尔-库仑强度准则为理论基础，以大量工程经验和现场试验为依托，根据无埋深小压板载荷试验的成果，修正为有一定埋深大基础的地基承载力的一种简易方法。地基承载力的深宽修正避免了抗剪强度指标的测定和复杂的计算，在行业内接受度甚广。

对于塑性材料，地基破坏的实质为剪切滑移，进行深宽修正没有问题。对于脆性材料，虽然破坏机制与塑性材料不同，但侧向应力可以抑制裂缝的产生和扩展，有利于强度的提高。随着埋深增加，边载提高，侧向应力增大，地基承载力也相应提高。因此，对岩石地基进行深度修正符合岩石力学原理。但现行国家、行业、地方规范规定，岩石地基条件下，强风化和全风化的岩石，可参照所风化成的相应土类取值，其他状态下的岩石不修正。不进行深宽修正，一般有三个方面考虑：一是岩石地基承载力历来不进行深宽修正，已成为一条约定俗成的规定；二是岩石地基承载力较高，完全能够满足工程建设要求，力求简洁的条件下一般很少进行这方面的深入探讨和研究。但对于极软岩和极破碎岩，地基承载力确定过于保守会加大荷载工程处理难度，故应考虑深宽修正问题；三是岩石地基承载力的深度修正有一定的理论依据，但缺乏工程经验和现场试验论证。加上岩石地基情况不确定性因素多，在设计过程中一般需要保守设计。但随着研究的深入和经验的积累，软岩地基承载力的深宽修正需逐步完善。

5. 软岩地基承载力的理论计算和经验估算对比

软岩地基承载力的理论计算的发展，从最早借鉴土质地基进行整体剪切破坏、局部剪切破坏、冲切破坏计算，发展到采用极限平衡理论、极限分析上下限理论、滑移线理论，各向同性体和各向异性体的极限承载力计算，计算模式和推导过程逐步严谨。软岩地基承载力的理论计算既提供了计算方法，又深入研究其中的力学机制，对指导工程实践很有意义。理论计算实质上就是实际工程的合理性概化，概化是在实际条件基础上的简略，与实际条件存在一定的差异，而差异的大小则随工程不同而异，并影响最终地基承载力的计算结果值。软岩地基承载力的确定本身就是一个非常复杂的问题：首先岩体是由岩块和结构面组成的复合体，具有非均质、不连续、各向异性和非线性破坏特征；同时软岩的地基承载力与地形、荷载、基础的埋深、形式、尺寸、刚度以及施工扰动等因素有关，还受到地应力、地下水等因素的综合影响；另外地基的结构复杂，破坏模式多种多样，不确定性非常大；最关键的一点是岩体力学参数精确测定和精准选取较困难，当计算参数的选取与实际相差过大时，理论计算的软岩地基承载力值的可靠度会远小于经验估算值。

经验估算确定软岩地基承载力，是以载荷试验和工程经验为理论基础，与相应原位测试指标建立经验关系。经验估算的方法虽然没有明确的力学模型和严密的理论推导，但只要载荷试验成果和工程经验可靠，选用的原位测试指标的数据稳定自身变异性小，与地基承载力相关密切，经验估算确定的软岩地基承载力值是非常可靠的。这一方法广泛应用于工程实践中。

6. 软岩地基承载力综合判定的意义

室内试验和公式计算、野外鉴定、载荷试验和其他原位测试等各种确定软岩地基承载力的方法都各有优缺点，适用范围不尽相同，各种方法之间是相辅相成的，需要进行综合考虑。根据野外鉴定的结果是对软岩地基承载力的一个初步估计，但由于人为主观因素影响较大，故不宜作为最终工程设计的依据值。根据计算公式，利用软岩岩体的抗剪强度指标确定地基承载力，有一定的理论根据，但只适用于岩体完整性较好、结构面影响可以忽略不计的塑性破坏过程中的计算。利用单轴抗压强度试验等方法确定风化岩地基承载力所选取的折减系数等参数并无具体规定可循，需要结合工程经验自行确定，缺乏严格的科学性和准确性，且在计算过程中由于忽略了三向应力状态，其结果过于保守，从经济方面来看是不利的。载荷试验是目前业内公认实用可靠的方法，但由于载荷试验本身费用较高，工期较长且不能大量进行。地基承载力值最终也是最好的验证就是工程实践，因此，软岩地基承载力值的确定结合当地经验和同类工程经验进行工程类比就显得十分重要。此外，确定地基承载力时还要充分考虑荷载、基础等设计参数和施工扰动因素；还要注意地基的非均质性、各向异性、优势结构面产状、增湿的软化效应、颗粒的压碎效应、易风化岩的继续风化等问题。所以，地基承载力是一个综合判定的问题。

5.4　兰州软岩的破坏模式

5.4.1　兰州砂岩破坏模式

兰州地区沉积有巨厚的新近系棕红色粉细砂岩，其埋藏深度在黄河河谷盆地内一般为 10～20m；在南北两山黄土梁峁区则直接出露于冲沟两侧或浅埋于坡脚地带。在河谷盆地内，新近系砂岩作为黄河各级阶地的基座，上覆的黄土状粉土、卵石等第四系地层与砂岩呈角度不整合接触。近年来，随着工程建设规模与范围的扩大，以新近系砂岩作为高层建筑物或桥梁、土坝等重要建（构）筑物基础持力层，其勘察方法、工程性质与评价标准，引起工程技术界的关注，认识也日渐深化。

1. 兰州砂岩强度特征

砂岩的强度大小受多种因素的影响，一方面取决于砂岩结构、矿物成分等内在因素；另一方面又与温度、含水率、荷载特征等外界因素密切相关。三轴压缩试验条件下，砂岩饱和状态相对于风干状态抗压强度大幅度降低，呈现典型遇水软化现象。砂岩遇水力学强度降低，其损伤机制在于水的润滑作用使岩体内摩擦角减小，以及岩石软化作用使岩石强度参数（内摩擦角与黏聚力）降低。

据赵锡伯、华遵孟的研究资料，兰州新近系的细砂岩成岩作用差，多泥质胶结，含石膏、芒硝等盐类。单轴与三轴试验表明，应力应变关系有明显峰值，为脆性破坏，破坏应变量仅 1%～3%，极限竖向荷载与围压关系很大，见表 5.4-1。

软岩地基承载力值（kPa）　　表 5.4-1

围压 σ_3(kPa)	风(烘)干强度 σ_f(kPa)	天然强度 σ_f'(kPa)	饱和强度 σ_{fB}(kPa)	强度衰减率	
				σ_f'/σ_f	σ_{fB}/σ_f
0	3082	79	0	0.026	0
100	3960	466	0	0.118	0
200	4838	852	711	0.176	0.15
300	5716	1143	1566	0.200	0.27
400	6594	1625	2422	0.247	0.37
500	7472	2012	3277	0.269	0.44
600	8350	2399	4133	0.287	0.49
700	9228	—	—	—	—
800	10105	—	—	—	—

2. 兰州砂岩破坏特征

砂岩岩体是由软弱结构面和岩块所组成的具有不连续性、各向异性的复合体，其强度的大小取决于结构面及岩块的强度。此外，建（构）筑物与岩体结构的尺寸关系、基础旁侧超载大小也是影响岩基承载能力的主要因素。BELL 和 WYLLIE 经大量的研究将岩基破坏分为剪切破坏、劈裂破坏、冲切破坏、弹性破坏和单轴压缩破坏 5 种破坏模式。砂岩试样的破坏形态与其受力状态及加载的应力路径等多种因素有关。受扰动及遇水软化砂岩性质近似于密实砂土，地基以整体剪切破坏最为常见。

砂岩试样单轴受压状态下破坏形态主要有劈裂破坏、单斜面剪切破坏和 X 形共轭截面剪切破坏三种形式。当岩石含水率小、加载速率越高，越容易产生劈裂破坏以及单斜面剪切破坏。当试件端部摩阻力过大时，常常会产生端部效应从而影响试件的破坏形式，通常以 X 形共轭截面剪切破坏为主。

在常规三轴压缩路径下，砂岩试样在不同的围压作用下破坏特征不尽相同，但主要以单斜面剪切破坏为主。当试件处于低围压状态时，其内部承载能力由黏聚力提供，随着围压的增加，逐渐以砂砾间摩擦为主导。当在高围压状态时，砂岩试样通常产生多个共轭的剪切面。有学者研究认为岩石试样在倾角 $\theta=45°+\varphi/2$ 的截面上强度最低，其附近截面承载力相差不大。这是试样通常沿 $\theta=45°+\varphi/2$ 及附近截面破坏的本质原因。破坏形式见图 5.4-1。

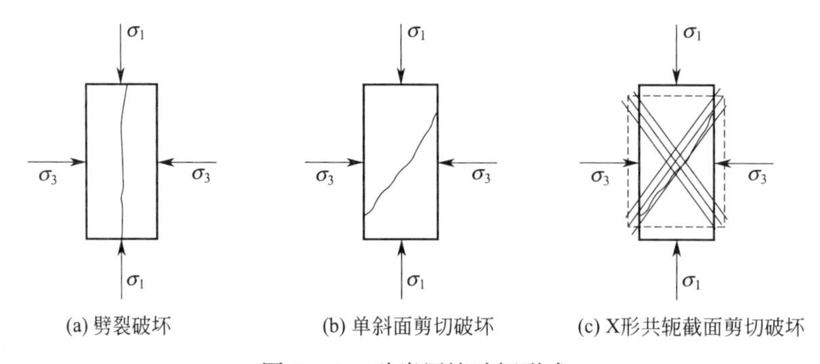

图 5.4-1　砂岩压缩破坏形式

工程实际中，砂岩常处于三向受力状态，有别于单轴压缩应力状态，因此常规三轴压缩应力路径下更能真实反映出风化砂岩实际破坏特征。

3. 载荷试验破坏模式

以下利用一个典型案例分析砂岩荷载试验下的破坏模式。根据载荷试验现场破坏形态，各组试验过程中在试验压力接近极限荷载时，承压板边缘土体开始隆起并出现放射状裂纹，随试验压力增加，周边土体隆起高度逐渐增大，放射状裂纹逐渐向外发展，接近破坏时，放射状裂缝末端形成与承压板同圆心的环形裂缝，如图 5.4-2 所示。

图 5.4-2 地基土的隆起破坏

地基破坏时周边土体的逐渐隆起及最终环形裂缝的形成表明随荷载增加地基土中塑性区的发展，最终滑裂面发展到地面，本场地砂岩地基破坏模式为整体剪切破坏。

5.4.2 兰州泥岩破坏模式

有关学者研究表明，兰州地区红层泥岩含水率较小时，破坏形式为剪切破坏，较高含水率时，破坏形式为鼓胀破坏。同时，泥岩还表现出膨胀性。目前有关泥岩膨胀性的判别指标太多，而且各指标之间很容易发生混乱。有的判断方法虽然简单，但又缺乏可靠的科学性或者是指标的测试既麻烦又不经济，对膨胀岩的野外地质特征有详细的描述，但也仅仅是定性的认识。

目前，蒙脱石含量的多少对岩土膨胀性的影响已为工程地质界认识并接受，根据搜集到的国内外文献资料，将蒙脱石含量与塑限进行统计分析发现它们具有一定的关系。由于塑限含水量既是一个物理指标，又是一个状态指标，可利用塑限这一基本指标对泥质软岩的膨胀性影响进行评价。而塑限在土工试验中又很容易测试，对泥岩的膨胀性判断既经济又方便。根据搜集到的资料，塑限与总比表面积、塑限与蒙脱石含量、塑限与自由膨胀率散点的关系分别见图 5.4-3、图 5.4-4、图 5.4-5。从图中可以看出，塑限与总比表面积、蒙脱石含量和自由膨胀率有较明显的关系。今后可以从塑限去对膨胀性发生的可能程度进行研究。

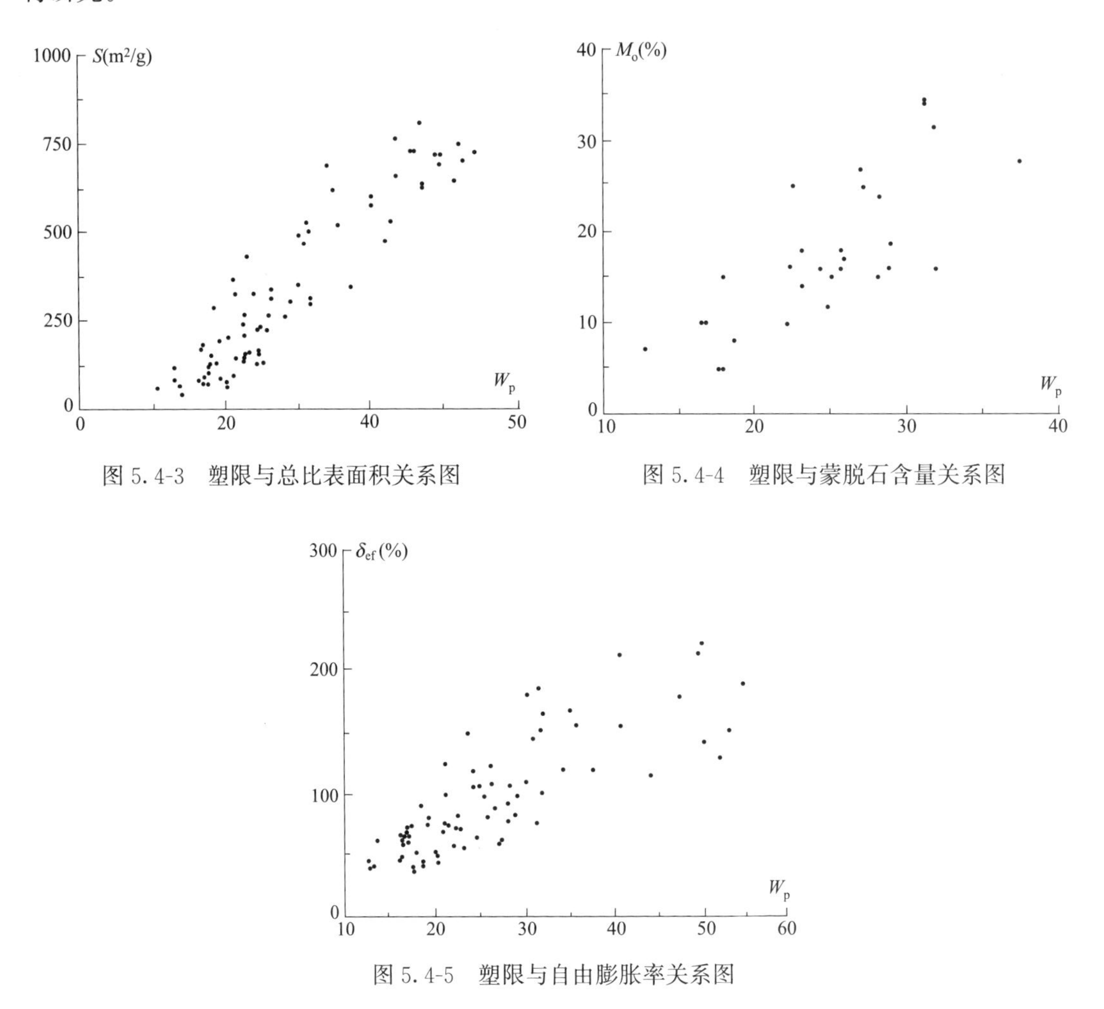

图 5.4-3　塑限与总比表面积关系图

图 5.4-4　塑限与蒙脱石含量关系图

图 5.4-5　塑限与自由膨胀率关系图

5.5　兰州软岩地基承载力评价

5.5.1　砂岩承载力评价

兰州地区新近系砂岩是河谷盆地各级阶地基座。兰州市区第四系覆盖层厚度一般为8～12m，其中作为建筑物良好持力层的黄河阶地卵石层由于其厚度原因多已不能满足高层、超高层建筑的要求，其下伏的新近系巨厚层砂岩就成为超高层建筑唯一可选地基。

新近系砂岩沉积年代短，成岩作用差，兰州市区很多高层建筑勘察与基础设计时，采用砂岩的承载力特征值通常选择在 400～600kPa。由于基坑开挖至砂岩时给人以与松散砂土相近的印象，其地基承载力问题引起工程设计人员的重视；近年来，随着城市建筑的发展，超高层建筑项目增多，基础荷载已达 1300kPa 以上，砂岩地基承载力能否满足高度日益增加的上部建筑要求，是否需要在砂岩中采用桩基础，兰州市基本无经验可循。因此，对于新近系砂岩的工程性质，特别是对其承载力的分析研究成为兰州市区超高层建筑岩土工程的重要问题。

《建筑地基基础设计规范》GB 50007—2011 规定，地基承载力宜根据野外鉴定、室内试验和公式计算、载荷试验以及其他原位测试，结合工程要求和实践经验综合确定。各有优缺点及适用条件，相辅相成，应综合考虑。

目前勘察行业确定砂岩承载力的方法主要有三种：一是规范计算法，根据《建筑地基基础设计规范》GB 50007—2011、《高层建筑岩土工程勘察标准》JGJ/T 72—2017、《公路桥涵地基与基础设计规范》JTG 3363—2019 等相关规范中的计算公式直接计算；二是工程类比法，将勘探资料与已有的工程经验加以类比确定其承载力；三是原位试验法，即通过现场载荷试验等原位测试直接获取砂岩得承载力。

1. 规范计算法

（1）根据砂岩单轴抗压强度确定地基承载力。用单轴饱和抗压强度乘以折减系数确定地基承载力，因忽略了三向应力状态，故偏于安全。但对于承载力要求较高的建筑物和构筑物，可能偏于过分保守。兰州新近系砂岩的承载力，因为饱和砂岩易发生崩解，其单轴抗压强度的代表性和可靠度都具有一定局限性。因此，按岩体所处不同深度采用一定围压条件下的破坏强度评价软质岩体地基的承载力指标则更为合理。

该方法将勘探取得的岩石试件在室内压力机上做无侧限破坏试验，测得岩石的单轴抗压强度，通过对若干岩石试样试验指标的统计，按规范推荐的方法计算确定地基承载力。将试验标准值进行适当折减求出岩基承载力的特征值。通过此方法取得的承载力指标一般能满足所有二级建筑及部分荷载不大的一级建筑对地基承载力的要求。

依据《建筑地基基础设计规范》GB 50007—2011，岩石地基承载力特征值可按式（5.3-4）计算。其中，折减系数的取值决定了对砂岩地基承载力的评价。同时兰州地区砂岩是具有遇水软化、崩解等特性的极软岩，且由于砂岩渗透性低、水稳定性差，在一般的工程地质钻探取样过程中，回转钻进时，机械破碎强烈，岩芯采取率低，难以采取完整的长柱状岩芯，易造成破碎岩体的假象。

工程实践表明，对砂岩的地基承载力评价，应至少对以下三个方面的因素予以考虑：第一，砂岩作为一种极软岩石，水稳定性差，在回转钻进过程中，很难采取到符合规格的岩样进行室内抗压强度试验，更难以进行室内饱和单轴抗压强度试验；第二，由于岩石的水稳定性差，经机械回转钻进和冲洗液的不断冲洗，岩石的力学性质已发生了很大的变化，使试验数据大部分失真或完全失真；第三，即使取到了数量有限的岩样，其代表性很差，试验数据离散性大，根据这些岩样进行室内饱和单轴抗压强度试验结果来评价岩石的地基承载力，明显偏低，尤其兰州地区典型场地砂岩的饱和单轴抗压强度介于 0.20～0.36MPa，按上述规范的公式计算，砂岩承载力特征值计算结果小于 180kPa，结果远低于通过载荷试验与工程验证的砂岩地基的承载力。因此《建筑地基基础设计规范》GB 50007—2011 中针对硬质岩石的承载力特征值确定方法中的折减系数取值，不适用于兰州地区砂岩地基承载力的确定。

（2）根据坚硬程度确定岩基承载力。岩石地基的承载力与岩石的成因、构造、矿物成分、形成年代、裂隙发育长度和浸水程度有关。各种因素的影响程度视具体情况而异，对于兰州地区新近系砂岩，主要取决于岩块强度、岩体破碎程度和浸水程度，因此，将岩石地基按岩石强度分类，再以岩体破碎程度分级既明确也能反映客观实际。遇水易软化的软岩与极软岩，根据《公路桥涵地基与基础设计规范》JTG 3363—2019 推荐按岩石的坚硬程度和节理发育程度确定岩石地基承载力特征值为 400～1200kPa。虽然《建筑地基基础设计规范》GB 50007—2011 已取消了此推荐，出于惯性思维和某些特定情况的现实需要，此方法确定地基承载力仍然有应用空间。用这种方法确定岩基的承载力，是一项经验性很强的工作。

(3) 根据抗剪强度计算承载力。依据《高层建筑岩土工程勘察标准》JGJ/T 72—2017 相关规定，按土层考虑时，根据其抗剪强度指标 c_k、φ_k 确定地基承载力特征值按式 (5.3-5) 计算。

(4) 根据《建筑地基基础设计规范》GB 50007—2011 计算承载力。当偏心距 e 小于或等于 0.033 倍基础底面宽度时，根据土的抗剪强度指标确定地基承载力特征值可按下式计算：

$$f_a = M_b \gamma b + M_d \gamma_m d + M_c c_k \tag{5.5-1}$$

式中：f_a——由土的抗剪强度指标确定的地基承载力特征值；

M_b、M_d、M_c——承载力系数；

b——基础底面宽度，大于 6m 时按 6m 取值，对于砂土小于 3m 时按 3m 取值；

c_k——基底下一倍短边宽深度内土的黏聚力标准值；

φ——地基承载力特征值。

兰州市区某代表性工点砂岩地基，依据式(5.3-5)、式(5.5-1) 计算的地基承载力特征值见表 5.5-1。

砂岩地基承载力计算成果 **表 5.5-1**

计算方法	风化程度	基础埋深 (m)	极限承载力 (kPa)	安全系数	承载力特征值 (kPa)	备注
《高层建筑岩土工程勘察标准》JGJ/T 72—2017	中风化砂岩	19.0	10833	3	3611	地下水位以下采用浮重度；三轴试验标准值：c=153kPa，φ=27.9°
《建筑地基基础设计规范》GB 50007—2011	中风化砂岩	19.0			2341	

2. 工程类比法

类比法运用于兰州地区砂岩承载力评价，是以岩体的基本性质相近为前提。参照已建成工程的勘察成果，通过同类场地砂岩载荷试验分析，依据规范提供的承载力经验值选定。就兰州的新近系砂岩而言，其岩性成因和物质组成虽然基本相同，但各场地砂岩的埋深、地下水分布状况却不尽相同，使得类比结果误差较大。

3. 原位试验法

(1) 旁压试验：旁压试验适用于软岩地基承载力评价，按岩体所处不同深度采用一定围压条件下的破坏强度评价软质岩体地基的承载力指标则更为合理。旁压试验能较好地反映岩体在一定围压状态下的强度特征及不同深度处的应力状态，在确定砂岩地基承载力方面具有独特的优势。

兰州砂岩旁压试验确定砂岩地基承载力时，主要采用临塑荷载法，极限荷载法作为复核。结合目前兰州地区新近系砂岩的研究成果，砂岩的承载力特征值一般为 1000～1400kPa。代表性项目旁压试验统计结果如表 5.5-2 所示。

砂岩旁压试验成果统计表 **表 5.5-2**

项目名称	试验深度(m)	p_0(MPa)	p_f-p_0(MPa)	E_m(MPa)
名城广场	13.6～39.8	0.200～0.935	1.424～2.965	95.9～111.6
亿博公司综合楼	10.3～30.2	0.085～0.560	1.005～3.359	39.4～99.4

为验证旁压试验确定兰州砂岩地基承载力的合理性，本书以兰州地区两个典型砂岩地基场地为例，进行计算验证。

案例一：

为确定本工程场地下部新近系砂岩地基承载力，基坑开挖前现场布设了 3 个钻孔，进行不同深度的旁压试验，得到各测点处地基承载力特征值 f_{ak} 和旁压模量 E_m 随深度变化如图 5.5-1、图 5.5-2 所示。

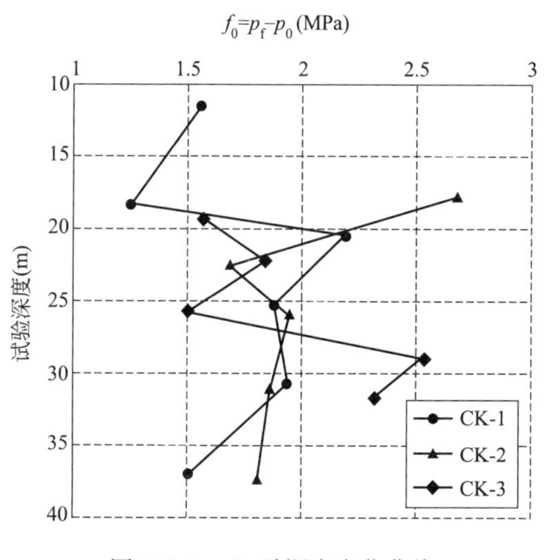

图 5.5-1 f_0 随深度变化曲线

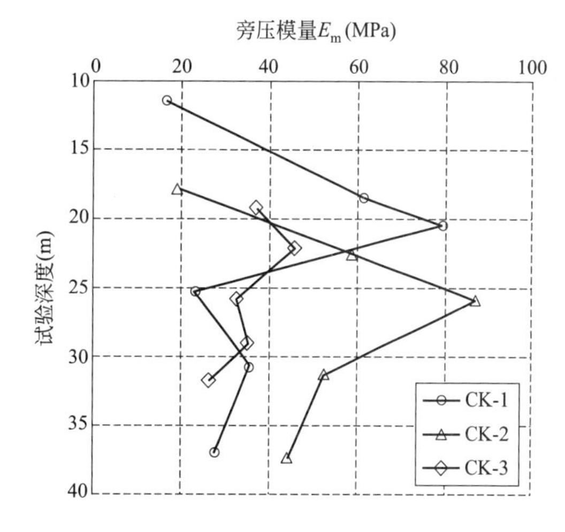

图 5.5-2 旁压模量 E_m 随深度变化曲线

本工程拟建建筑基底标高以下新近系砂岩按临塑压力法计算的地基承载力特征值 f_{ak} 介于 1.86～2.533MPa，旁压模量介于 23.3～87.1MPa。可得三个试验孔按极限压力法计算的地基承载力特征值 f_{ak} 分别为 1258kPa、1282kPa、2194kPa；根据旁压模量，按砂土经验公式换算，可得变形模量 E_0 分别为 72.1MPa、91.4MPa、111.2MPa。考虑到三个试验孔极差已超过平均值的 30%，故取最小值，本工程场地的新近系砂岩地基承载力特征值为 1258kPa，变形模量 E_0 为 72.1MPa。

本案例中旁压试验所得承载力结果受成孔质量等因素影响，仍较实际承载力偏低；但其具有操作方便、经济快捷等优点，其结果可作为勘察阶段的评价依据；最终设计采用承载力宜根据现场载荷试验结果进行深度修正。

案例二：

本工程各深度段旁压试验测试点的压力范围值、特征指标及地基承载力特征值见表 5.5-3 及图 5.5-3、图 5.5-4。

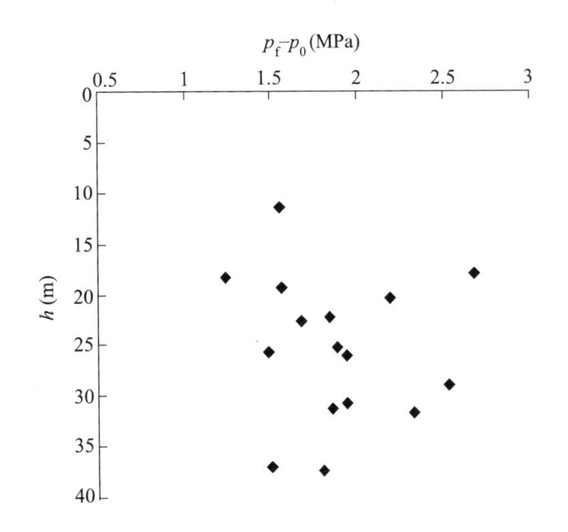

图 5.5-3　旁压试验（p_f-p_0）随深度变化

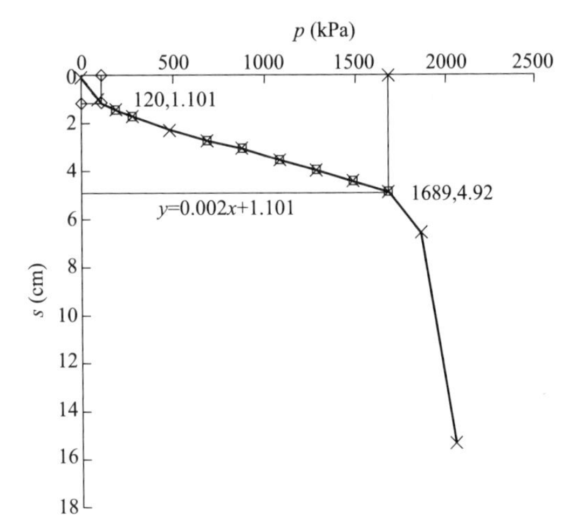

图 5.5-4　典型旁压试验成果曲线

砂岩旁压试验成果　　　　**表 5.5-3**

试验编号	风化程度	试验深度 (m)	p_0 (MPa)	p_f-p_0 (MPa)	(p_L-p_0)/2 (MPa)	旁压模量 (MPa)	变形模量 (MPa)	承载力特征值 f_{ak}(MPa)
CK2	强	11.50	0.340	1.559	—	16.6	—	1000
	中	18.37	0.635	1.249	—	61.2	—	1300
		20.40	0.300	2.188	1.730	79.1	122.4	
		25.30	0.210	1.885	1.375	23.3	80.8	
		30.70	0.190	1.939	1.390	35.5	81.0	
		37.00	0.184	1.508	1.008	27.5	54.5	
CK3	中	17.83	0.025	2.675	2.238	19.3	112.7	1300
		22.53	0.410	1.681	1.205	58.8	97.1	
		26.00	0.310	1.946	1.325	87.1	115.8	
		31.23	0.190	1.860	—	52.9	—	
		37.40	0.252	1.806	1.239	44.4	67.0	
CK1-1	中	19.3	0.120	1.569	—	37.1	—	1300
		22.20	0.215	1.845	—	45.8	—	
		25.76	0.150	1.494	—	32.4	—	
		29.00	0.186	2.533	2.157	35.1	109.0	
		31.70	0.140	2.327	2.230	26.6	113.4	

工程实践中，岩体处于三轴应力状态，受力环境有别于单轴抗压试验。根据莫尔-库仑强度准则，岩石最大轴向抗压强度 T 与完全剪切破坏时的单轴抗压强度 Q、围压的关系如下：

$$T=Q+K\sigma_3 \tag{5.5-2}$$

围压下，岩样单轴压缩时往往产生轴向张性破坏，试验值低于 Q 值。旁压试验可以反映不同深度的软岩强度特征及应力状态，试验机理较为完善，在确定软岩承载力上具有独特的优势。

（2）载荷试验：采用载荷试验确定地基承载力是各规范规定和当前最直观、最可靠的试验方法。载荷试验是规范推荐的原位测试方法，可以直接确定岩基承载力、变形模量等工程参数。一般认为载荷试验在各种原位测试中是最为可靠的，并以此作为其他原位测试的对比依据。

根据代表性场地的载荷试验成果见表 5.5-4、图 5.5-5，兰州市电信第二枢纽工程场地强风化砂岩层载荷试验，加荷至 1600～1920kPa，总沉降量为 11.73～14.44mm，变形模量为 45.7～55.0MPa；兰州市粮食局金都大厦场地强风化砂岩，在 800kPa 压力下，沉降量为 2.618mm，且最终加荷稳定后，砂岩均未出现破坏现象；兰州第三产业大厦场地强风化砂岩载荷试验，在 800kPa 压力下，最大沉降量为 2.434mm，加荷至 1100kPa 时，最大沉降量也只有 3.235mm，尚未达到 0.01 倍承压板宽度（5.00mm）。由此可见，兰州地区风化砂岩在不破坏其原状结构的情况下，即使为强风化状态，均具有比较稳定可靠的工程力学性能。

兰州地区砂岩载荷试验资料　　**表 5.5-4**

试验地点	风化程度	含水状态	试验深度(m)	入岩深度(m)	总加荷量(kPa)	总降降量(mm)	承载力特征值(kPa)	变形模量(MPa)	备注
兰州市电信二枢纽	强	较湿	12.0	0.4	1600	11.73	1000	55.0	$s/b=0.015$
		天然	15.0	1.2	1600	14.12	1000	45.7	$s/b=0.015$
		饱和	15.5	1.3	2120	50.45	1100	53.6	$s/b=0.015$
第三产业大厦	强				1100	3.24			
金都大厦	强				800	2.62			

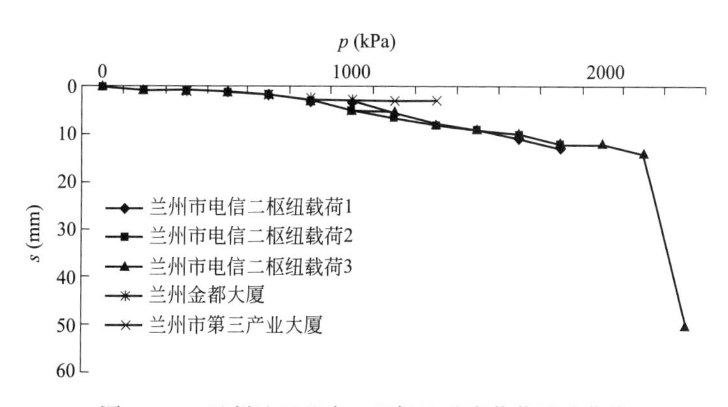

图 5.5-5　兰州地区几个工程场地砂岩载荷试验曲线

根据收集的兰州砂岩载荷试验结果可见，砂岩具有较高的强度与良好的变形特性，可满足常规高层建筑物强度和变形的要求。由载荷试验确定的承载力是其他方法所得结果的两倍左右。结合兰州市地层分布情况，新近系砂岩上部为第四系卵石层，卵石层的承载力一般在 500～650kPa，当建筑物荷载对地基的影响超过第四系卵石层时，由载荷试验所确定的承载力值在基础设计和地基处理上所带来的经济效益是不言而喻的。为此，在评价砂岩的变形破坏特征时，最好采用载荷试验。载荷试验有困难时，应采用三轴试验成果结合其他原位测试（如波速等）进行综合分析，以便取得准确可靠的参数。兰州地区砂岩地基代表性载荷试验统计结果详见表 5.5-5 和图 5.5-6。

砂岩具有代表性载荷试验成果表　　　　表 5.5-5

指标 \ 地点		阶地地下水位以下	阶地地下水位以上	冲沟地下水位以上
天然抗压强度(kPa)		700～2200(q_u=930～2051)	6200～11620	6340～13900
饱和抗压强度(kPa)		400～1050(q_u=179～2050)	1360～3460	
载荷试验	承载板宽(cm)	50	17.84	50～70.7
	0.015B时压力(kPa)	900～1100	328～560	230～310
	200kPa时沉降(mm)	0.98～1.097	0.882～0.883	3.399～6.003
天然含水率(%)		16～19	3～5	4～8
埋深(m)		9～10	0～2	0～4
三轴试验	c'(kPa)	0～50	50～80	
	φ(°)	35～43	38～46	
风化程度		强风化	中风化	强风化

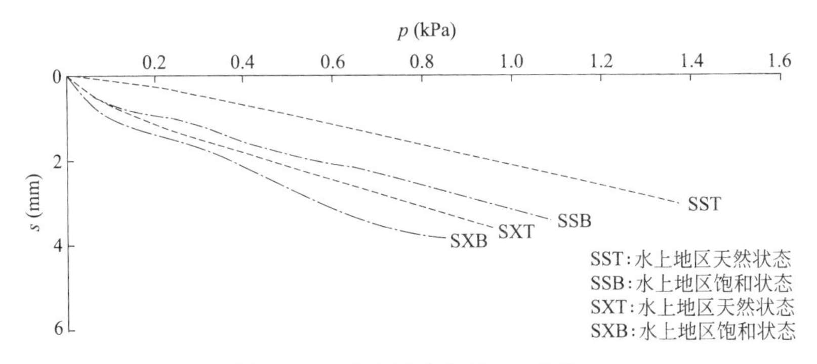

图 5.5-6　载荷试验典型 p-s 曲线

以上试验结果表明：

①压力-沉降曲线呈台阶式折线，没有明显由弹性变形到塑性变形的变化，曲线表现为初期荷载作用下，岩体孔隙压密、裂隙闭合，随压力增加由其交替变化而产生沉降。

②地下水位以上砂岩样在风（烘）干后其抗压强度远大于岩体载荷试验相对沉降 0.01b 所对应压力值，饱和后抗压强度大幅度降低，仍高于载荷试验 0.01b 所对应压力值。

③地下水位以下砂岩在饱和与天然状态下的抗压强度均与载荷试验 0.01b 所对应压力值相近，且饱和抗压强度略低于载荷试验 $p_{0.01b}$ 值。

综合以上所述，新近系砂岩具有稳定可靠的工程力学性能，具有很好的承载能力和很小沉降。基坑降水开挖后所表现砂土状只是其成岩作用和胶结程度等反映。当工程需要较准确的确定砂岩地基承载力与变形指标时，应采用三向应力状态下的测试参数，除岩体载荷试验外，可采用相应围压条件下破坏强度作为定量指标。

为进一步分析砂岩地基变形性状，以兰州地区两个典型砂岩地基项目载荷试验为例，进行详细探讨。

案例一：

本场地前期勘察阶段不具备进行深层平板载荷试验条件，为确定本工程场地下部新近系砂岩的地基承载力，基坑开挖至－17.0m 后，进行了现场载荷试验。试验采用堆载法，采用圆形刚性承载板，并按承压板直径 0.3m（面积 0.071m^2）和 0.6m（面积 0.283m^2），各进行了三组试验。

在试验过程中发现，试验所得 p-s 曲线呈现明显的三折线阶段特点，与砂岩地基受荷后压密、弹塑性、破坏三个变形阶段相对应；且地基破坏模式呈明显的整体剪切破坏形态，如图 5.5-7～图 5.5-9 所示。

图 5.5-7　地基整体剪切破坏

为探讨基础基底周边上覆岩土体重力及裙楼荷载对砂岩地基承载力的超载作用与地基承载力修正的可能性，现场增加了三组在承压板周边增加超载（模拟上覆土体压力）的载荷试验。具体方法为：承压板直径仍为 0.3m，在其外围设置一内径 0.34m、外径 1.2m 的环形刚性承压板；试验时，利用对称放置的两个千斤顶对环形承压板施加荷载，模拟上覆土体压力，如图 5.5-8 所示。

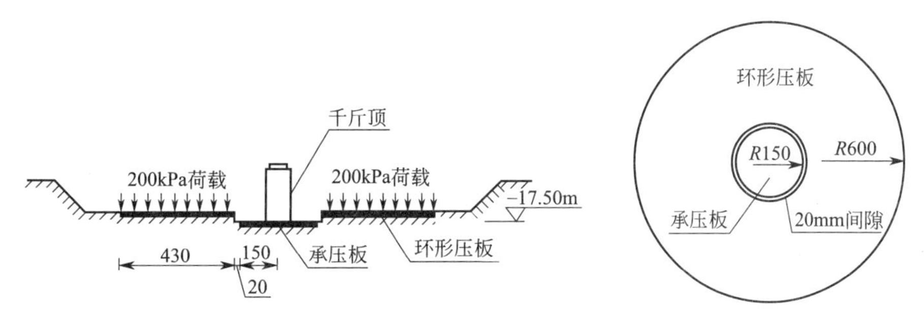

图 5.5-8　考虑超载的载荷试验示意图

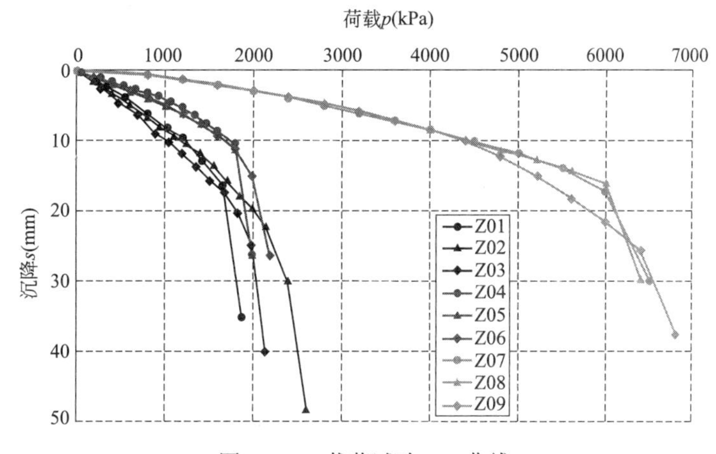

图 5.5-9　载荷试验 p-s 曲线

现场九组载荷试验结果如表 5.5-6 和图 5.5-9 所示，为便于对比分析，岩基载荷试验地基承载力特征值计取时，安全系数按 2.0 考虑；为安全起见，增加超载的载荷试验地基承载力特征值按相对变形法（s/d=0.01）计取。

现场载荷试验结果汇总表　　表 5.5-6

试验点号	试验方法	承压板直径(m)	极限荷载(kPa)	承载力特征值(kPa)	变形模量(MPa)
Z01	浅层平板载荷	0.6	1800	900	54.65
Z02			2150	1075	51.28
Z03			1983	990	43.76
Z04	岩基载荷	0.3	1663	830	51.85
Z05			1800	900	42.87
Z06			2000	1000	46.29
Z07	超载载荷	0.3	6000	1435	62.09
Z08			6000	1493	64.56
Z09			6400	1415	61.21

试验结果分析可得如下结论：

①当承压板直径为 0.3m 时，试验所得地基承载力特征值介于 830～1000kPa，平均值为 910kPa，变形模量介于 42.87～51.85MPa；当承压板直径为 0.6m 时，试验所得地基承载力特征值介于 900～1075kPa，平均值为 988kPa，变形模量介于 43.76～54.65MPa；即对本场地砂岩而言，载荷试验结果与承压板直径正相关。

②承压板直径同为 0.3m，增加超载后，试验所得极限荷载由 1663～2000kPa 增大至 6000～6400kPa，后者为前者三倍有余，极限承载能力得到大幅度提升。

③按相对变形法所得地基承载力特征值介于 1415～1493kPa，平均值为 1448kPa，变形模量介于 61.21～64.56MPa。若按粉细砂考虑，取深度修正系数 η_d 为 3.0，基底以上岩土层的加权平均有效重度 γ_m 按实际地层参数计算，基础埋深 25.3m 处为 11.2kN/m^3，根据《建筑地基基础设计规范》GB 20007—2011，可得深度修正后地基承载力特征值 f_a 为 1743kPa，大于增加超载后按相对变形法所得地基承载力特征值 1448kPa，可见，对本工程场地砂岩地基承载力特征值按粉细砂进行深度修正是合理可行的，且具有较大的安全储备（图 5.5-10）。

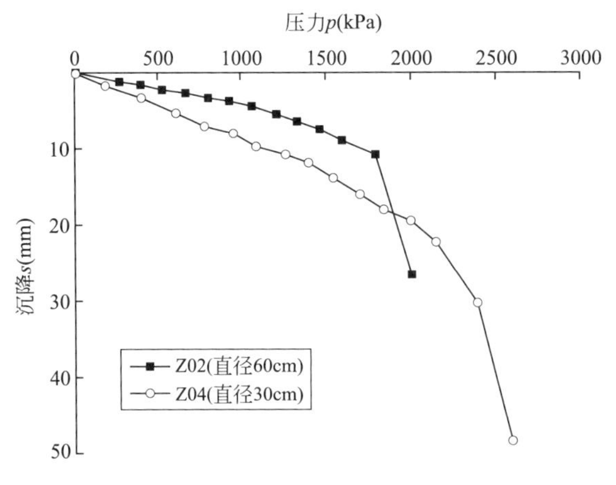

图 5.5-10　典型 p-s 试验曲线

在试验压力接近极限荷载时，承压板边缘土体开始隆起并出现放射状裂纹，随试验压力增加，周边土体隆起高度逐渐增大，放射状裂纹逐渐向外发展，接近破坏时，放射状裂缝末端形成与承压板同圆心的环形裂缝，如图 5.5-7 所示。根据载荷试验现场破坏形态，地基破坏模式为整体剪切破坏。

案例二：

本试验共布置载荷试验试验点 6 个，试验点深度位于地面以下约 10.0m 的天然状态砂岩表面，试验成果汇总如表 5.5-7 所示。

砂岩地基载荷试验结果汇总表　　　　表 5.5-7

试验指标	试验点号	计算值	建议值	备注
承载力(kPa)	Z01	750	600	试验点排水效果较好，风化砂岩地基含水率较低
	Z02	1000		
	Z03	900		
	Z04	600		试验点地基土含水率较高，处于饱和状态
	Z05	600		
	Z06	700		
变形模量(MPa)	Z01	28.61	40	风化砂岩地基含水率较低
	Z02	58.72		
	Z03	41.04		
	Z04	27.73	28	试验点地基土含水率较高，处于饱和状态
	Z05	27.29		
	Z06	31.01		

根据试验数据，得到各试验点 p-s 曲线如图 5.5-11～图 5.5-16 所示。

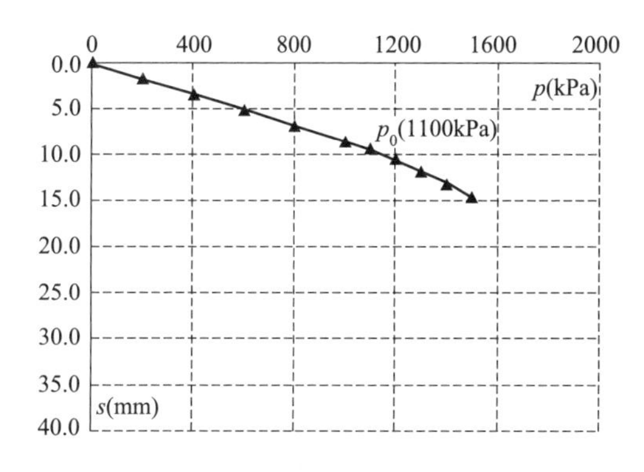

图 5.5-11　Z01 试验点修正后的 p-s 曲线

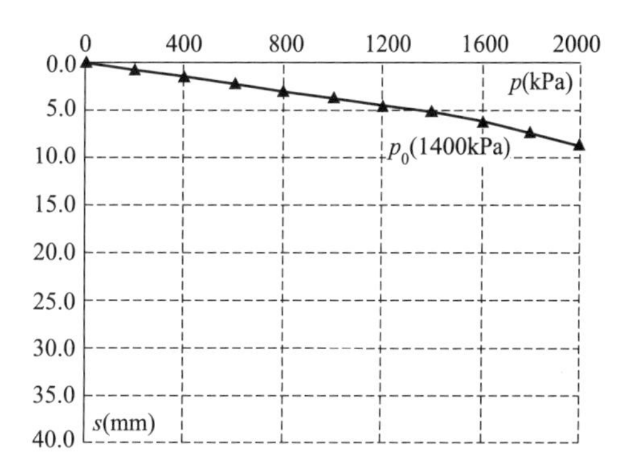

图 5.5-12　Z02 试验点修正后的 p-s 曲线

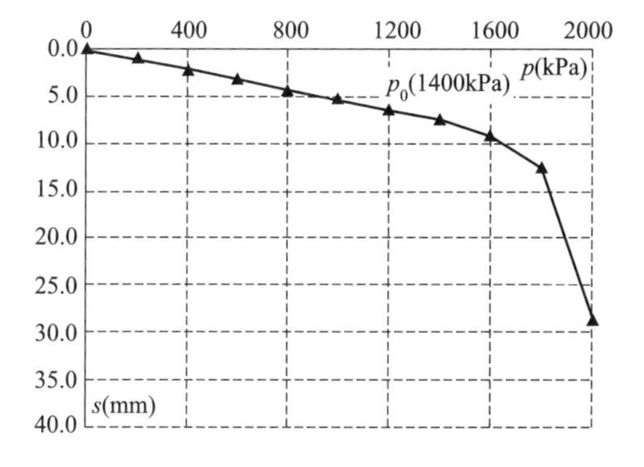

图 5.5-13　Z03 试验点修正后的 p-s 曲线

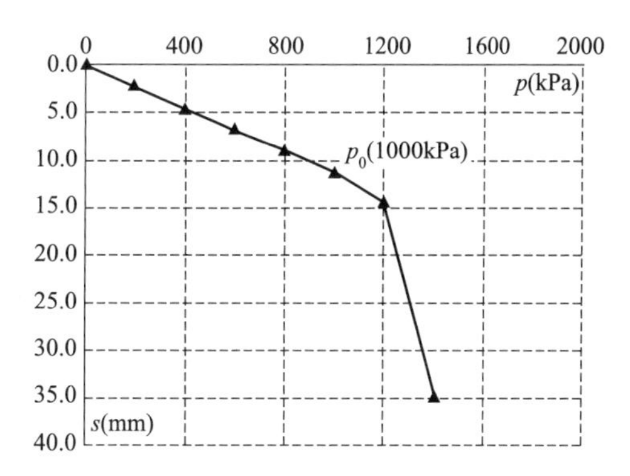

图 5.5-14　Z04 试验点修正后的 p-s 曲线

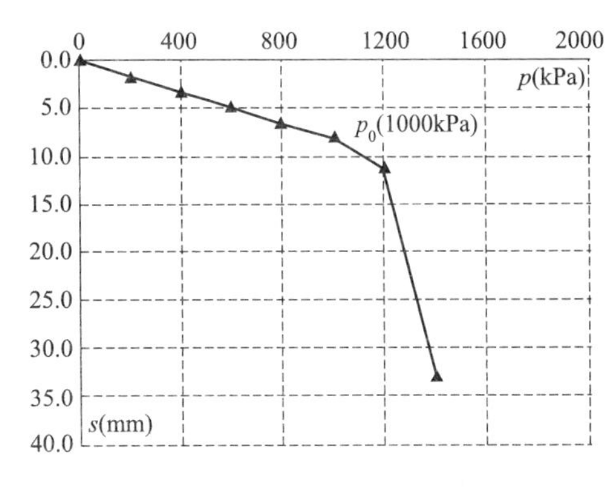

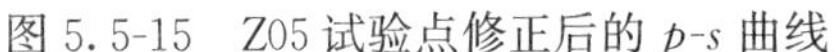
图 5.5-15　Z05 试验点修正后的 p-s 曲线

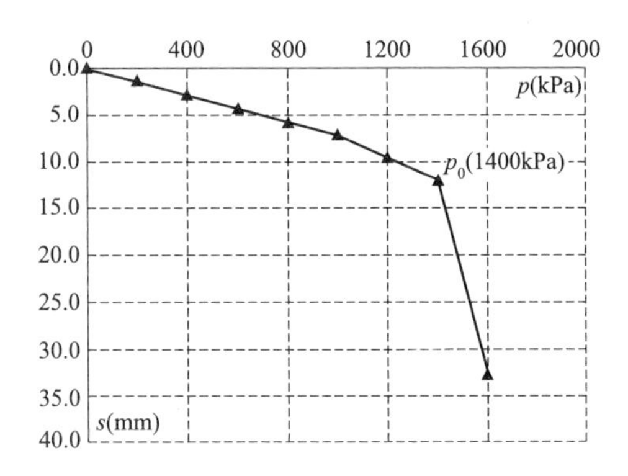

图 5.5-16　Z06 试验点修正后的 p-s 曲线

Z01 试验点最大荷载为 1500kPa，修正后的最大沉降量为 14.30mm，该试验点位于基坑内东北侧，试验标高－10.0m，试验位置向东约 5m 为基坑排水明沟，地下水处于试验标高以下 50cm，试验过程中未出现明显的隆起、裂缝等破坏现象。根据图 5.5-11 中 p-s 曲线，按比例界限与极限荷载确定地基承载力特征值，由于极限荷载（1500kPa）小于比例界限（1100kPa）的 2 倍，故取极限荷载的一半作为地基承载力特征值，即 f_{ak}＝750kPa，计算变形模量 E_0＝28.61MPa。

Z02 试验点位于基坑东南侧，试验点标高－10.0m，周边排水通畅，砂岩地基含水量小。试验过程中，最大荷载加至 2000kPa，地基未发生明显破坏现象，图 5.5-12 为 Z02 试验点修正后的 p-s 曲线，试验加载至预定最大荷载 2000kPa 时，地基土仍未发生明显破坏，取试验最大荷载为极限荷载，即 p_L＝2000kPa。极限荷载小于比例界限的两倍，按极限荷载法确定该试验点地基承载力 f_{ak}＝1000kPa，计算变形模量 E_0＝58.72MPa。

Z03 试验点位于基坑中部偏南侧，试验位置标高－10.0m，该点砂岩地基含水量较 Z01、Z02 试验点偏大但尚未达到饱和状态，图 5.5-13 为该点 p-s 曲线。从图 5.5-17 中可以看出，承压板周边砂岩隆起，隆起地基土上有放射状裂纹，表明地基土已经发生破坏，取发生破坏时前一级的荷载为极限荷载，即 p_L＝1800kPa。极限荷载小于比例界限的 2 倍，该试验点的地基承载力取极限荷载的一半，即 f_{ak}＝900kPa，计算变形模量 E_0＝41.04MPa。

Z04 试验点位于基坑中部偏北侧，试验位置标高－10.0m，试验点周边排水条件差，地基土处于饱和状态，最大加荷量 1400kPa，地基土破坏。图 5.5-14 为 Z04 试验点修正后的 p-s 曲线，p-s 曲线出现明显拐点，地基沉降量迅速增大，从图 5.5-18 来看，承压板周边砂岩向上隆起，有放射状裂纹，表明地基土发生了破坏。取极限荷载 p_L＝1200kPa，极限荷载小于比例界限的 2 倍，取地基承载力 f_{ak}＝600kPa，计算变形模量 E_0＝27.73MPa。

Z05 试验点位于基坑西北侧，试验位置标高－10.0m，试验点西侧为基坑马道，无降水措施，地基土饱和。试验最大加荷量 1400kPa，地基土破坏。图 5.5-15 为该点 p-s 曲线。从图 5.5-19 中可以看出，地基土发生整体剪切破坏现象，取极限荷载 p_L＝1200kPa。极限荷载小于比例界限的 2 倍，地基承载力取极限荷载的一半，即 f_{ak}＝600kPa，计算变形模量 E_0＝27.29MPa。

Z06 试验点位于基坑南部偏西处，试验位置标高－10.0m，试验点风化砂岩地基含水量较大，呈饱和状态。试验最大加荷量1600kPa，图5.5-16中p-s曲线有明显拐点，地基沉降增幅较大，曲线斜率较陡。从图5.5-20可以看出，承压板周围地基土有向上隆起现象，隆起土体有少量放射状裂纹，表明砂岩地基发生了破坏。取极限荷载p_L=1400kPa，由于极限荷载小于比例界限的2倍，按极限荷载法，该试验点的地基承载力应取极限荷载的一半，f_{ak}=700kPa，计算变形模量E_0=31.01MPa。

图5.5-17　Z03试验点地基整体剪切破坏

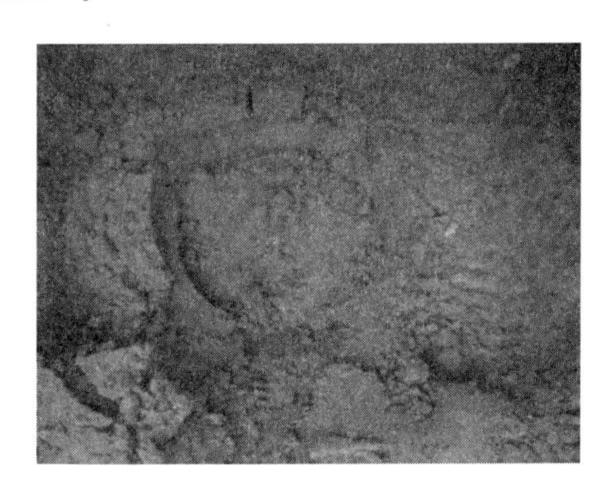

图5.5-18　Z04试验点地基土破坏情况

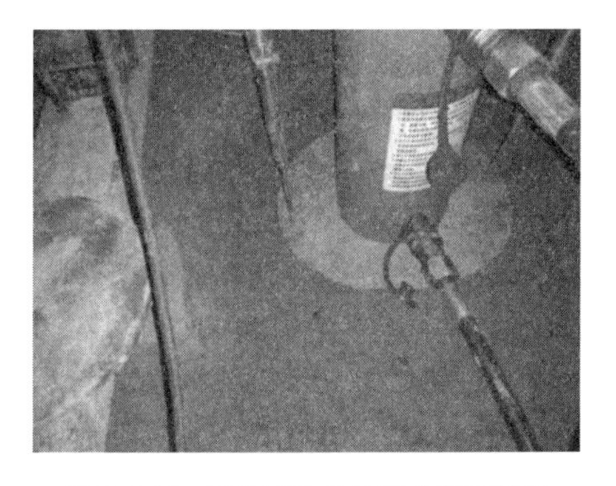

图5.5-19　Z05试验点地基土破坏情况

图5.5-20　Z06试验点地基土破坏情况

载荷试验结果表明，拟建高层住宅楼砂岩地基的承载力与变形参数受岩体扰动程度和地下水浸泡程度影响明显。不同试验条件下获取的参数离散性较大，在扰动和地下水浸泡后砂岩易软化崩解，承载力与变形指标大幅降低。Z01、Z02、Z03试验点含水量相对较低，试验所得承载力特征值和变形模量相对较高；Z04、Z05、Z06试验点含水量较大，处于饱和状态，试验所得承载力特征值和变形模量较低。地基土干湿程度不同，导致不同试验点承载力试验值相差2.2倍，变形模量计算值相差约2倍。

4. 砂岩地基承载力确定步骤

砂岩地基承载力可以遵循图5.5-21所示步骤进行确定。

具体操作为：①选择合适的位置开挖试验基坑，并挖至基底设计标高；②清除基底表面浮土后，利用钻机缓慢钻取岩芯，并确保所取砂岩岩样的完整性；③利用取得的砂岩岩样开展单轴压缩试验、三轴压缩试验等室内试验，通过研究获取基底砂岩的风化程度、粒径组成、胶结情况以及单轴抗压强度、三轴抗压强度等物理力学指标；④利用浅层平板岩基载荷试验装置于试验基坑基底开展现场原位载荷试验，并记录试验过程中所施加的载荷值（p）与承压板沉降量（s）；⑤绘制 p-s 关系曲线，并按规定确定地基承载力的特征值与地基变形参数；⑥充分考虑承压板尺寸效应和基础旁侧超载作用对地基承载力的影响，同时进行地基承载力的修正；⑦评价所确定地基承载力是否满足设计要求。

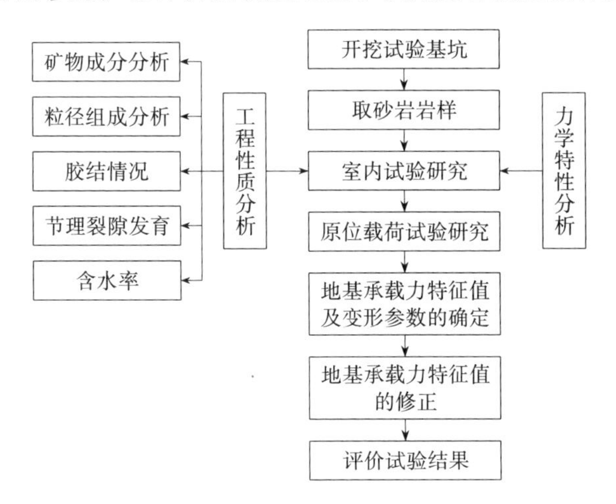

图 5.5-21　砂岩地基承载力确定流程图

5.5.2　泥岩承载力评价

泥岩是一种似岩非岩、似土非土的特殊性岩石，有层理结构，层理间物理力学性质有较大差异，它具有遇水易软化，失水易干裂的特点。兰州新近系泥岩地层具有沉积时代较新，固结程度较弱，成岩作用差，横向岩相变化大等特点，且泥岩中大多含有亲水矿物，往往表现出膨胀性。目前由于在兰州地区对新近系泥岩的认识不充分，对区内泥岩承载力评价多数以工程经验参数值为主，提供的承载力普遍偏低，其承载力确定问题也一直是设计中的一个难题，因此对其深入研究很有意义。结合相关工程案例，对兰州泥岩承载力评价作如下分析：

1. 各规范估算承载力比对分析

由于泥岩本身胶结状态较差，在试样饱和时易沿沉积层理面和薄弱胶结面崩解，导致饱和单轴抗压强度有效的试验结果较少，且泥岩遇水软化明显一般用作单轴抗压强度试验的试样很难保证其天然状态，勘察阶段用单轴抗压强度指标确定它的承载力往往较实际值偏低，且因试样采取质量和管护质量的差异加大了误差程度。综上，由于岩石力学试验成本较高，可得出的有效数据较少，值较离散，岩石力学指标在泥岩承载力估算的实际运用中并不具有广泛意义。

泥岩本身性质与老黏土较为接近，土工试验代表性指标也能较为清晰地体现出泥岩的力学特性，参照一般黏性土地基估算的承载力与平板载荷试验的实测值较为接近，采用土工试验代表值估算泥岩承载力在实际工程运用中使用较为广泛。

2. 利用标准贯入试验估算

根据上述试验结果分析和已有资料，标准贯入试验的击数与泥岩的强度和状态呈正比，可作为承载力估算的重要指标。由于土工试验和岩石力学试验本身有滞后性，为方便现场判断新近系半胶结泥岩承载力，可直接采用标准贯入试验击数对承载力进行估算。标准贯入试验能较好地克服人为因素，只要在现场测试过程中严格按规范要求操作，用标准贯入试验的测试结果确定地基的承载力特征值较为准确。

综上所述，兰州新近系泥岩地层，如按天然状态下单轴抗压强度确定承载力，承载力偏低，用饱和单轴抗压强度折减后得到的承载力与软土承载力相当，这显然不合理；采用标准贯入试验的测试结果确定地基的承载力特征值较为准确。由于在兰州地区对新近系泥岩的认识不充分，提供的承载力普遍偏低，一般经验取值通常在450～650kPa，不利于科学评价泥岩的承载力。通过载荷试验确定兰州地区泥岩地基承载力，积累经验资料，建立地区经验公式，具有十分重要的实践指导意义。

5.6 兰州软岩地基承载力修正

5.6.1 兰州砂岩地基承载力修正

根据《建筑地基基础设计规范》GB 50007—2012，全风化与强风化岩承载力特征值可进行深度与宽度修正，中风化岩承载力特征值不可进行深、宽修正，而兰州砂岩很难获取明确的量化指标定量判断风化程度。因此，根据划分砂岩风化程度来判断是否可以进行承载力特征值深度与宽度修正缺乏可操作性。

1. 模拟边载条件下的平板载荷试验成果分析

砂岩地基受荷后的变形特征与破坏形态类似于密实砂土，呈现整体剪切破坏特征。但砂岩与密实砂土相比，其密实程度更高，抵抗剪切破坏能力更强。载荷试验过程中出现的承压板周边土体隆起，最终滑裂面发展至地面形成环形裂缝的现象充分表明，若承压板周围存在超载，限制了承压板（或基础）两侧土体的变形，使基础产生的破坏与失稳的荷载就更大，即根据浅层平板载荷试验结果所得的承载力特征值可进行深度修正；同样承压板（或基础）宽度越大，整体滑移土体的体积就越大，同样增大了滑裂面摩阻力，即浅层平板载荷试验结果所得的承载力特征值可进行宽度修正。

图5.6-1 模拟边载状态的平板载荷试验现场

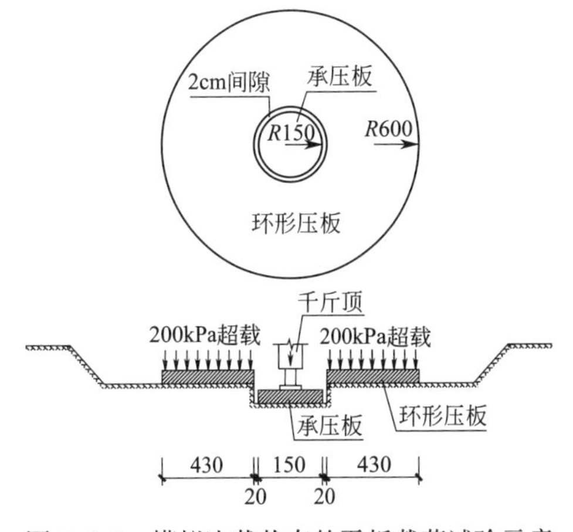

图5.6-2 模拟边载状态的平板载荷试验示意

为探讨基础基底周边上覆岩土体重力及裙楼荷载对砂岩地基承载力的超载作用与地基承载力修正的可能性，试验过程中在承压板周边施加边载模拟上覆土体压力。设计采用图5.6-1和图5.6-2所示的简易可行的试验装置来模拟砂岩地基在有超载作用与无超载作用下的载荷试验，试验标高仍为−19.0m，承压板采用直径为0.3m圆形刚性板，在承压板外围安置一块外径为1.2m、内径为0.34m、厚6cm的环形钢板，通过两个千斤顶向环形钢板施加荷载，模拟承压板周边上覆土压力。为预留承压板以下土体侧向挤出变形条件，承压板安置位置略低于周边环形钢板8cm。

计算的试验标高处上覆土体压力扣除浮力后为240kPa；试验过程中通过千斤顶向环形压板施加压力维持承压板周边200kPa恒载模拟上覆土压力。静载试验位移测读及加载方式按“岩基载荷试验要点”进行。

对比试验结果如表5.6-1及图5.6-3所示。

现场原位载荷试验结果汇总表 **表5.6-1**

试验状态	试验点号	比例界限(kPa)	极限荷载(kPa)	建议值(kPa)	地基承载力特征值(kPa)	变形模量(MPa)
无边载作用	Z04	1067	1800	900	933	47.9
	Z05	1200	1800	900		
	Z06	1000	2000	1000		
有边载作用	Z07	2400	6000	2400	2660	62.6
	Z08	2800	6000	2400		
	Z09	2800	6400	2800		

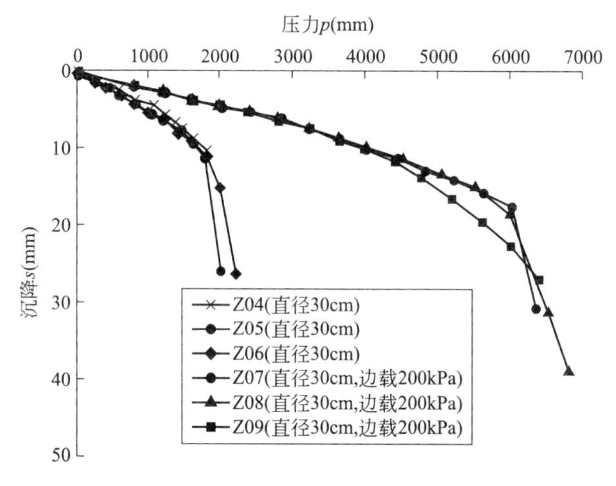

图5.6-3 有、无边载状态下载荷试验 p-s 曲线

其中Z04～Z06为无边载条件下的静载荷试验，Z07～Z09为在承压板周边维持200kPa边载条件下进行的静载荷试验。试验结果表明，在承压板周边增加边载后，地基承载力提高幅度大。极限承载力由1660～2150kPa增加至6000～6400kPa，增幅约200%。承载力特征值平均值由910kPa增加至2260kPa。按《建筑地基基础设计规范》GB 50007—2011公式进行深度修正计算：

$$f_a=f_{ak}+\eta_d\gamma_m(d-0.5)=910+3.0\times10.5\times(19-0.5)=1490\text{kPa} \quad (5.6\text{-}1)$$

式中：η_d——深度修正系数，按细砂取值为3.0；

γ_m——基础底面上土的加权平均有效重度，按实际地层参数计算，−19.0m处为10.5kN/m^3；

d——基础埋深，取19.0m。

结果表明，通过模拟边载作用相对于无边载作用下地基承载力增长了 1727kPa，砂岩地基承载能力大幅度提升，极限承载力增幅约 200%，进一步论证边载对限制基础（承压板）下地基土侧向挤出、增大塑性区滑裂面摩阻力的作用。分析其作用机理主要在于上覆荷载足够大时，砂岩地基常常以整体剪切破坏为主要破坏形态，而旁侧边载限制了砂岩地基塑性区的发展，增强了地基抵抗整体剪切破坏的能力。式(5.6-1) 表明按照细砂进行深度修正后的承载力特征值约为模拟边载条件下实测值的 60%，具有较大的安全储备。说明基底周边上覆超载（岩土体重力及裙楼荷载）对砂岩地基承载力存在显著的贡献作用，一定程度上体现了"压重效应"，砂岩地基剪切破坏形态及边载作用可以概化为图 5.6-4 所示的极限承载力破坏模型。

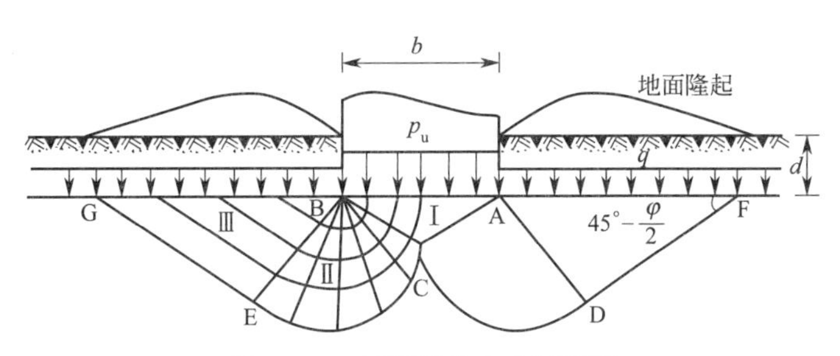

图 5.6-4　极限承载力破坏模型

总之，旁侧超载对砂岩地基承载力的贡献作用不可忽略，在进行地基承载力修正时应予以考虑，论证了砂岩地基承载力修正的可行性。

2. 超载作用下主裙楼一体结构地基承载力的修正

随着砂岩地区城市发展的需要，超高层建筑地基已经深入地下并以砂岩为基础持力层。对于主裙楼一体的高层结构，由于基础埋深大，裙楼超载作用明显，原位载荷试验确定出的地基承载力远低于砂岩的实际承载能力。由以上分析可知，在主体结构地基承载力确定时，不应忽略主楼基底以上范围内的荷载（裙楼荷载与上赋岩土体荷载）对地基承载力的"压重作用"，按基础两侧的超载作用进行地基承载力的修正。现有规范规定，当拟建建筑物基础宽度大于 3m、基础埋深大于 0.5m，地基承载力特征值按照下式进行修正：

$$f_a = f_{ak} + \eta_b \gamma (b-3) + \eta_d \gamma_m (d-0.5) \tag{5.6-2}$$

式中：f_a——修正后的地基承载力特征值；

f_{ak}——砂岩承载力特征值；

η_b、η_d——基础宽度和埋置深度的地基承载力修正系数；

γ——基础底面以下砂岩浮重度；

γ_m——基础底面以上土的加权平均重度，水位以下土层取有效重度；

b——基础宽度，大于 6m 时取 6m；

d——基础埋深。

对于主裙楼一体的高层结构，当裙楼宽度大于基础宽度的两倍时，可将裙楼超载折算成岩土层厚度作为基础埋深，当基础两侧超载不等时，取小值。其中，超载折算埋深可按下式计算：

$$d = p_k / \gamma_m \tag{5.6-3}$$

$$\gamma_{\mathrm{m}}=\sum r_i h_i / \sum h_i \tag{5.6-4}$$

式中：γ_i——基底以上各岩土层的浮重度；

h_i——各岩土层厚度。

下面就主裙楼一体结构在超载作用下，裙楼超载作用折算为主楼基础埋深的几种具体情况做简要分析。假设裙楼 A 荷载为 P_{kA}、裙楼 B 荷载为 P_{kB}，取裙楼 A 与裙楼 B 荷载较小值为基础两侧的超载，二者折算为基础埋深较小值为 $d_{\min}$。

（1）对于主楼设地下室，裙楼不设地下室高层结构，如图 5.6-5 所示，当裙楼宽度 b_1、b_2 均小于或其中一值小于两倍主楼宽度 $2b$ 时，则不考虑裙楼产生的超载作用，仅考虑基底上覆岩土体产生的超载作用，此时基础埋深取值为基础埋深 d。当裙楼宽度 b_1、b_2 均大于两倍主楼宽度 $2b$ 时，同时考虑裙楼与基底上覆岩土体产生的超载作用。此时取裙楼 A 与裙楼 B 超载作用折算为基础埋深较小值 $d_{\min}$ 与基础埋深 d 之和，即基础埋深取值为 $d+d_{\min}$。

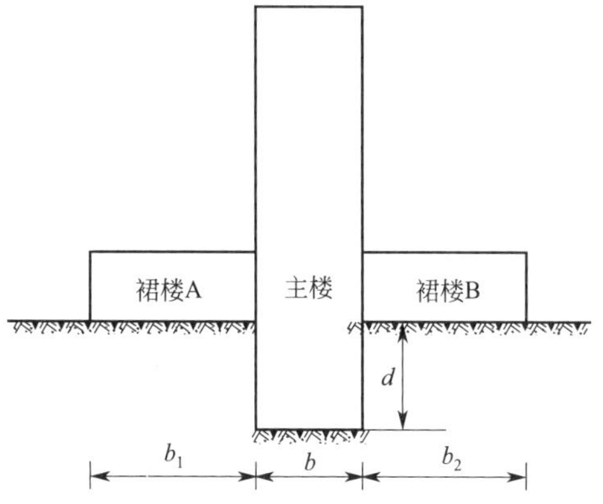

图 5.6-5 双侧裙楼不设地下室的高层结构

（2）对于主楼、裙楼均设地下室高层结构，如图 5.6-6 所示，当裙楼宽度 b_1、b_2 均小于或其中一值小于两倍主楼宽度 $2b$ 时，取裙楼超载作用折算基础埋深较小值 $d_{\min}$ 与裙楼基底至主楼基底岩土体埋深 d_2 之和，与主楼基底埋深 d_3 较小值。即 $d_{\min}+d_2$ 与 d_3 较小值作为基础埋深。当裙楼宽度 b_1、b_2 均大于两倍主楼宽度 $2b$ 时，同时考虑裙楼与基底上覆岩土体产生的超载作用。此时裙楼 A 与裙楼 B 超载作用折算为基础埋深较小值 $d_{\min}$ 与基础埋深 d_2 之和，即基础埋深取值为 $d_2+d_{\min}$。

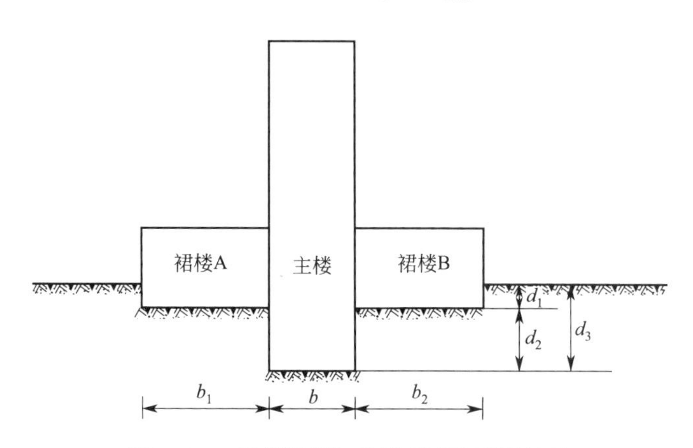

图 5.6-6 双侧裙楼均设地下室的高层结构

（3）对于单侧裙楼设地下室高层结构，如图 5.6-7 所示：对于右侧超载作用由裙楼与岩土体共同提供，裙楼折算埋深为 d_0，则右侧基础埋深为 d_0+d_2；左侧超载作用仅由基底上赋岩土体提供，基础埋深为 d_3，取 d_0+d_2 与 d_3 较小值作为基础埋深。

（4）对于双侧裙楼、单侧设地下室高层结构，如图 5.6-8 所示，对于右侧超载作用由裙楼与岩土体共同提供，裙楼折算埋深为 d_0，则右侧基础埋深为 d_0+d；左侧超载作用仅由裙楼超载作用提供，基础埋深为 d_0'，取 d_0+d 与 d_0' 较小值作为基础埋深。

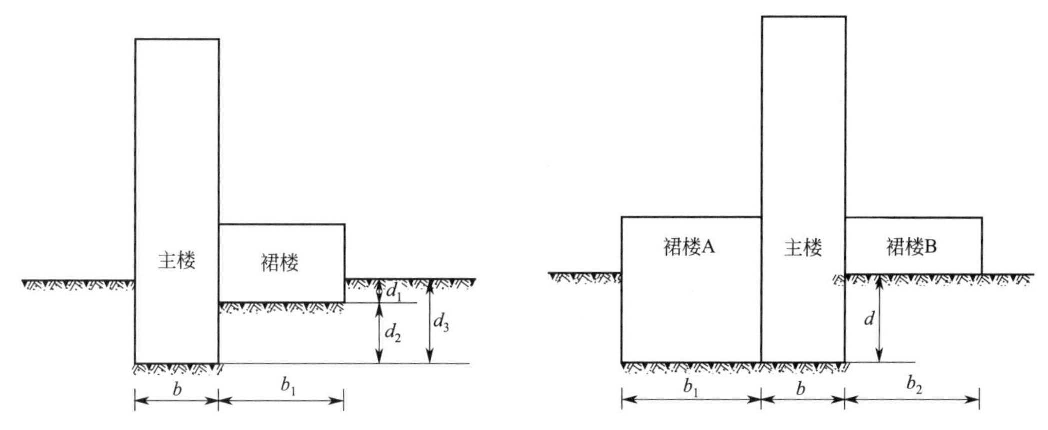

图 5.6-7　单侧裙楼设地下室的高层结构　　　图 5.6-8　双侧裙楼一边设地下室的高层结构

通过简要探讨高层结构裙楼超载作用折算为主楼基础埋深的几种情况，最终得到以下结论：对于主裙楼一体的高层结构，确定地基承载力时应充分考虑基底旁侧超载对地基承载力的贡献作用，在超载折算基础埋深时取折算埋深的最小值作为修正后的基础埋深。

3. 沉降观测结果

根据上述试验结果，该超高层建筑最终采用了天然地基、筏板基础的设计方案，并于2016年底主体封顶，其核心筒沉降观测曲线如图 5.6-9 所示。从观测结果来看，沉降发展与施工加荷关系密切，如 2016 年底主体封顶后沉降已趋于稳定；2017 年 5 月至 2018 年 3 月主体装修加荷后，沉降又出现较小幅度增加，累计增大约 10mm；至 2018 年 9 月，该超高层建筑核心筒沉降量介于 72.07～77.73mm，平均 75.1mm，已基本趋于稳定，且沉降均匀；沉降量满足相关规范要求，进一步验证了本工程场地红砂岩地基承载力深度修正的合理性。

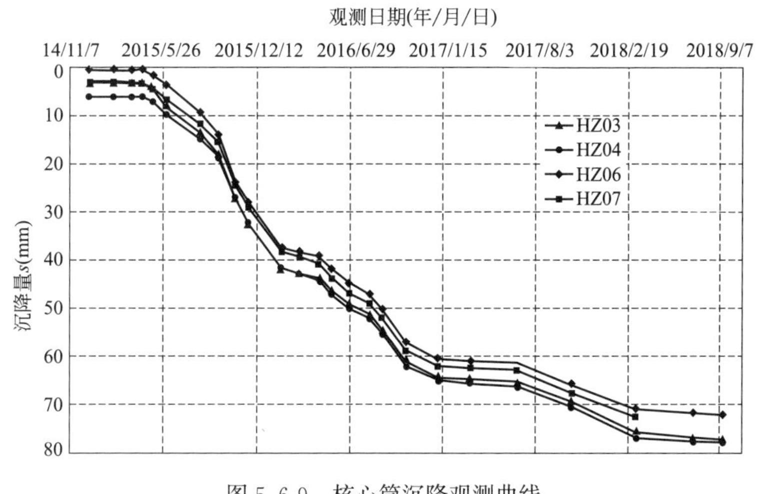

图 5.6-9　核心筒沉降观测曲线

综上所述，载荷试验确定砂岩地基承载力特征值时，应充分考虑承压板的尺寸效应与基础埋深等因素对载荷试验结果的影响并适当予以修正。

兰州砂岩地基极限承载力随着深度的增加呈增大趋势，相对于深度而言，超载条件对岩体的极限承载力影响更大，若将超载条件等效为砂岩的埋深，可认为砂岩的极限承载力可以进行深度修正。载荷试验地基破坏模式及增加超载的载荷试验结果表明，泥质胶结的兰州市新近系砂岩地基承载力特征值按粉细砂进行深度修正是合理的，且具有较大的安全储备。

5.6.2 兰州泥岩地基承载力修正

对于兰州地区泥岩地基承载力的修正，由于相关试验资料不够充分，其地基承载力的修正须以现行国家、行业及地方标准、规范相关规定为依据，具体参考兰州地区砂岩地基承载力的修正方法。

笔者建议，加强兰州地区泥岩地基承载力平板载荷试验等原位试验的研究，积累经验资料，建立地区经验公式。

5.7 软岩地基变形问题

5.7.1 砂岩地基变形特性

工程实际状态下，砂岩通常处于三向受力状态，因此，室内三轴压缩试验相对于单轴压缩试验更能真实地模拟砂岩实际受力状态。利用伺服控制试验机，通过不同围压下的三轴压缩试验可以得到砂岩全应力-应变关系曲线，如图 5.7-1 所示。可以看出，砂岩全应力-应变曲线可以划分为五个阶段，即初始阶段（OA 段）、弹性阶段（AB 段）、塑性强化阶段（BD 段）、软化阶段（DE 段）以及残余塑性流动阶段（EF 段）。其中 A 为压密点、B 为弹性极限点、D 为强度极限点、E 为残余强度点。

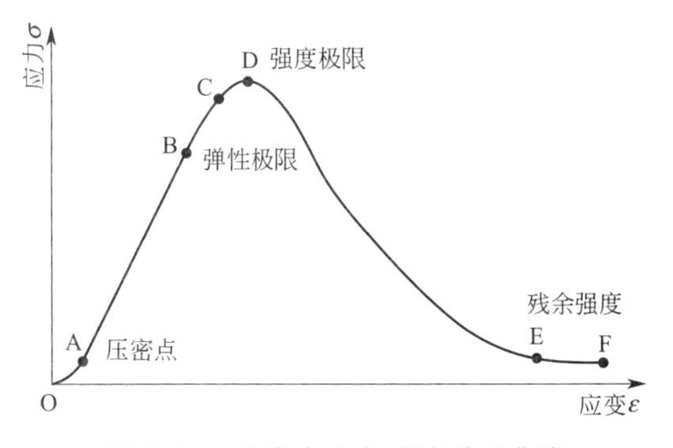

图 5.7-1 砂岩全应力-应变关系曲线

OA 段为低应力（约为极限强度的 1%～5%）作用下，应变随应力呈线形增长，但这个阶段比较短暂，仅为破坏应变的 10%左右，且该段只在少数岩样中出现（不足 1/3 的岩样有此应变段）。分析认为可能是由于压力机承压板与试样端部的接触条件所引起的，并非岩样自身的变形特征；AB 段，岩样的塑性变形阶段，应变增加快，曲线上凹，斜率随应变增加而逐渐增大。该段实质上是微裂隙、孔隙压密阶段，而且压密过程开始较快，随后逐渐减慢，曲线中此段变形非常明显，所产生应变占总应变的 60%以上，说明砂岩中微裂隙和孔隙较发育；BD 段，曲线斜率陡然加大，直至破坏，中间再无明显塑性变形阶段，也就是说裂纹的发生扩展在曲线上反映不明显。

通过应力-应变关系曲线可以看出，岩块体积由压缩转化为扩张是发生在最后的弹性变形中段，但破坏前的总应变很小。而且，变形曲线的峰值强度明显，可见砂岩属于典型的脆性破坏。

1. 砂岩的轴向应力应变曲线特征及变形模量

（1）单向压力作用下的应变曲线

砂岩干燥试样的单轴无侧限抗压试验的应力应变表现为弹-塑性变化。其应力应变曲线表现为：低应变（约为破坏应变的 5%～10%）时，应力与应变呈线性增长，随之进入塑性变形段后，应变增长加快，至应变发展到破坏应变的 60%～70%时，砂岩孔隙压密后又进入弹性变形段，直至产生剪切滑移，试样沿斜截面破坏。

饱和试样的应力应变曲线为压密-弹-塑性型变化。应变的急剧增长达到破坏应变 60%左右时与应力增长同步，临近破坏点前又进入塑性变形，直至产生张裂性破坏。典型的应力-应变曲线见图 5.7-2。

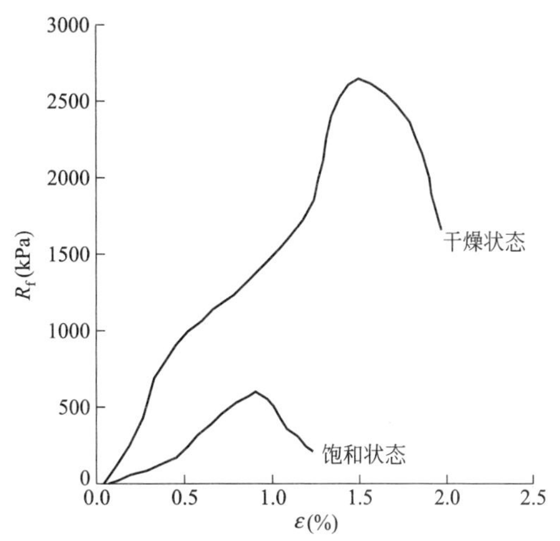

图 5.7-2　单轴抗压强度试验应力-应变曲线

（2）三向应力作下的应变曲线

众所周知，脆性破坏岩样当围压增加至某一值时，就可能转化为延性破坏。对砂岩进行侧向等压三轴压缩试验，其应力应变曲线表现为：风干试样的应力应变曲线近似为压密-弹-塑性型变化，在低围压（σ_3=100～400kPa）条件下，风干试样的应力应变曲线近似为塑-弹-塑型，在轴向压力（σ_1）作用下，初期以结构、孔隙压密为主，应变量增长较快，在应变到破坏应变的 10%～20%进入弹性变形阶段，达到破坏应变的 90%左右开始塑性变形。在较高围压时，试样很快产生贯通上、下端面的斜截面剪滑，产生明显峰值。破坏应变一般为 1%～2%，破坏后应力急剧下降，属于典型的脆性破坏。而饱和试样在轴向压力作用下，应力应变曲线为弹-塑性型变化，在轴向压力作用下，在初段应变随应力线性增长，达到破坏应变 60%产生塑性变形，应力应变曲线为弹塑型，破坏应变为 1.5%～3.0%，破坏后应力下降缓慢，破坏面为张剪性劈裂，破坏形式属于非脆性破坏。典型应力应变曲线见图 5.7-3。

砂岩因其组成多以粒状为主、泥状胶结，岩体内部裂隙孔隙发育显著。在三轴压缩过程中，轴向变形中常由裂缝的滑移、空隙的闭合以及矿物颗粒骨架的弹性变形三部分组成。其中在围压的作用下，砂岩体内裂缝和空隙的部分闭合，使轴向塑性变形减小，这在一定程度上解释了“围压效应”，即随着围压的提高，砂岩的抗压强度与抗变形能力相应提高。通过砂岩侧向等压三轴压缩试验，确定了兰州新近系砂岩由脆性破坏变为延性破坏的转化围压要大于 400kPa。

（3）变形参数

在单轴抗压试验应变曲线上，50%抗压强度处应变点与原点连线的斜率为弹性模量，也称割线模量（E_{50}）。在三轴压缩试验应力应变曲线取弹性变形段的斜率为弹性模量，也称切线模量（E_t）。风干及饱和状态下弹性模量见表 5.7-1 及表 5.7-2。

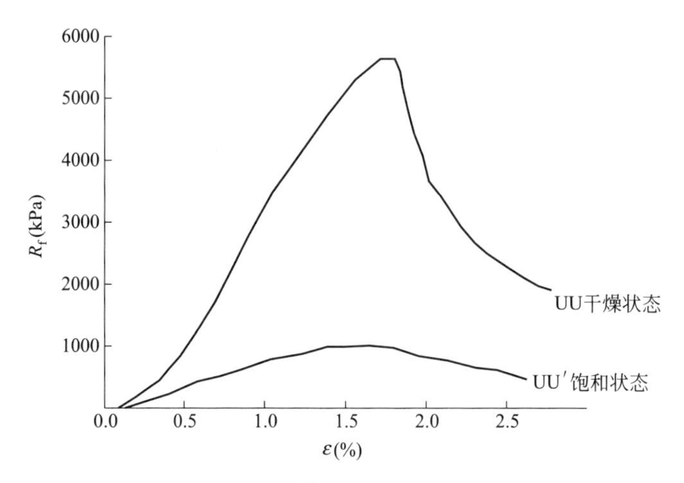

图 5.7-3　三轴试验应力-应变曲线

模量平均值　　　　**表 5.7-1**

模　量		分区	
		地下水位以下	地下水位以上
变形模量(MPa)	天然状态	—	211.4
	饱和状态	134.5	71.1
切线模量(MPa)	风干状态	336.4	450.8
	饱和状态	34.5	25.6
割线模量(MPa)	风干状态	260～800	600～1400
	天然状态	150～560	—
	饱和状态	0.98～1.23	0.83～1.46
压缩模量(MPa)	天然状态	85.0	—
	饱和状态	56.2	—

风干及饱和状态下弹性模量　　　　**表 5.7-2**

试样状态	单轴试验 E_{50}(MPa)	三轴试验 E_t(MPa)				
		$\sigma_3=0$	$\sigma_3=100$	$\sigma_3=200$	$\sigma_3=300$	$\sigma_3=400$
风干(w=1%～2%)	360～1440	110～118	—	280～376	—	514～580
天然(w=10%～17%)	240～1460	—	—	—	—	—
风干样饱和	109	35	19～72	25～32	51～70	56
天然样饱和	300～1500	—	—	—	—	—

试验结果表明：

(1) 割线模量（E_{50}）受测试条件的影响有较大变化，无论风干或天然试样，其割线模量（E_{50}）范围值相近，但风干后饱和试样却有大幅度下降。

(2) 切线模量（E_t）值随围压（σ_3）增加而增大的趋势，二者呈线性关系。切线模量（E_t）与围压（σ_3）关系散点图见图 5.7-4。

经分析统计二者相关方程为：

风干状态下：

$$E_t=1.0567\sigma_3+125.7 \tag{5.7-1}$$

其中：s=32.8，r=0.98。

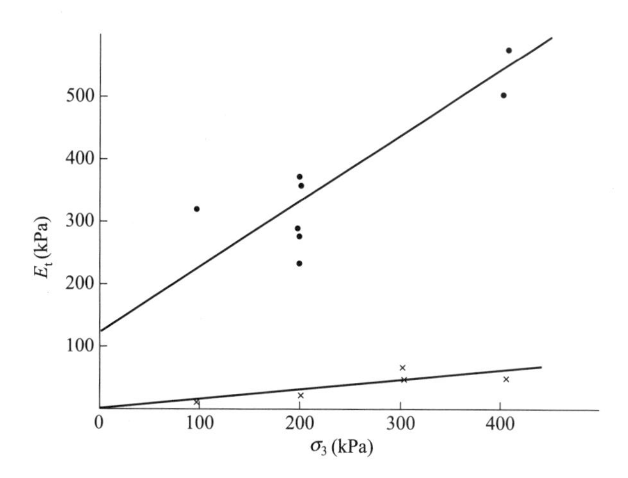

图 5.7-4　三轴抗压强度试验应力-应变曲线

饱和状态下：

$$E_t = 0.156\sigma_3 + 3.11 \tag{5.7-2}$$

其中：$s=15.6$，$r=0.72$。

2. 载荷试验研究

根据岩基载荷试验与地基土平板载荷试验规定，在兰州多个基坑进行载荷试验。对砂岩进行不同状态（饱水、疏干）、不同试验方法的载荷试验，试验曲线及成果见表 5.7-3 及图 5.7-5～图 5.7-7。

疏干状态不同载荷试验方法成果　　**表 5.7-3**

试验方法	比例界限(kPa)	极限荷载(kPa)	变形模量(MPa)
浅层平板载荷试验点	1049～1400	1663～2150	43.8～51.9
岩基试验	1000～1200	1800～2000	42.2～46.8
模拟边载条件下的试验(边载 200kPa)	2400～2800	6000～6400	61.2～64.5

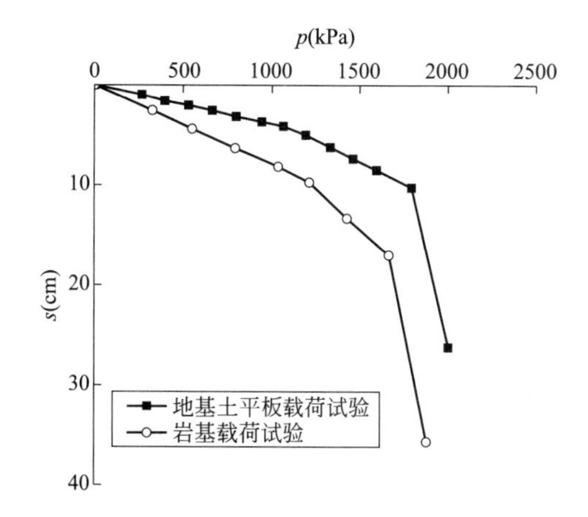

图 5.7-5　不同载荷试验方法的变形特征曲线

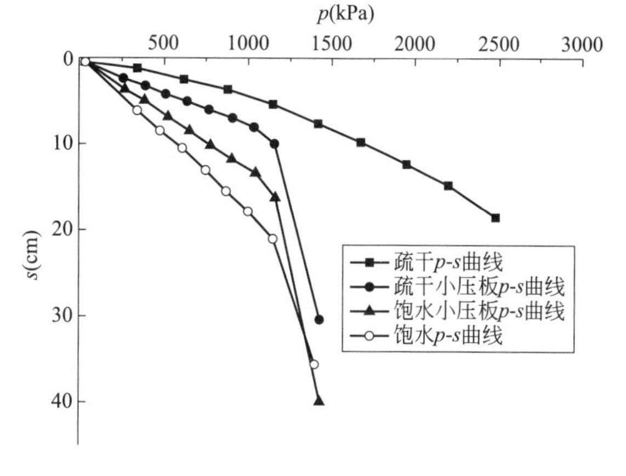

图 5.7-6　不同状态不同试验方法载荷试验曲线

从图 5.7-5～图 5.7-7 及表 5.7-3 可见：疏干状态各试验方法的承载力、变形模量大

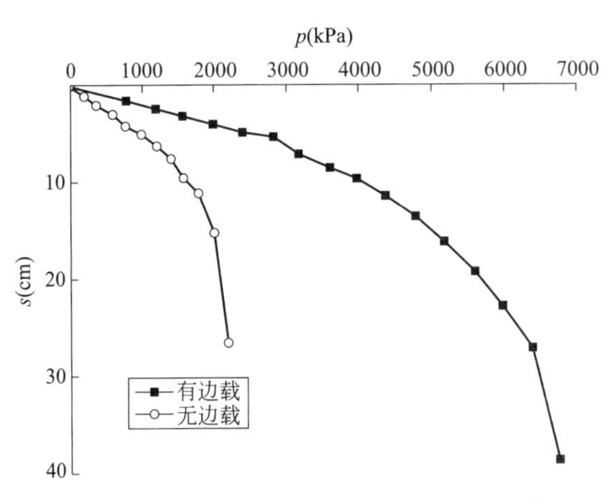

图 5.7-7 模拟边载条件下的载荷试验成果曲线

于饱水状态；各状态浅层平板载荷试验（大压板）承载力、变形模量大；疏干状态的浅层平板载荷试验（大压板）承载力、变形模量最大。载荷板有周边的荷载（边载为 200kPa）作用，其承载力提高 2 倍多、变形模量增加约 1.5 倍，且其载荷试验的 p-s 曲线与无周边的荷载（边载）作用变形特征相同，仅其弹塑性（剪切）变形区段增加。

根据图 5.7-5 和图 5.7-6 所示的砂岩平板载荷试验 p-s 曲线，砂岩地基自受荷载至地基破坏过程均呈现弹性、弹塑性、破坏三阶段的变形模式。变形特征为：

（1）弹性（压密）变形阶段。在 p-s 曲线表现为直线变形阶段，土中各点剪应力小于砂土的抗剪强度，砂土处于弹性状态。载荷板的沉降主要是由于土体的压密引起的，直线阶段终点对应荷载为比例界限或临塑压力。由于压密作用，随压力增加而变形增加，岩土体处于弹性变形段。

（2）弹塑性（剪切）变形阶段。剪切阶段相当于 p-s 曲线上比例界限至极限荷载区段，在这一阶段 p-s 曲线不再保持线性关系，沉降增长率 $\Delta p/\Delta s$ 随荷载的增大而增加。其变形特征表现为地基土局部发生剪切变形，产生塑性区。随荷载增大，塑性区逐步扩大，直至达到土中形成连续的滑动面，砂土沿载荷板两侧挤出而破坏。剪切阶段终点的对应荷载为极限荷载。

（3）破坏变形阶段。破坏阶段相当于 p-s 曲线末端陡降段。当荷载超过极限荷载后，载荷板急剧下沉，p-s 曲线直线下降。根据本次现场试验情况，试验荷载超过极限荷载后，试验压力亦下降，随载荷板急剧下沉，无法维持原试验压力。由于地基中塑性区不断发展，最后地基中塑性区岩土体形成连续滑动面，砂土沿载荷板四周挤出隆起，地基土失稳破坏。

各场地载荷试验 p-s 曲线没有明显弹塑段变形，表现为荷载积聚作用台阶式突降的岩体压密。说明了砂岩具有很高承载能力及较小变形。从整体来看，砂岩渐进破坏过程呈现为弹性、弹塑性、破坏三阶段的变形破坏模式，通过对试验所得的不同超载情况以及不同深度情况下的 p-s 曲线进行分析，可以看出：所得 p-s 曲线形态相似，均呈现三折线的特征；无超载情况下的沉降量要明显大于有超载情况下的沉降量；在相同加载量的情况下，埋深较大的沉降量较小。

兰州砂岩破坏变形后岩土体的形态，在试验压力接近极限荷载时，承压板边缘土体开始隆起并出现放射状裂纹，随试验压力增加，周边土体隆起高度逐渐增大，放射状裂纹逐渐向外发展，破坏时，放射状裂缝末端形成与承压板同圆心的环形裂缝。地基破坏时周边土体的逐渐隆起及最终环形裂缝的形成表明随荷载增加地基土中塑性区逐渐发展，最终滑裂面发展到地面，砂岩地基破坏模式为整体剪切破坏。

3. 旁压试验研究

采用预成孔方法进行旁压试验，对岩土体径向加压，在岩土体中形成横向应力应变关系，为圆柱扩张轴对称平面应变的弹性理论。典型旁压试验曲线见图5.7-8。

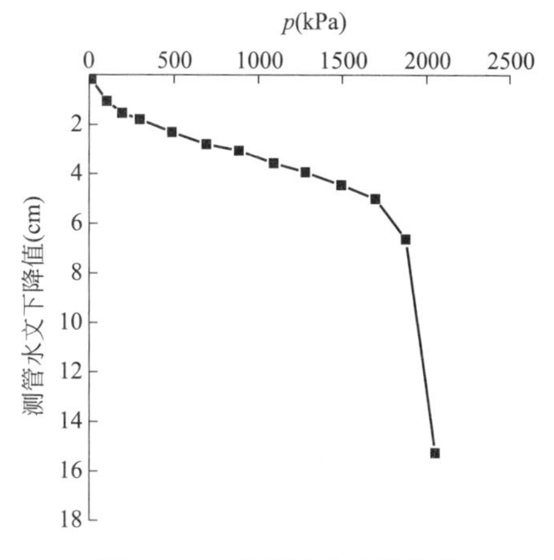

图5.7-8 旁压试验成果曲线

从图5.7-8曲线可见，初始压力（p_0）-临塑压力（p_f）压力段基本为直线，其变形为弹性变形；大于临塑压力（p_f）压力段为曲线，为塑性变形；接近极限压力（p_L）变形急剧增大。旁压试验结果见表5.7-4，其成果随深度变化规律性不明显。主要受颗粒组成、胶结程度以及成孔与浸水扰动等因素有关。

砂岩旁压试验成果 表5.7-4

试验深度(m)	p_0(MPa)	p_f-p_0(MPa)	旁压模量(MPa)	变形模量(MPa)	备注
11.5～37.4	0.120～0.635	1.494～2.675	16.6～87.1	67.0～115.8	根据旁压模量,按砂土经验公式计得到的变形模量
	0.24	1.88	42.6	95.4	

通过对比图5.7-7与图5.7-8，对旁压曲线通过初始压力（p_0）、初始位移量（s_0）换算为p-s曲线与浅层平板载荷试验p-s曲线类似，其变形特点及变化趋势是基本一致的。表明兰州砂岩的旁压试验反映了其应力水平的影响与应力应变特点；与载荷试验的整体剪切破坏模式变形特点一致，也表明其适宜砂岩地基评价。

旁压试验可在不同深度的岩土体实际应力状态下测试其应力-应变关系，进行不同深度地基工程特性的评价。根据旁压试验初始压力（p_0）、临塑压力（p_0）、极限压力（p_L）确定地基承载力；以旁压模量确定变形模量。其结果与载荷试验结果有一定差异，旁压试验按初始压力（p_0）与临塑压力（p_0）确定的承载力大1.0～2.0倍，而变形模量大2.0倍左右。根据兰州砂岩地基破坏模式与影响因素，按照《高层建筑岩土工程勘察标准》JGJ T/72—2017相关规定，其λ取值0.6～1.0，K取值2.0～2.5；变形模量计算按砂土进行计算；也采用$E_0=K\cdot G_m$计算，K取值0.5～1.0。

5.7.2 泥岩地基变形特性

1. 关于变形参数的确定

Rocha（1975）指出，在某些软岩中，可以认为岩体与岩石的变形具有同一数量级。这一点已由Ohamato等人（1981）作了很好的阐述，如图5.7-9所示。软岩室内和现场变形特性间的较小差别正是由于软岩的塑性所致（Dobereine，1984）。而且，Rocha（1975）提出，在某些情况下，软岩体的变形特性可由室内试验确定。新近系泥岩由于裂隙少，岩石的完整程度高，只要在取样过程中，尽量避免对岩样的扰动，可以用室内变形试验测定的模量去代替现场的变形试验。

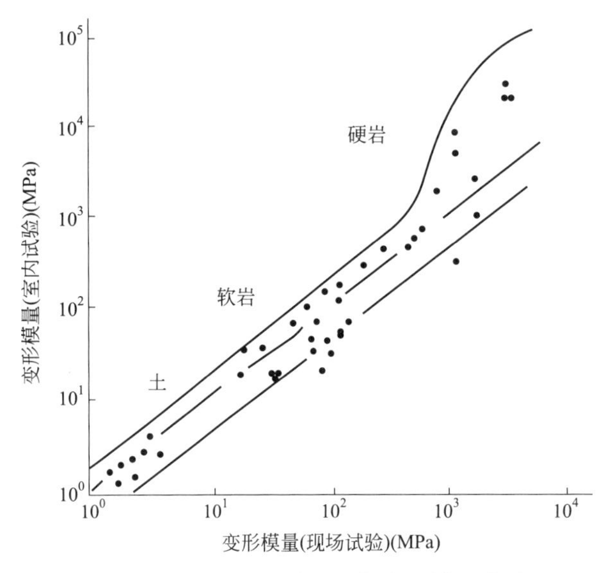

图 5.7-9　泥岩的室内和现场变形模量关系

另外，Doberine 对软岩进行饱水单轴压缩试验获得了软岩单轴抗压强度与变形模量的关系，见图 5.7-10。

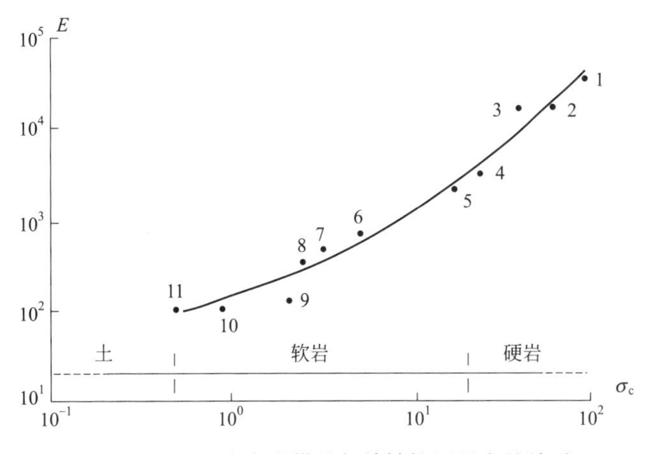

图 5.7-10　泥岩变形模量与单轴抗压强度的关系

其进行的单轴压缩试验是在试样未发生膨胀之前测得的切线变形模量，相应的变形模量和单轴抗压强度之间的相关关系式为 $E=140\sigma_c$。这也给我们一个启示：在进行变形试验时，必须控制好水对软岩的膨胀性的影响，否则将会给试验结果带来较大误差。兰州地区新近系泥岩的变形模量 E_0 取值范围一般在 30.0～40.0MPa。

2. 泥岩的变形特性与环境的关系

兰州地区新近系泥岩，由于本身含有较多的黏土矿物，岩石和岩体的物理性状不仅与应力环境有很大关系，而且受它们所处环境的湿度变化影响极大，这是泥岩与其他结晶岩石、岩体和不含黏土矿物的碎屑岩石、岩体的物理性状与环境条件关系最根本的差异。由于这种原因，泥岩的变形特性受环境条件的影响很大。泥岩的变形特性试验、评价、取值必须紧密地与其所处的环境相对应。

5.8 小结

（1）地基承载力广义上具体指地基土单位面积上随荷载增加所发挥的承载潜力，分为地基极限承载力和地基承载力容许值。

（2）岩体的破坏形式主要包括拉伸破坏、剪切破坏及结构体沿软弱结构面滑动破坏等三类。莫尔-库仑强度准则、格里菲斯强度准则和 Hoek-Brown 强度准则是岩石力学领域常用的三大强度准则。岩体三大强度准则对认识岩体强度的本质和岩体破坏机制有重要意义，其假设条件不同，适用范围也不尽相同。莫尔-库仑强度准则实质上是一种剪应力强度理论，它适用于塑性岩石及脆性岩石的剪切破坏，不适用于膨胀或蠕变破坏等。格里菲斯强度准则只适用于研究脆性岩石的拉伸破坏，格里菲斯强度准则解决了莫尔-库仑强度准则不能解决的拉应力问题。Hoek-Brown 强度准则是与室内试验和现场试验成果吻合的非线性经验强度准则，它建立了能反映单轴抗压、单轴抗拉、三轴抗压以及结构面影响的非线性经验强度准则。

（3）目前确定软岩地基承载力的方法主要有理论计算法、规范法、查表法和原位试验法。岩体地基承载力可按岩体性质与类别、风化程度等由规范查表确定，也可通过理论计算确定，这两种方法都具有很大的近似性，一般在初设阶段采用。准确的岩体地基承载力应通过试验确定，包括岩体现场载荷试验和室内岩块单轴抗压强度试验。

（4）兰州砂岩试样的破坏形态与其受力状态、加载的应力路径等多种因素有关。砂岩多以粒状结构、泥质胶结为主，具有质地软弱、岩相变化大、成岩作用差、遇水易软弱崩解等特点，其工程性质类似于密实砂土，地基常以整体剪切的形式破坏。砂岩试样单轴受压状态下破坏形态主要有劈裂破坏、单斜面剪切破坏和 X 形共轭截面剪切破坏三种形式。当岩石风化程度低、含水率小、加载速率越高，越容易产生劈裂破坏以及单斜面剪切破坏。当试件端部摩阻力过大时，常常会产生端部效应力从而影响试件的破坏形式，通常以 X 形共轭截面剪切破坏为主。地基破坏时周边土体的逐渐隆起及最终环形裂缝的形成表明随荷载增加地基土中塑性区的发展，最终滑裂面发展到地面，砂岩地基破坏模式通常为整体剪切破坏。

（5）兰州砂岩因其成岩的特殊性，在勘察过程中尚无完善的原位测试手段对其工程性质进行评价与研究。根据砂岩单轴抗压强度、岩石坚硬程度等指标，按规范推荐公式确定地基承载力，缺乏严格的科学性和准确性，结果偏于保守；砂岩试样遇水易软化崩解，不易取得完整未受扰动的试样，使得试结果难以客观反映砂岩的力学性质，此类方法不适用于兰州地区砂岩地基；兰州砂岩的旁压试验可反应不同深度的岩土体实际应力状态下测试其应力-应变关系，进行不同深度地基工程特性的评价，其结果可作为勘察阶段的评价依据；采用现场载荷试验保证了砂岩的天然结构、含水率及原岩应力状态，是目前最直观可靠的确定地基承载力的试验方法。

（6）兰州砂岩地基承载力特征值按浅层平板岩基载荷试验确定时，通过模拟边载作用下的载荷试验大幅度提高了试验结果，论证了砂岩地基承载力修正的可行性。载荷试验确定砂岩地基承载力特征值时，应充分考虑承压板的尺寸效应与基础埋深等因素对载荷试验结果的影响并适当予以修正。对于主裙楼一体的高层结构，确定地基承载力时应充分考虑基底旁侧超载对地基承载力的贡献作用，在超载折算基础埋深时取折算埋深的最小值作为修正后的基础埋深。砂岩载荷试验破坏形态与砂土一致，其工程性质接近密实砂土，建议可对平板载荷试验所获取的承载力特征值按照密实粉细砂进行深度与宽度修正。

（7）兰州砂岩的单轴无侧限抗压强度试验，干燥试样应力应变曲线表现为弹-塑性型变化，饱和试样的应力应变曲线为压密-弹-塑性型变化；对砂岩的侧向等压三轴压缩试验，风干试样的应力应变曲线近似为压密-弹-塑性型变化，而饱和试样在轴向压力作用下，应力应变曲线为弹-塑性型变化。从整体来看，砂岩平板载荷试验的 p-s 曲线表现为，载荷试验破坏形态与砂土一致，地基自受荷至地基破坏过程均呈现弹性、弹塑性、破坏三阶段的变形模式，其工程性质接近密实砂土。所得 p-s 曲线形态呈现三折线的特征，无超载情况下的沉降量要明显大于有超载情况下的沉降量，在相同加载量的情况下，埋深较大的沉降量较小。对旁压试验经过换算得到的 p-s 曲线与浅层平板载荷试验 p-s 曲线类似，其变形特点及变化趋势是基本一致的。表明兰州砂岩的旁压试验反映了其应力水平的影响与应力应变特点，与载荷试验的整体剪切破坏模式变形特点一致。

（8）兰州新近系泥岩地层具有沉积时代较新，固结程度较弱，成岩作用差，横向岩相变化大等特点，且泥岩中大多含有亲水矿物，往往表现出膨胀性。积累平板载荷试验资料，加强泥岩变形特性研究，建立地区经验公式，具有十分重要的实践指导意义。

第6章　软岩基坑工程存在问题及对策

6.1　兰州基坑工程常见解决方案

2010年之前，兰州市内新建高层建筑物一般设1～2层地下室，基坑开挖深度最深不超过12m，基坑开挖深度范围内地层以填土、黄土状粉土和卵石层为主，即使进入下部新近系软岩层，亦鲜见超过3m。基坑支护形式一般以（复合）土钉墙为主，紧邻建（构）筑物时采用桩锚或悬臂排桩支护。基坑降水主要采用坑外管井降水、坑内设置排水明（盲）沟和集水坑二次降水的方法，其中管井深度一般按滤管进入软岩层0.5～1m控制，即管井降水针对的是卵石层地下水，沿基岩层顶面流入坑内的地下水或软岩层渗水主要依靠坑内收集后明排解决。

2010年以后，随着市内车位数量需求的大幅增长和一批超高层建筑的兴建，地下室层数增至3～4层，基坑开挖深度亦随之增大，如兰州红楼时代广场项目地基承载力特征值需求1360kPa，基坑最大开挖深度26.3m，进入下部新近系软岩层深度达17m。同时，超高层建筑地基承载力的高需求也对降水效果提出了更高的要求，但随着基坑开挖进入下部软岩深度的大幅增加，当下部软岩胶结程度差、极易崩解，并具有弱透水性时，常用的管井降水方法已无法解决此类强透水卵石与弱透水软岩组合地层的深基坑地下水问题，并陆续发生了因下部软岩层渗流、坑壁管涌破坏导致基坑坍塌或因下部软岩层渗水无法控制导致地下室减层等多起事故，引起越来越多工程技术人员的重视。在此背景下，基坑支护形式逐渐以排桩＋预应力锚索、咬合桩＋预应力锚索为主，当基坑深度不大、场地及环境条件允许时采用（复合）土钉墙进行支护。此外，内支撑支护体系亦逐渐出现在地铁站点明挖基坑、少量的线性市政基坑工程及特殊情况下的建筑基坑工程中。基坑降水方法，根据地层差异一般选用坑外管井降水方案，或坑外管井（减压井）＋坑内管井（降水井）＋多级轻型真空井点降水的方案。

6.2　软岩基坑工程主要存在问题

兰州砂岩属陆相沉积“半成岩”，颜色一般为棕红色，局部呈黄红色或灰白色，多同泥岩互层分布；粒状结构，泥质胶结或钙质胶结，胶结程度对其强度影响极大。颗粒组成一般为砂粒（2～0.05mm）占70％～90％、粉粒（0.05～0.005mm）占5％～20％、黏粒（＜0.005mm）占5％～10％，以粉砂岩或细砂岩为主，亦有中砂岩。一般砂岩保持原状结构时，很密实，强度较高。无围岩侧压条件下，泥质胶结砂岩浸水即解体、开裂，30min后完全崩解，钻探取芯多呈散砂状（图6.2-1），一般具有弱透水性（透水性砂岩）；钙质胶结红砂岩钻探取样多呈10～20cm短柱状岩芯，浸水后结构不破坏，手搓不散，部分长期浸水仍较坚硬（图6.2-2），一般不具有透水性，可视为隔水层（不透水砂岩）。取样进行室内试验时，其重度一般介于21～23kN/m^3，孔隙比0.4～0.6，天然状态下单轴抗压强度一般小于3MPa，软化系数小于0.3。

图6.2-1　泥质胶结红砂岩

图6.2-2　钙质胶结红砂岩

管井降水是兰州市最常见的降水方法，一直以来，兰州市习惯性的做法是，管井深度一般按照滤管进入砂岩层0.5～1.0m控制（最下一节为2.5m长实管），常用井间距20～30m。当基坑开挖揭露至下部的新近系软岩时，若其为“不透水砂岩”，坑外管井降水虽无法完全将地下水疏干，但通过坑内设置排水明（盲）沟和集水坑二次降水的方法，基本能实现坑内干作业的目标；若下部为“透水性砂岩”时，上述降水方法就不再适用了。如图6.2-3所示，基坑开挖进入下部砂岩层后，地下水从坑壁坡脚处渗出；随着开挖深度的

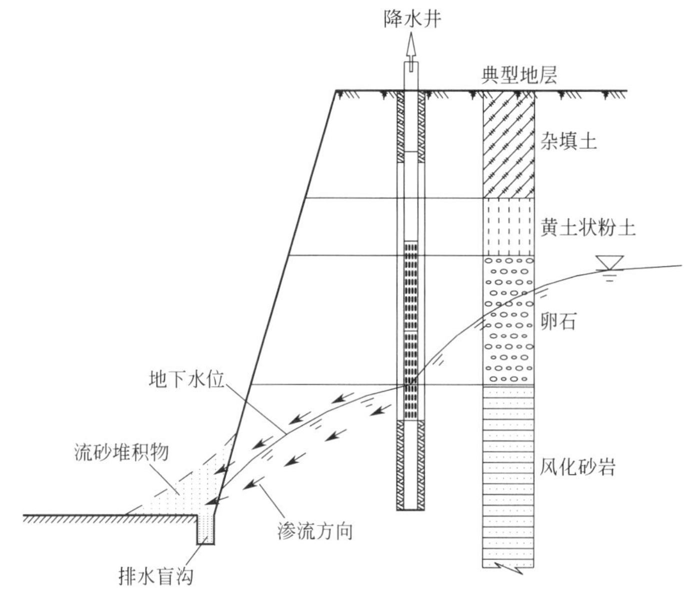

图6.2-3　基坑砂岩渗流破坏模式示意图

增加，出水位置亦向下移动。在渗流作用下，砂岩中的粉细砂颗粒逐渐流入坑内，从而使边坡下部掏空，甚者引起边坡坍塌。当基坑进入砂岩层深度较大时，随时间的延长，因涌砂而引起的空洞会逐步发展，直至与卵石层连通；此时，降水井将失去作用，周边的地下水近乎全部通过这些贯通的管涌通道汇入基坑内，严重时基坑再无法继续下挖。

此外，因为锚索（杆）成孔施工过程中，砂岩受扰动，结构破坏后，呈密实粉细砂状，所以砂岩层中锚索（杆）的极限黏结强度标准值一般仅为 70kPa 左右。对于深大基坑而言，若采用桩锚支护体系，以 150mm 孔径、10m 长锚固段长度为例，按极限黏结强度标准值为 70kPa 考虑，单根锚索（杆）的极限抗拔承载力约为 330kN，设计计算时该极限抗拔承载力是过于偏低的，导致设计困难。

简而言之，现今兰州深基坑工程中存在的主要问题为强透水卵石与弱透水砂岩组合地层深基坑降水的问题和“透水性砂岩”中锚索施工困难及锚固体摩阻力偏低的问题。

6.3　应对措施

鉴于在中东部地区，采用止水帷幕、坑内降水的方案往往能取得不错的效果，兰州的工程技术人员尝试在此类上部强透水卵石与下部弱透水砂岩组合地层中进行高压旋喷桩止水帷幕的现场试验，试验结果表明，因卵石和砂岩颗粒组成、密实程度等的差异巨大，在此类组合地层中高压旋喷桩止水帷幕成型极其困难。

为解决这一问题，稍后于红楼时代广场项目开工建设的某超高层商业综合体深基坑，在兰州市首次采用了地下连续墙＋钢筋混凝土内支撑的支护形式，但基坑开挖进入砂岩层后，因受坑外高水位影响，仍然出现了坑底渗水更严重，砂岩软化，工程设备、施工人员无法进入坑底作业的情况。可见，止水帷幕＋坑内明排的方案亦无法有效解决该类组合地层基坑降水问题。此外，对经济仍然落后的兰州地区而言，地下连续墙、止水帷幕相对高昂的工程造价是设计和施工中不得不考虑的重要因素。

随着砂岩层简易轻型井点降水方法和高压旋喷锚索的成功实施，以及兰州地区旋挖钻机成孔的咬合桩施工工艺的日渐成熟，为此类组合地层深基坑工程提供了新的成功解决方案：咬合桩＋预应力高压旋喷锚索的支护结构体系，配合坑外管井降水减压＋坑内简易轻型井点降水疏干的地下水控制方案，见图 6.3-1～图 6.3-3。

图 6.3-1　咬合桩＋锚索支护结构体系

图 6.3-2　高压旋喷锚索施工

图 6.3-3　简易轻型井点降水

在卵石、砂岩组合地层深基坑降水过程中，降水会导致砂岩及卵石层中砂粒的流失，管井降水出砂量过大将导致周边建筑物地基受损、周围地面沉降，对城市道路、建（构）筑物的正常使用造成很大影响，甚至造成安全事故及严重的社会影响，故需要对这类基坑降水的管井布置、管井结构设计及出水量确定、管井施工、降水监测等过程进行严格控制。

在降水管井设计和施工中，控制出水含砂量在允许范围内是保证管井质量的关键因素之一。降水管井在井结构确定的条件下，有一个最大允许出水量，目前仅依据勘察资料确定出水量，而很少考虑确定的管井结构本身的出水能力是否与之匹配。在管井结构已定的情况下，盲目追求增大出水量，导致管井涌砂和堵塞的问题加剧。合理的管井设计出水量需要确定两个流速参数：一是地下水从含水层进入井壁的进水流速，二是流经过滤管孔隙的过滤管进水流速。松散含水层由不同大小粒径的砂粒组成，在水流的推动下，每一粒径的砂粒都有一个最小能被搬运移动的实际水流速度值。因此，在理论上就会有一个确定了的实际水流速度值，在它的推动下被搬运至井内的砂量可被管井设计允许，并且还不会因进入井内的砂粒过多而造成井壁坍塌、管井报废。

降水管井出水含砂量具有一定的变化规律。开始一段时间内含砂量较高，有一个最大值，称为峰值；随着抽水继续，含砂量逐渐减少，但含砂量变化较大，称为波动值；最后，出水含砂量趋于一个稳定的数值，称为稳定值，亦是最小值。这一含砂量的变化曲线称为井水含砂量特征曲线。

降水井吸水管口在井中安放的位置，会影响含水层垂直方向上进水的不均匀分布，进而也影响含砂量。在砂岩层中应将吸水管口放置在过滤器上部的井壁管内，以减少吸水管口过大的水流速度引起的含砂量加大。

稳定的出水流量下降水管井出水含砂量应小于五万分之一（体积比）。在砂岩地层中，根据降水工程经验，滤水管由外向内包裹多层 100～150 目滤网或棕皮，能起到较好的阻砂效果。

6.4　小结

（1）基坑工程中位于地下水位以下的砂岩，极易产生崩解砂化，其强度急剧下降。崩解砂化后的砂粒随地下水渗流从支护结构的薄弱处涌出，基坑外砂土流失，引起基坑周边地表沉降，对周边道路、管线以及建筑物的安全造成很大隐患。由于降水井设置缺陷和对基坑围护结构的干扰，引起不同物质界面形成渗流通道时，砂岩在动水头压力下产生渗流破坏，是兰州地区基坑工程出现问题的主要原因。桩锚支护体系中，锚索（杆）施工中对“透水性砂岩”结构产生的扰动，导致锚索（杆）施工困难，锚固体摩阻力锐减。

（2）咬合桩＋预应力高压旋喷锚索的支护结构体系，采用坑外管井与坑壁斜向、坑底竖向简易轻型井点相结合的联合降水方法，可解决卵石与砂岩组合地层基坑支护和地下水控制的技术难题，在兰州类似地层基坑工程中得到了推广应用。

第7章 工程实践

7.1 兰州红楼时代广场项目

7.1.1 工程概况

兰州红楼时代广场项目位于兰州市城关区南关什字东南角，北临庆阳路、西接酒泉路、南靠中街子、东邻兰州交通银行（15F）及其配套附属用房和地下设备用房（图7.1-1），用地总面积约10000m^2；由裙楼和超高层塔楼组成，地上56层、地下3层，主楼高度266m，总高度313m；主楼基底埋深25.3m，地基承载力特征值需求为1360kPa。建筑物基础外边线距离用地红线一般仅约3～7m，场地内及周边有大量市政管线分布，周边环境条件极其复杂。

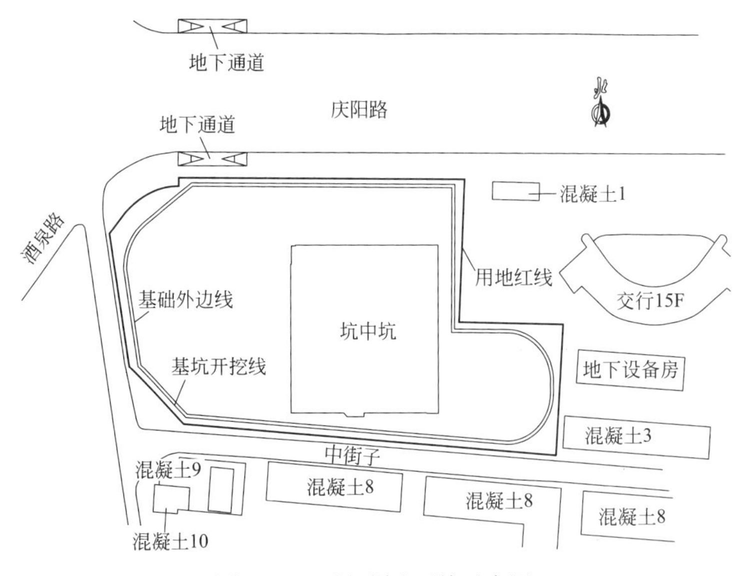

图7.1-1 基坑周边环境示意图

7.1.2 地质条件

工程场地属黄河南岸Ⅱ级阶地，地势基本平坦，勘探深度范围内地层主要为第四系松散沉积物和新近系砂岩，自上而下具体为：杂填土、粉质黏土、卵石和砂岩。

①杂填土：灰黑色，主要由粉土组成，含有较多碎石、碎砖等建筑垃圾，稍湿-饱和、松散-稍密，平均厚度约4.1m。

②粉质黏土：浅黄色，软塑—流塑，土质较均匀，刀切面粗糙、摇振反应慢，韧性低，干强度低，平均厚度约1.6m。

③卵石：青灰色，稍密—中密，母岩成分以花岗岩、石英岩、变质岩为主，一般粒径20～60mm，最大粒径约220mm，磨圆度较好，次圆状，平均厚度约3.4m。

④砂岩：黄红色，细中粒结构，层状构造，泥质胶结，岩芯较破碎，成岩作用差，遇水或扰动易崩解呈散砂状，未经扰动时强度较高，层面埋深5.4～10.6m，属巨厚层。

场地稳定地下水水位埋深3.7～4.6m，属第四系孔隙潜水，主要含水层为卵石层，渗透系数50m/d；砂岩为下部弱透水层，渗透系数1m/d。地下水主要受上游地下水径流及大气降水渗入补给，由西南向东北径流。

7.1.3 软岩地基承载力试验研究

1. 旁压试验

为确定本工程场地下部软岩地基承载力特征值，在基坑开挖前，于现场布设3个钻孔，进行不同深度的旁压试验，得到各测点处地基承载力特征值 f_{ak} 和旁压模量 E_m 随深度变化见图7.1-2、图7.1-3。

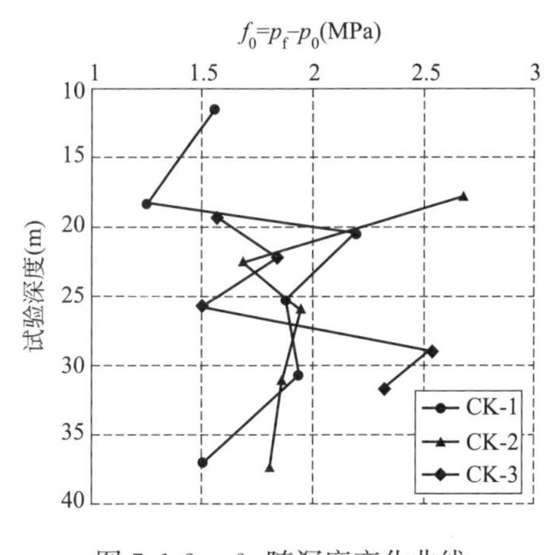

图7.1-2 f_0 随深度变化曲线

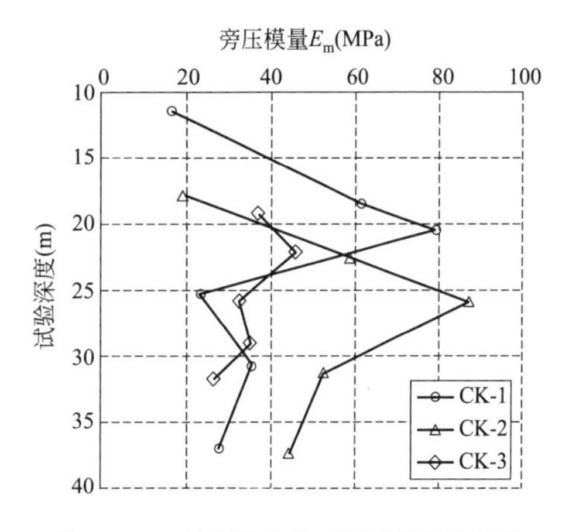

图7.1-3 旁压模量 E_m 随深度变化曲线

本工程场地拟建建筑基底标高以下新近系砂岩按临塑压力法计算的地基承载力特征值 f_{ak} 介于1.86～2.533MPa，旁压模量介于23.3～87.1MPa。按式(7.1-1)可得三个试验孔按极限压力法计算的地基承载力特征值 f_{ak} 分别为1258、1282、2194kPa；根据旁压模量，按砂土经验公式(7.1-2)～式(7.1-4)换算，可得变形模量 E_0 分别为72.1、91.4、111.2MPa。考虑到三个试验孔极差已超过平均值的30%，故取最小值，则本工程场地砂岩地基承载力特征值为1258kPa，变形模量 E_0 为72.1MPa。

$$f_{ak}=(p_L-p_0)/2 \tag{7.1-1}$$

$$E_0=k\cdot E_m \tag{7.1-2}$$

$$k=1+25.25m^{-1}+0.0069(V_0-158.5) \tag{7.1-3}$$

$$m=E_m/(p_1-p) \tag{7.1-4}$$

式中：p_0——初始压力（MPa）；

p_f——临塑压力（MPa）；

p_L——极限压力（MPa）；

k——变形模量与旁压模量之间的比值；

V_0——初始压力 p_0 对应的体积（cm^3）。

2. 载荷试验

因前期勘察阶段不具备进行深层平板载荷试验条件，为进一步确定本工程场地下部砂岩地基承载力，基坑开挖至−17.0m后进行载荷试验。试验采用堆载法圆形刚性承载板，并按承压板直径0.3m（面积0.071m^2）和0.6m（面积0.283m^2），各进行了三组试验。

在试验过程中发现，试验所得 p-s 曲线呈现明显的三折线阶段特点，与软岩地基受荷后压密、弹塑性、破坏三个变形阶段相对应，地基破坏模式呈明显的整体剪切破坏形态，如图7.1-4、图7.1-5所示。

图7.1-4　地基整体剪切破坏

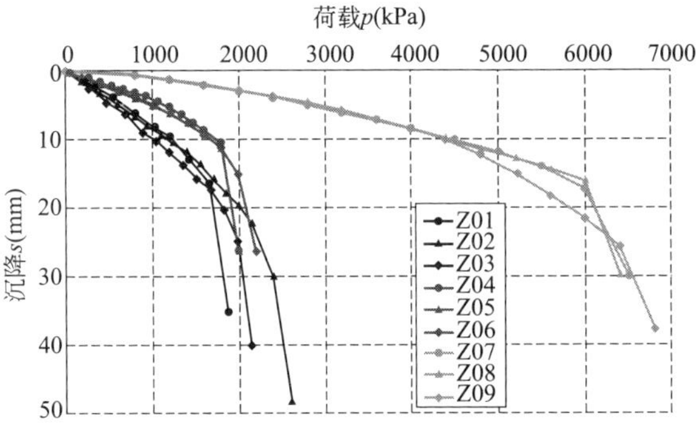

图7.1-5　载荷试验 p-s 曲线

为进一步探讨基础基底周边上覆岩土体重力及裙楼荷载对软岩地基承载力的超载作用与地基承载力修正的可能性，增加了三组在承压板周边增加超载（模拟上覆土体压力）的载荷试验。具体方法为：承压板直径仍为0.3m，在其外围设置一内径0.34m、外径1.2m的环形刚性承压板；试验时利用对称放置的两个千斤顶对环形承压板施加荷载，模拟上覆土体压力，如图7.1-6所示。

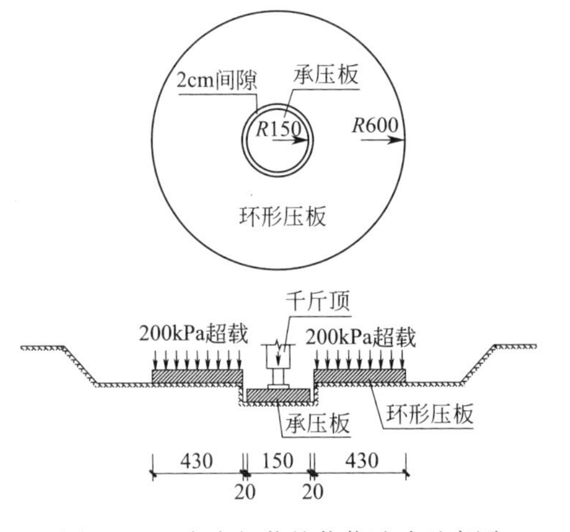

图7.1-6　考虑超载的载荷试验示意图

现场九组载荷试验结果如图7.1-5和表7.1-1所示，为便于对比分析，岩基载荷试验地基承载力特征值计取时，安全系数按2.0考虑；为安全起见，增加超载的载荷试验地基承载力特征值按相对变形法（s/d=0.01）计取。

现场载荷试验结果汇总表　　　　**表7.1-1**

试验点号	试验方法	承压板直径(m)	极限荷载(kPa)	承载力特征值(kPa)	变形模量(MPa)
Z01	土基载荷	0.6	1800	900	54.65
Z02			2150	1075	51.28
Z03			1983	990	43.76

续表

试验点号	试验方法	承压板直径(m)	极限荷载(kPa)	承载力特征值(kPa)	变形模量(MPa)
Z04	岩基载荷	0.3	1663	830	51.85
Z05			1800	900	42.87
Z06			2000	1000	46.29
Z07	超载载荷	0.3	6000	1435	62.09
Z08			6000	1493	64.56
Z09			6400	1415	61.21

从旁压试验和载荷试验结果对比分析，可得：

(1) 当承压板直径为0.3m时，试验所得地基承载力特征值介于830～1000kPa，平均值为910kPa，变形模量介于42.87～51.85MPa；当承压板直径为0.6m时，试验所得地基承载力特征值介于900～1075kPa，平均值为988kPa，变形模量介于43.76～54.65MPa。即对本场地砂岩而言，载荷试验结果与承压板直径正相关。

(2) 承压板直径同为0.3m，增加超载后试验所得极限荷载由1663～2000kPa增大至6000～6400kPa，后者为前者三倍有余，极限承载能力得到大幅度提升。

(3) 按相对变形法所得地基承载力特征值介于1415～1493kPa，平均值为1448kPa，变形模量介于61.21～64.56MPa。若按粉细砂考虑，取深度修正系数η_d为3.0，基底以上岩土层的加权平均有效重度γ_m按实际地层参数计算，基础埋深25.3m处为11.2kN/m^3，根据《建筑地基基础设计规范》GB 50007—2011中式(5.2.4)计算，可得深度修正后地基承载力特征值f_a为1743kPa，大于增加超载后按相对变形法所得地基承载力特征值1448kPa，可见，对本工程场地砂岩地基承载力特征值按粉细砂进行深度修正是合理可行的，且具有较大的安全储备。

(4) 旁压试验所得承载力结果较无超载载荷试验结果更高，而受成孔质量等因素影响，仍较实际承载力偏低；但其具有操作方便、经济快捷等优点，其结果可作为勘察阶段的评价依据，最终设计采用承载力宜根据现场载荷试验结果进行深度修正。

(5) 本工程场地砂岩地基承载力特征值修正后能满足拟建超高层建筑基底压力1360kPa需求。

3. 结果验证

根据上述试验结果，该超高层建筑最终采用了天然地基、筏板基础的设计方案，并于

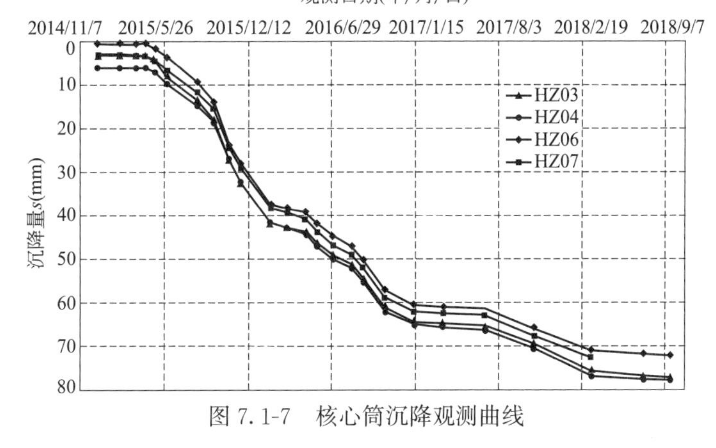

图7.1-7 核心筒沉降观测曲线

2016 年底主体封顶，其核心筒沉降观测曲线如图 7.1-7 所示。

从观测结果来看，沉降发展与施工加荷关系密切，如 2016 年底主体封顶后沉降已趋于稳定；2017 年 5 月至 2018 年 3 月主体装修加荷后，沉降又出现较小幅度增加，累计增大约 10mm；至 2018 年 9 月，该超高层建筑核心筒沉降量介于 72.07～77.73mm，平均 75.1mm，已基本趋于稳定，且沉降均匀；沉降量满足规范要求，这进一步验证了本工程场地砂岩地基承载力试验结果和对兰州市区新近系砂岩地基承载力进行深度修正的合理性。

7.1.4 基坑支护及地下水控制

1. 原基坑支护结构设计

基坑开挖总面积约 9115m^2，周长约 400m。施工图设计时因坑中坑深度尚未确定，根据主体设计单位要求，基坑设计开挖深度统一按 19.3m 考虑。采用桩锚支护形式，桩顶标高－2m，桩长 26.3m，桩径 1.0m，桩间距 1.9m，冠梁尺寸 0.8m×1.2m；桩身设置三道预应力锚索；为防止桩间土渗流破坏，相邻两支护桩间设置一根桩径 1.0m 的素混凝土桩挡土，典型支护剖面如图 7.1-8 所示。

受限于当时钻探取样水平及工程需求，针对兰州市砂岩的研究主要集中在其地基承载力之上，鲜见其剪切参数的研究，故勘察报告未能提供较准确的砂岩剪切强度参数。设计时该层计算参数暂按如下取值：γ＝22kN/m^3、c＝50kPa、φ＝35°、τ＝150kPa。

随着主体设计方案的最终确定，当基坑开挖至 11～13m 时，其开挖深度需进行较大幅度的调整：裙楼基坑开挖深度调整为 17.4～19.65m；主楼坑中坑开挖深度一般为 25.3m，局部达 26.3m，较原设计深度深 7m；东侧阳角处支护结构与坑中坑上口线最近距离约 5.44m，南侧支护结构与坑中坑上口线最近距离仅约 3.95m；坑内紧靠支护结构分布有许多尺寸、深度不一的基础坑和集水坑。

此外，现场基坑内的砂岩原位剪切试验和锚索拉拔试验结果显示，该场地砂岩的实际剪切强度参数小于原设计采用值：c＝30kPa、φ＝30°、τ＝70kPa，应对计算参数进行调整后复核原设计。

2. 加固设计

基于上述重大变化，考虑坑中坑开挖深度影响后，对原设计支护结构进行了如下加固处理：①为提高单位长度锚索的抗拔承载力，将原设计位于砂岩层的普通锚索调整为高压旋喷自带钢绞线锚索（经现场试验，该工艺在砂岩层中成形锚固体直径能达 40cm 以上）；②对受坑中坑影响、设计开挖深度为 18.4～18.9m 的裙楼段基坑支护结构，于－13.3m 处增加一道高压旋喷锚索，锚固长度 8m、自由段长度 5m；③对受坑中坑影响、设计开挖深度为 19.9～21.3m 的裙楼段基坑支护结构，于－13.3m 和－15.8m 处各增加一道高压旋喷锚索，锚固长度 8m、自由段长度 5m；④对受坑中坑影响最大的东侧阳角位置，于－9.5m 处增设一道钢管内支撑，如图 7.1-9 所示。

3. 地下水控制

根据设计要求，该项目主楼拟采用天然地基筏板基础，地基承载力特征值需求达 1360kPa。考虑到场地砂岩揭露后遇水即软化，扰动后承载力急剧下降的现状，若降水失败，基坑开挖过程中无法确保干作业条件，最终导致地基载荷试验结果无法达到设计要求，将造成巨大的损失和无法估量的后果。故该工程基坑降水的成功与否，直接关系到整

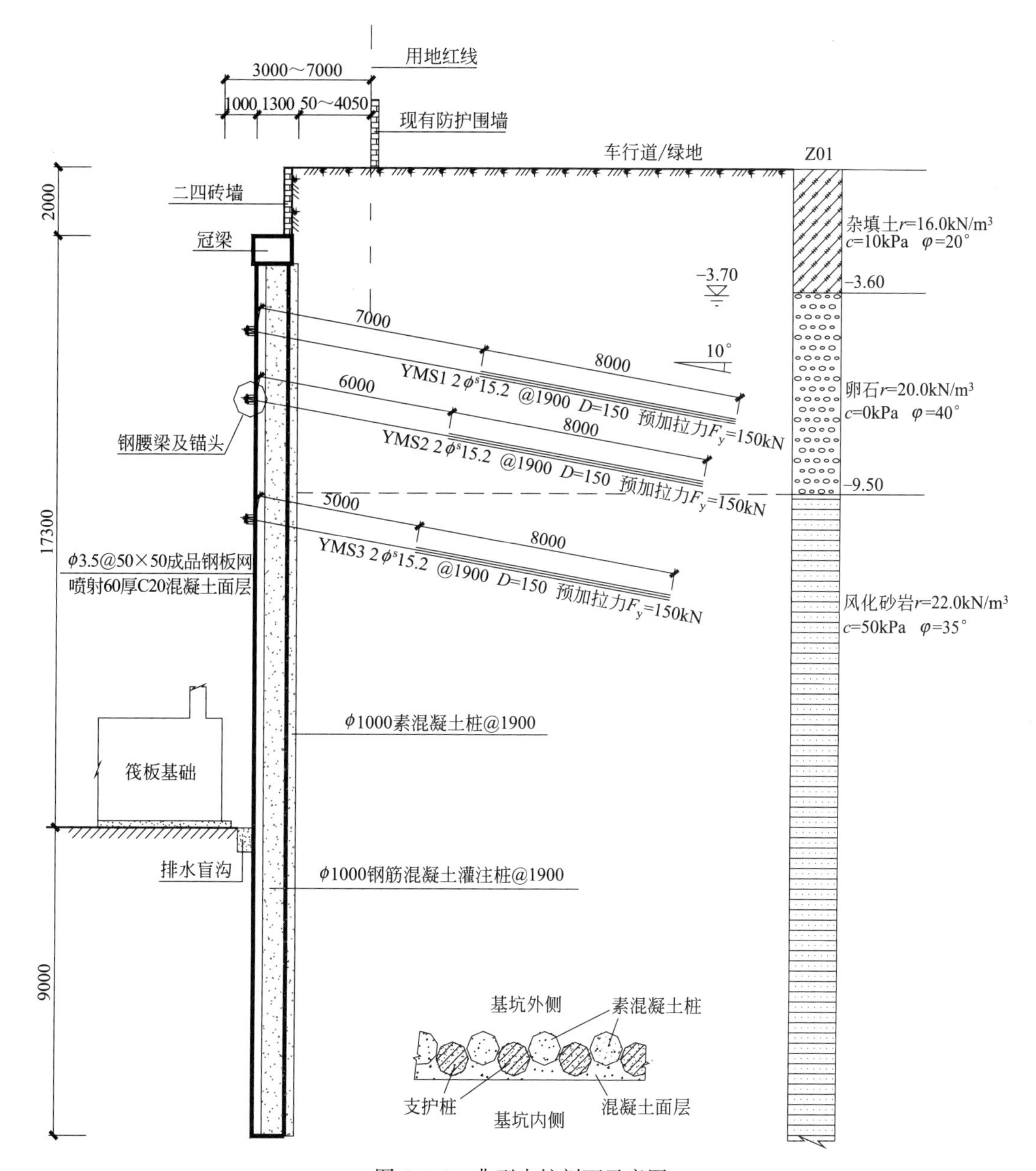

图 7.1-8 典型支护剖面示意图

个工程的成败。

为保证有效地将基坑内地下水疏干，确保地基载荷试验顺利进行，在降水方案设计及实施中，主要采用如下技术思路：

（1）采用坑外管井降水的方案解决上部卵石层的地下水问题；

（2）进入下部砂岩层后，采用于坑壁设置斜向简易轻型井点（30°入射角）、坑底布设竖向简易轻型井点，分层向下施工的方案解决砂岩层的渗水问题。

通常，兰州地区基坑降水设计时，采用式(7.1-5）和式(7.1-6）分别计算总涌水量 Q 和单井出水量 q：

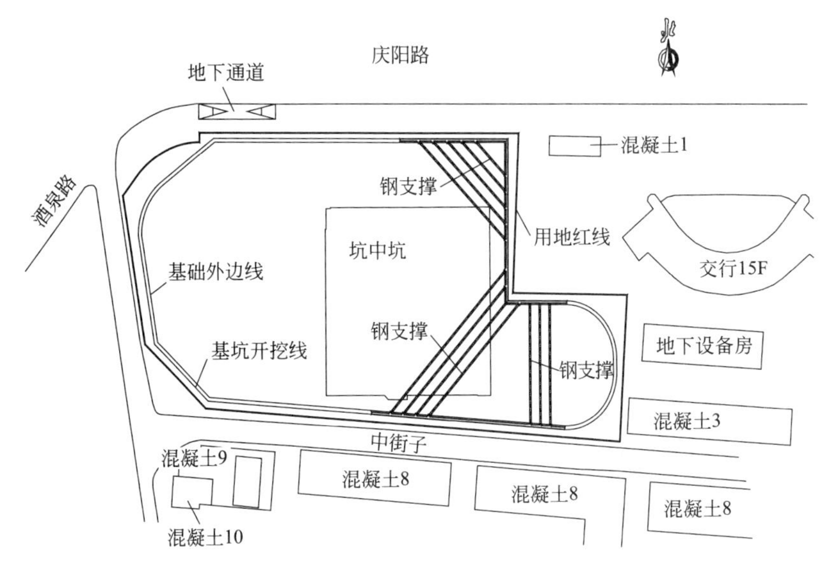

图 7.1-9 钢支撑平面布置图

$$Q=\frac{1.366k(2H-S)S}{\lg\left(1+\frac{R}{r_0}\right)} \tag{7.1-5}$$

$$q=120\pi r_s l\times\sqrt[3]{k} \tag{7.1-6}$$

式中：k——含水层渗透系数（m/d）；

H——含水层厚度（m）；

S——设计水位降深（m）；

R——降水影响半径（m），$R=2S\sqrt{kH}$；

r_0——基坑等效半径（m），$r_0=\sqrt{A/\pi}$；

r_s——过滤器半径（m）；

l——过滤器进水部分长度（m）。

本工程地下水位－3.7m，考虑 1.5m 地下水位变幅，含水层厚度和水位降深均为 6.8m，基坑面积 A 取 9115m^2，卵石层渗透系数 k 取 50m/d，卵石层总涌水量 Q 约为 4603m^3；滤水管半径可取 0.15m，稳定后过滤器进水部分长度取 1.0m，管井的单井出水量 q 约为 208m^3。则本工程卵石层降水所需管井数量 n 可由下式计算：

$$n=1.1Q/q=1.1\times4603/208=22.1 \tag{7.1-7}$$

最终，在基坑周边呈环形共布设 23 口降水井（图 7.1-10），按西南侧来水方向井间距 15m、其余侧井间距 20m；井径 0.8m，管径 0.3m，井深按滤管进入砂岩层 1.0m 控制（最下一节为 2.5m 长实管）。

随土方开挖，揭露至砂岩层后先在坑壁设置一圈斜向简易轻型井点（30°入射角），然后根据现场实际情况需要，在坑底中间部位布设多组竖向简易轻型井点（图 7.1-11），每层轻型井点有效降水深度按 3～4m 考虑。随着开挖进入砂岩层深度的增加，设置多级斜向简易轻型井点和多级竖向简易轻型井点。

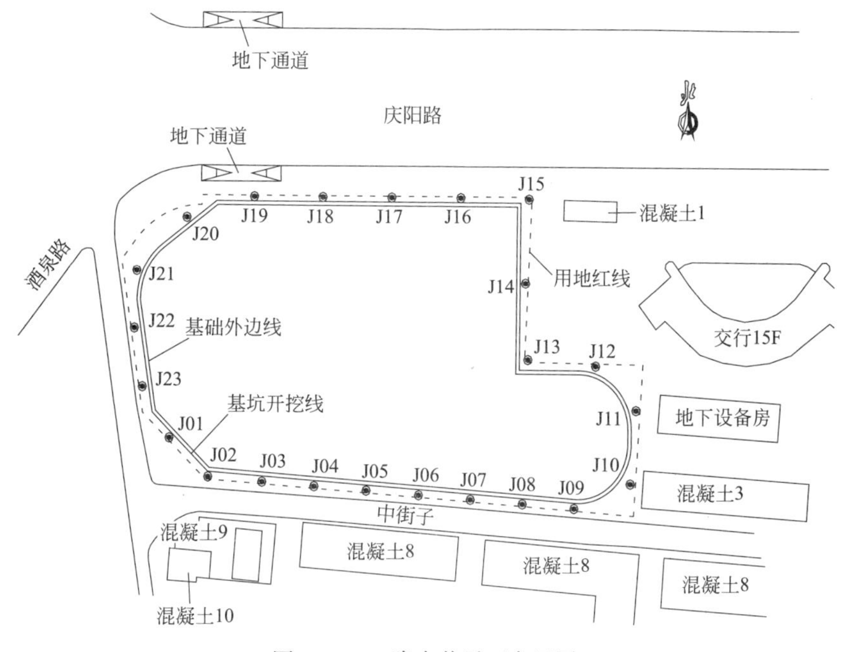

图 7.1-10 降水井平面布置图

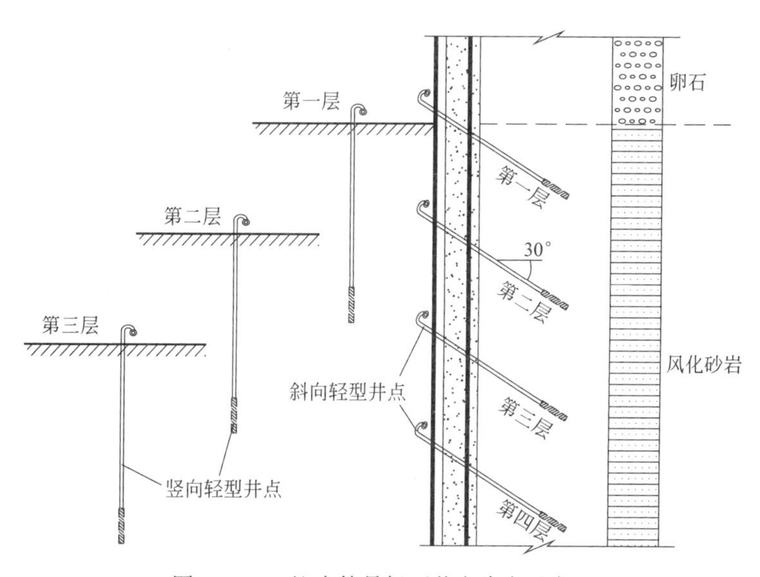

图 7.1-11 坑内简易轻型井点降水示意图

井点管采用 ϕ30mm 的 PVC 管，长度 6m，端部 1.5m 范围加工成滤管（花管），呈梅花形钻 ϕ8mm 的滤孔，滤管壁及端头处包两层网眼为 100 目的尼龙丝布细滤网，按每隔 50mm 竖向间距采用 10 号铅丝绑扎一道；竖向井点管间距按 1.2m 均布（斜向井点管按每相邻支护桩间设置两根），每组共 16 根。导水总管采用 ϕ50mm 的 PVC 管；井点管埋设采用钻孔或冲孔法，井点管与导水总管连接采用透明软管或胶皮管和总管上的三通（丁字通）连接，并采用 10 号铅丝绑扎牢固。

最后一层轻型井点设置在基底标高处时，在基底开挖井点管小沟槽，尺寸约 20cm×

20cm，伸出地面的井点管及导水总管均铺设在该小沟槽内；铺设完成后，用粗粒料将该沟槽填平，基底明水抽干后即可浇筑垫层，并进行后续基础施工，井点管及导水总管埋入基础底板之下，无须回收。

该工程从 2012 年 11 月开挖进入砂岩层至 2014 年 3 月坑中坑基底封闭，基本实现了坑内干作业的目标，确保了砂岩层地基载荷试验的顺利进行，如图 7.1-12、图 7.1-13 所示。

图 7.1-12　施工现场照片（一）

图 7.1-13　施工现场照片（二）

4. 基坑监测结果

本基坑工程位于城市繁华地段，周边建（构）筑物及管线密布，建立了较完善的监测系统，在整个基坑开挖、降水长达两年的时间内，各项监测指标均满足规范要求。具体监测结果如下：

（1）支护桩桩顶水平位移监测结果如图 7.1-14 所示，从图中可以看出，随着开挖深度的增大，桩顶水平位移逐渐增大，其变化与开挖工况紧密相关；南侧累计水平位移量 10.6～24.2mm，北侧累计水平位移量 29.6～33.6mm。

（2）基坑周边地面变形监测：开挖过程中，随着坑深的增加和支护结构变形增大，周边地面变形量逐渐增大，累计沉降量为 9.8～15.7mm（图 7.1-15），累计水平位移量为 6.8～10.5mm；对比后发现：支护桩及周边地表水平位移在 2013 年 6 月底即已渐趋于稳定，但周边地表沉降仍继续增大，直至 10 中旬才趋于稳定，具有明显的滞后性。

（3）锚索拉力监测结果表明：如图 7.1-16 所示，锚索施加预应力后存在一定的损失，一般在一个星期左右完成这一过程；受基坑开挖和气温剧烈变化等因素影响，锚索拉力变化幅度相对较大；至 2013 年 2 月底裙楼基坑垫层浇筑完成后，锚索拉力变化逐渐趋于稳定。

（4）邻近建筑物沉降监测：基坑南侧及东南侧距离建筑物较近，如图 7.1-17 所示，其沉降变化总体趋势随基坑开挖深度的增加而增大；累计沉降量为 3.6～21.9mm，南侧中间部位累计沉降量相对较大，南侧两端累计沉降量相对较小，建筑物整体倾斜度累计值小于 0.1%；沉降变化主要集中在 2013 年 4 月至 10 月，与支护桩桩顶水平位移相比，其发展相对缓慢和滞后。

基坑监测结果验证了本工程支护和降水设计所采取的各种技术措施的合理性；尤其坑外管井与坑壁斜向、坑底竖向简易轻型井点相结合的联合降水方法，能最大限度地发挥各

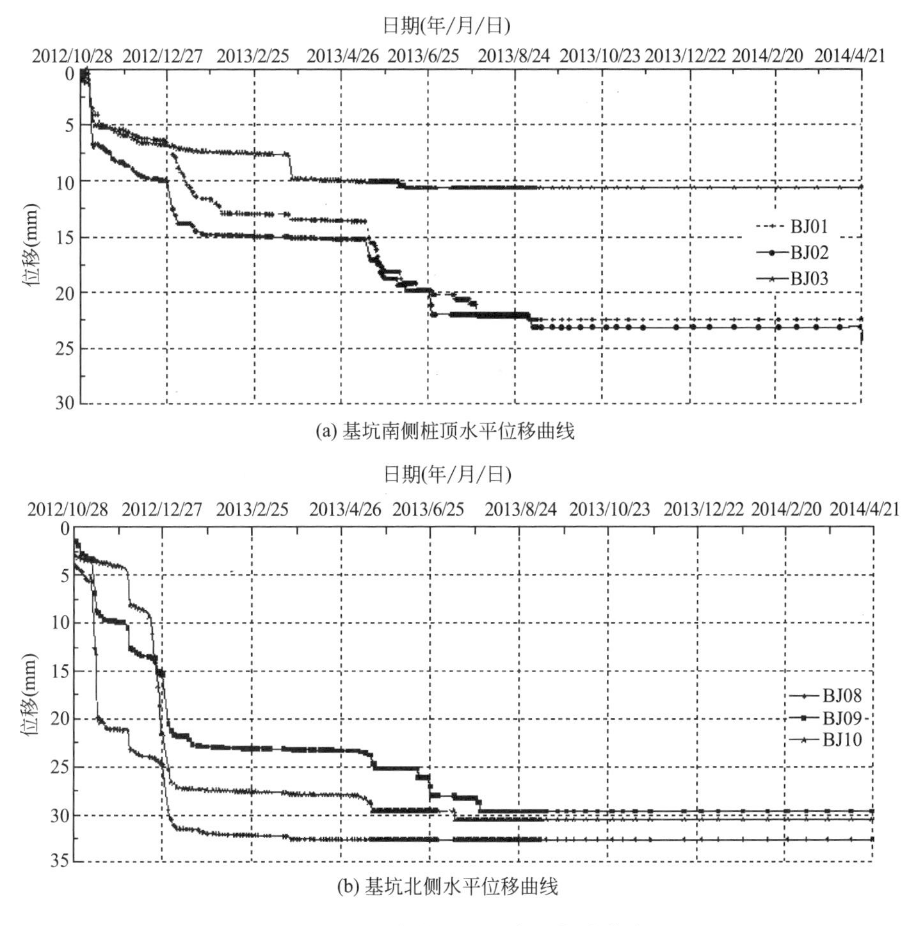

(a) 基坑南侧桩顶水平位移曲线

(b) 基坑北侧水平位移曲线

图 7.1-14　支护桩桩顶水平位移曲线

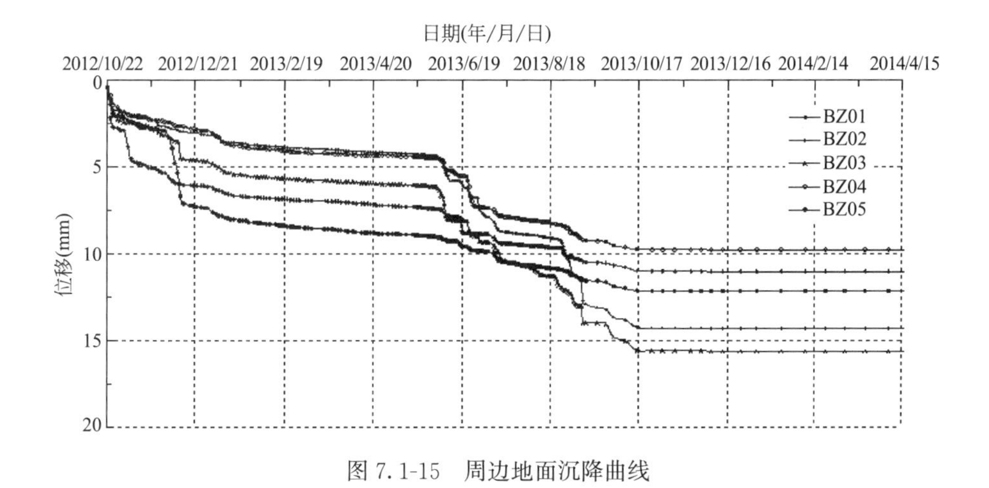

图 7.1-15　周边地面沉降曲线

自的降水能力，可取得良好的降水效果，迅速在兰州市类似地层基坑工程中得到推广应用，可供其他地区类似地层基坑工程降水设计参考。

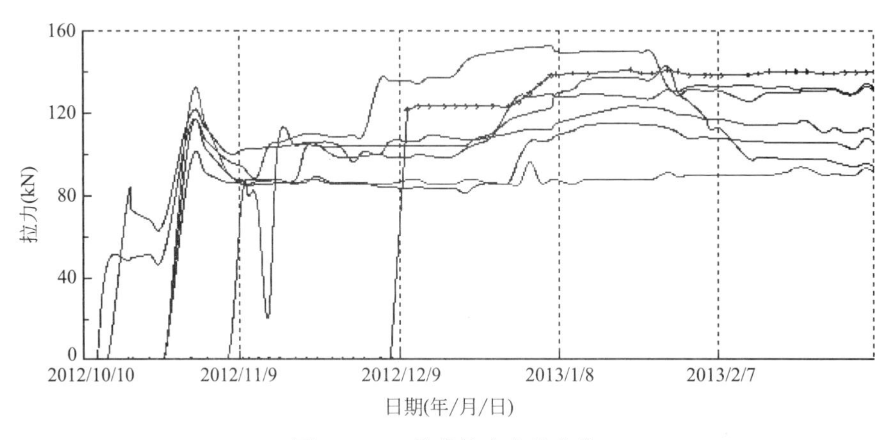

图 7.1-16 锚索拉力变化曲线

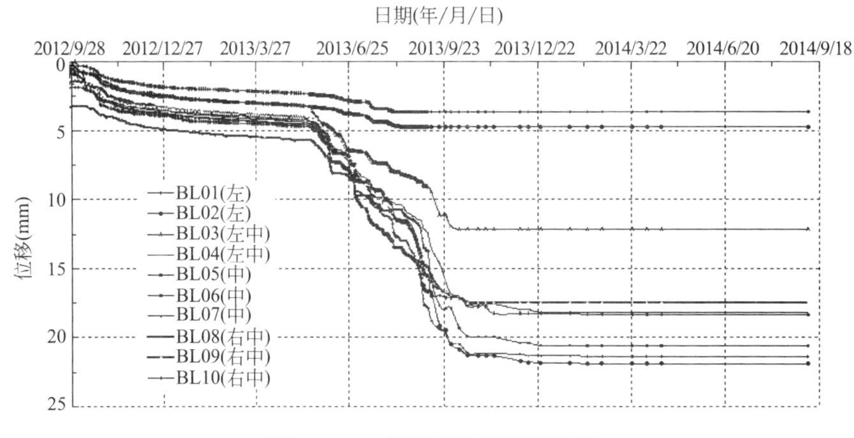

图 7.1-17 邻近建筑物沉降曲线

7.2 名城兰州城市综合体项目

7.2.1 工程简介及特点

在本工程勘察设计过程中，甘肃中建市政工程勘察设计研究院从项目可行性论证阶段开始，对拟建场地的选址论证、地基承载力专项评价、岩土工程详细勘察，基坑支护及降水设计、地基载荷试验、基坑变形监测、主体沉降观测、爆破振动对基坑支护结构及地基的扰动评估等方面展开一系列工作，为业主提供岩土工程专业全过程技术支撑与服务，为优化设计方案提供充分、可靠的依据，取得了较好的经济与社会效益。

拟建名城兰州城市综合体项目场地位于兰州市东北端，北邻黄河与徐家山国家森林公园，距市中心约 5km。场地处于多条交通干道交汇处，南部为雁北路高架桥，北部及东部为天水北路与连霍高速黄河大桥连接线，西部为南滨河路，是城市交通的枢纽位置。拟建项目总占地面积约 79 亩，建设用地面积约 77 亩，项目建筑总平面示意图见图 7.2-1。包括 1 栋 61 层超高层酒店办公楼，塔楼高度 245.55m；1 栋 47 层超高层办公楼，塔楼高度 193.55m；2 栋 39 层超高层公寓，塔楼高度 189.55m；周围 3～5 层商业及附属用房高度 16～24m，该项目是兰州市地标性建筑物。

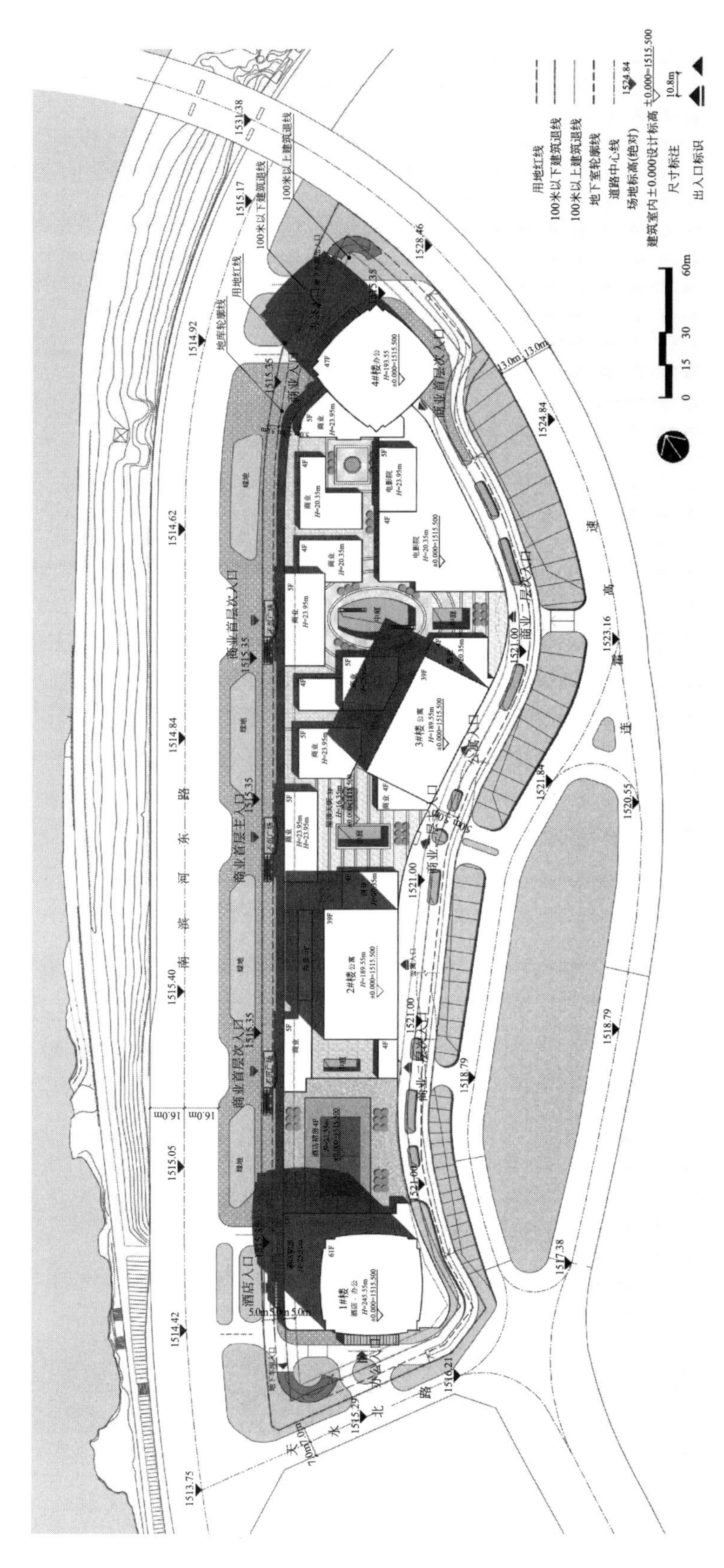

图7.2-1 项目建筑总平面示意图

本工程建筑群正负零标高为1514.50m，地下三层建筑标高−14.60m，超高层筏板基础厚度暂按3m考虑，基底标高为1496.90m，基底最大压力约1100kPa；商业等筏板基础厚度暂按1.5m考虑，基底标高为1498.40m。

本工程拟建建筑物的层数、结构类型、基础形式、基础埋深、地下室等详见表7.2-1。

拟建建筑物结构类型和基础形式特征一览表　　表7.2-1

建筑名称	层数/高度	结构类型	基础形式	基础埋深	地下室
1号塔楼	61F/245.5m	型钢混凝土柱＋混凝土核心筒＋加强层	筏板基础	18.0m	三层
2号塔楼	39F/189.5m	剪力墙(局部设置少量框架)	筏板基础	18.0m	三层
3号塔楼	39F/189.5m	剪力墙(局部设置少量框架)	筏板基础	18.0m	三层
4号塔楼	47F/193.5m	型钢混凝土柱＋混凝土核心筒＋加强层	筏板基础	18.0m	三层
商业及附属用房	3～5F/16～24m	框架	筏板基础	16.5m	三层
地下室	地下三层	框架-剪力墙	筏板基础	18.0m	

本工程具有以下特点：

（1）场地紧邻黄河，属黄河南岸高漫滩，本地区尚无建筑高度大于200m以上的超高层建筑物的先例。

（2）本工程基坑深度14～18m，属深大基坑。场地周边分布有城市主干道、桥梁及管道，周围环境较为复杂，基坑支护及降水方案设计难度较大。

（3）本工程主楼区基底荷载很大，持力层为新近系软岩地层，在差异巨大的荷载作用下将会产生不同的变形，应重视控制基础的不均匀沉降及由风荷载、地震荷载等引起的地基变形问题。

（4）软岩地基工程性质评价是本工程需要解决的主要岩土工程问题。

7.2.2 工程地质及水文地质条件

1. 工程地质条件

场地地面标高一般介于1510.03～1514.55m，呈西南高、东北低。原始地貌为黄河河漫滩，后经河道整治修筑河堤，人为改造成适宜城市发展的建设用地。根据钻探揭露，场地地层较为简单，自上而下主要为素填土、杂填土、粉细砂、卵石、强风化泥质砂岩、中风化泥质砂岩、粗砂岩、砾岩、砂砾岩互层岩段等，其地层岩性及分布特征见图7.2-2。

①$_1$素填土：褐黄色，稍湿，稍密，该层以粉土为主，总体土质较均匀，局部夹有少量卵、砾石颗粒等，含少量植物根系，局部分布，一般厚度1.5～2.2m。

①$_2$杂填土：杂色，稍湿，疏松，该层主要由煤灰，砖块、混凝土块等建筑垃圾组成，局部含少量生活垃圾，一般厚度2.3～6.2m。

②$_1$粉细砂：褐黄色，稍湿，稍密，砂质较纯净，含土量少，颗粒粒径较均匀，主要由长石、石英碎屑组成，偶含卵石、砾石颗粒，局部分布于卵石层顶面，层厚0.6～1.1m。

②$_2$卵石：杂色，稍湿—湿，中密—密实，卵石颗粒一般粒径20～100mm，最大可达400mm以上，约占全重的60%，颗粒磨圆度较高，砂类土充填，级配较好，连续分布，层厚4.0～12.8m，场地中部分布厚度较大。

③强风化泥质砂岩：红褐色，泥质结构，裂隙块状或中厚层状构造，泥质胶结，岩体强度较低，易于击碎，断面不规则，岩体风化裂隙较为发育，结构面结合程度较差，遇水

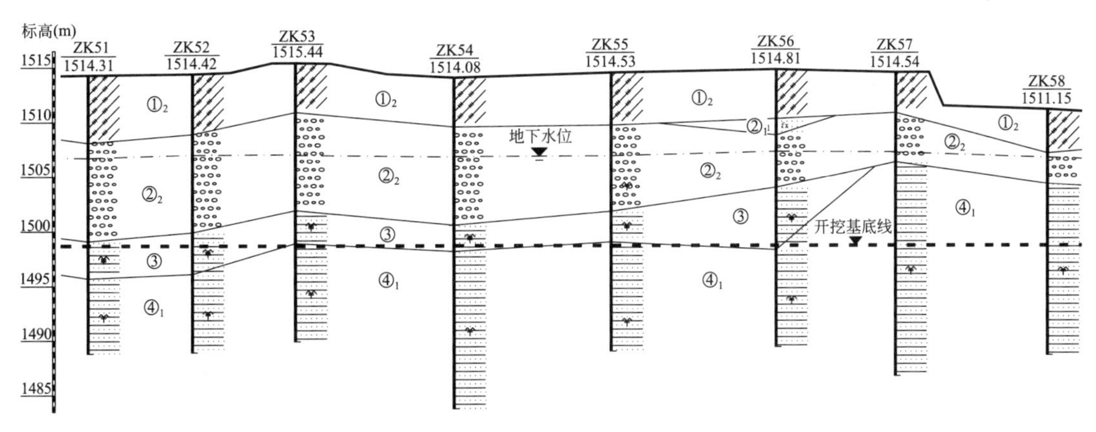

图 7.2-2 典型地层剖面示意图

急剧软化崩解。该层主要分布于场地西南部分 1 号塔楼以西，最厚可达 9m，其余地段该层分布厚度较小，层厚 1.5～4.0m，部分地段缺失。

$④_1$ 中风化泥质砂岩：红褐色，泥质结构，厚层状构造，泥质胶结，岩石强度较高，不易击碎，有回弹，断面整齐，遇水易软化崩解，岩体风化裂隙发育轻微，结构面结合程度较好，该层在场地内分布连续，厚度大于 50.0m，勘探深度范围内未揭穿该层。

$④_2$ 粗砂岩：杂色，中风化状，泥质胶结，碎屑结构，中厚层状或块状构造，岩体成岩性较差，胶结程度较差，孔隙较为发育，岩质较软，敲击声闷，无回弹，易于击碎，断面不规则，遇水易软化崩解，该层分布不连续，多呈夹层或透镜体状分布于泥质砂岩层之中。

⑤砾岩：杂色，中风化状，泥质胶结，碎屑结构，厚层状构造，该层砾岩成岩性较差，属半成岩，岩质较软，胶结程度差，易于击碎，暴露于地表后急剧风化崩解，岩体中所含砾石碎块多为石英岩，该层分布不连续，在场地西南部分布厚度较大，其余地段厚度较小，多呈透镜体状分布于泥质砂岩层中。

⑥砂砾岩互层岩段：杂色，中风化状，泥质胶结，碎屑结构，层状或薄层状构造，该层由砾岩与泥质砂岩互层而成，在场地西南部分布厚度较大，其余地段厚度较小。

2. 水文地质条件

场地地下水类型为孔隙型潜水，主要赋存于卵石层中，卵石层渗透系数约 60m/d；下部泥质砂岩层渗透系数为 10^{-5} 级，可视为相对隔水层。地下水位埋深 3.6～7.2m。勘察时为黄河枯水位期，场地地下水位稳定埋深略高于邻近黄河河道内的河水位，水位值相差约 0.4m，场地地下水补给黄河水。黄河在拟建场地处流向由东北转向东南，转折角接近 90°，根据区域资料，场地内地下水流向基本由西南向东北排泄于黄河。

在汛期，河水补给地下水时，场地地下水位将有所抬升，地下水与地表水交替补排关系密切。根据《兰州市城市环境地质综合研究报告》，场地地下水位年变幅为 1.5m，由此推算场地内地下水在一个水文年内最高水位标高为 1508.4m。

7.2.3 岩土工程勘察

1. 勘察方案

本工程勘察分三个阶段实施，2013 年 11 月完成了“可行性研究阶段勘察”，确定项目的选址和为可行性论证提供依据；2013 年 12 月完成了和“软岩地基承载力评价专项勘察”工作，通过旁压试验估算软岩地基的承载力和变形指标，初步获得拟建场地软岩地基承载力及变形指标可满足设计需要的结论；2014 年 3 月完成了“岩土工程详细勘察”工作，对拟建场地的工程地质条件和地层物理力学性质进行全面分析评价，获得设计所需岩土工程参数，并结合工程实际提出相关建议。

详细勘察阶段工作量布置主要遵循以下原则：

（1）考虑场地建筑物总体布置条件，4 栋超高层塔楼、裙房及地下室部分按照建筑物边界线采取方格网布孔，勘探点间距不超过 24m；裙房和地下室部分勘探点布置间距略大，勘探点间距不超过 30m，勘探点布置同时考虑到突出塔楼主体并且兼顾裙房的原则。塔楼部分勘探点深度以穿透主要地基土受力层为条件，控制性钻孔适当加深，钻孔深度 30～50m；裙房和地下室部分勘探点深度与基坑勘探点深度相同，钻孔深度 20～30m。

（2）基坑勘探点基本按照基坑边界线等间距布置，结合前期勘察资料，在局部地质条件变化较大处加密勘探点，勘探点深度以达到 1.5～2.0 倍基坑深度为条件。

（3）采用标准贯入试验、动力触探试验、旁压试验、波速测试、载荷试验等现场原位测试手段。

（4）室内试验土工试验进行粗颗粒土的颗粒分析试验以及地基土、地下水的腐蚀性分析试验等；室内岩石试验除常规物理力学性质试验外，还进行部分岩样的抗压、抗剪、软化系数、泊松比、弹性模量及渗透系数等参数的测定。

2. 超高层塔楼基底软岩物理力学性质

场地内 1 号塔楼基底软岩物理力学性质离散性较大，存在层间突变现象。该处在地面以下 30～50m 埋深段主要分布岩层为⑥层砾岩，岩芯相对完整，但是岩石内含有大量石英岩碎屑，室内试验制样时容易受扰动从而影响试验结果，受岩石岩性相变、遇水软化、砾岩成岩性较差及制样扰动等因素的影响，该处岩石试验力学指标普遍较低，其值与其他 3 座超高层塔楼基岩岩石试验力学指标偏差较大。试验结果从一定程度上反映了物理性质，但结合现场岩芯鉴别和旁压试验结果，表明抗压强度指标等力学参数不能够准确反映岩石真实强度值。因此，将 1 号超高层塔楼基底软岩层作为一个分区单独考虑，统计结果见表 7.2-2、表 7.2-3。

1 号塔楼基底面—地面下 30m 埋深⑤$_1$ 层物理力学指标统计表　　表 7.2-2

统计项目	天然重度 γ_0 (g/cm^3)	干重度 γ_d (g/cm^3)	孔隙率 n (%)	相对密度 (G_s)	含水率 ω (%)	软化系数 (K_R)	弹性模量 E ($\times10^4$MPa)	泊松比 γ	天然抗压强度 R (MPa)	饱和抗压强度 R_c (MPa)
最大值	2.47	2.42	16.18	2.75	1.56	0.43	1.45	0.25	15.53	4.62
最小值	2.35	2.28	10.45	2.60	1.21	0.25	0.79	0.19	2.64	0.70
平均值	2.42	2.36	11.98	2.68	1.37	0.33	1.11	0.22	7.10	2.45
标准差	0.04	0.05	1.91	0.04	0.13	0.06	0.21	0.02	4.23	1.49
变异系数	0.02	0.02	0.16	0.02	0.09	0.19	0.19	0.09	0.60	0.61
修正系数	0.99	0.99	1.06	0.99	1.03	0.93	0.93	1.03	0.77	0.77
标准值	2.40	2.34	12.66	2.66	1.41	0.31	1.04	0.23	5.48	1.88

1号塔楼基地面下30～50m埋深⑥层物理力学指标统计表　　表7.2-3

统计项目	天然重度γ_0 (g/cm³)	干重度γ_d (g/cm³)	孔隙率n (%)	相对密度 (G_s)	含水率ω (%)	软化系数 (K_R)	弹性模量E (×10⁴MPa)	泊松比γ	天然抗压强度R (MPa)	饱和抗压强度R_c (MPa)
最大值	2.49	2.46	15.67	2.81	1.82	0.39	1.20	0.25	6.57	2.19
最小值	2.31	2.26	7.52	2.61	1.33	0.24	0.82	0.20	1.44	0.37
平均值	2.43	2.38	11.09	2.68	1.57	0.32	0.96	0.22	3.83	1.24
标准差	0.06	0.06	2.98	0.07	0.18	0.05	0.13	0.02	1.99	0.74
变异系数	0.02	0.03	0.27	0.02	0.11	0.16	0.13	0.07	0.52	0.59
修正系数	0.99	0.99	0.92	0.99	0.97	0.95	0.96	0.98	0.84	0.81
标准值	2.41	2.37	10.22	2.66	1.52	0.30	0.92	0.22	3.20	1.01

场地内2号、3号、4号塔楼基底软岩物理力学试验指标较高，随深度变化规律一致，离散性小。统计结果见表7.2-4、表7.2-5。

2号、3号、4号塔楼地表－30m埋深⑤$_1$层物理力学指标统计表　　表7.2-4

统计项目	天然重度γ_0 (g/cm³)	干重度γ_d (g/cm³)	孔隙率n (%)	相对密度 (G_s)	含水率ω (%)	软化系数 (K_R)	弹性模量E (×10⁴MPa)	泊松比γ	天然抗压强度R (MPa)	饱和抗压强度R_c (MPa)
最大值	2.50	2.45	21.45	2.80	2.25	0.68	2.16	0.25	44.85	25.55
最小值	2.24	2.16	6.92	2.60	0.86	0.35	0.86	0.18	13.13	5.46
平均值	2.38	2.33	13.33	2.69	1.31	0.49	1.34	0.22	24.19	12.30
标准差	0.07	0.08	3.41	0.05	0.27	0.10	0.28	0.02	8.85	5.91
变异系数	0.03	0.03	0.26	0.02	0.21	0.21	0.21	0.10	0.37	0.48
修正系数	0.99	0.99	1.10	0.99	1.08	0.92	0.92	1.04	0.88	0.84
标准值	2.35	2.30	14.60	2.67	1.41	0.45	1.22	0.22	22.17	10.71

2号、3号、4号塔楼30～50m埋深⑤$_1$层物理力学指标统计成果表　　表7.2-5

统计项目	天然重度γ_0 (g/cm³)	干重度γ_d (g/cm³)	孔隙率n (%)	相对密度 (G_s)	含水率ω (%)	软化系数 (K_R)	弹性模量E (×10⁴MPa)	泊松比γ	天然抗压强度R (MPa)	饱和抗压强度R_c (MPa)
最大值	2.54	2.46	16.54	2.80	3.03	0.65	1.62	0.25	40.36	18.76
最小值	2.26	2.22	8.21	2.63	1.08	0.34	0.94	0.19	10.13	3.88
平均值	2.40	2.35	13.26	2.71	1.34	0.46	1.20	0.22	21.81	10.58
标准差	0.07	0.07	2.13	0.05	0.40	0.09	0.17	0.02	8.10	4.80
变异系数	0.03	0.03	0.16	0.02	0.30	0.20	0.14	0.08	0.37	0.45
修正系数	0.99	0.99	1.04	1.00	1.08	0.95	0.96	1.02	0.89	0.87
标准值	2.38	2.34	13.82	2.70	1.45	0.44	1.15	0.22	19.48	9.20

3. 软岩风化程度划分

场地内基岩主要为大厚度的新近系泥质砂岩层，拟建超高层塔楼基础埋深大，基底压力大，需对基岩分层评价其工程性质，场地泥质砂岩层风化程度划分原则如下：

（1）现场岩芯鉴别

现场岩芯鉴别主要包括钻进难易程度、岩芯采取率、岩石软硬程度、节理裂隙发育程度及其填充物、岩石软化与崩解程度等方面内容。

（2）岩石物理力学试验

岩石物理力学性质试验主要包括含水量、块体干密度、吸水率、天然状态单轴抗压强度指标随深度变化规律。

（3）检层法钻孔波速测试

钻孔波速测试主要内容为剪切波速随深度变化规律，根据测试深度内泥质砂岩各层段的剪切波速确定基岩风化界限，其中强风化泥质砂岩层剪切波速＜500m/s，中风化泥质砂岩层剪切波速≥500m/s。

4. 旁压试验

地基承载力专项勘察期间，在P01、P02和P03号孔进行了不同深度软岩天然状态下的旁压试验。旁压曲线的特征值可以通过两种方法来评价地基承载力，一种是临塑荷载法，用临塑压力减去初始应力的结果来定；另一种是极限荷载法，用极限压力减去初始压力后除以安全系数的结果来定。由于此场地软岩的颗粒组成（局部为含砾的砂岩、砾岩）、岩相变化、胶结程度不同所产生的结构性差异，也是岩石强度离散性较大的原因，同时受试验设备自身的能力制约，除风化基岩表层外，该场地风化基岩强度较高，软岩通过旁压试验很难做到临塑压力 p_f，部分 p_f 是通过作图法求得。试验结果见表7.2-6。

现场旁压试验成果表 　　　　表7.2-6

试验编号	风化程度	试验深度（m）	p_0（kPa）	p_f（kPa）	p_{max}（kPa）	p_f-p_0（kPa）	旁压模量 E_m（MPa）	备注
P01	中	20.7	200	≥2400	2500	≥2200		弹性膜破坏,停止加压
	中	24.5	265	1900	2400	1635	95.9	弹性膜破坏,停止加压
	中	27.4	390	≥3446	3600	≥3056		岩芯采取率高,呈柱状
	中	30.7	590	≥3441	3600	≥2851		弹性膜破坏,停止加压
	中	36.0	750	≥4501	4600	≥3751		岩芯采取率高,呈柱状
	中	39.0	935	≥3909	4600	≥4000		岩芯采取率高,呈柱状
P02	强	9.40	510	4384	5000	3874	96.8	岩芯采取率高,呈柱状
	中	13.0	900	≥5150	5250	≥4250		岩芯采取率高,呈柱状
	中	19.4	630	≥3657	3750	≥3027		岩芯采取率高,呈柱状
	中	26.8	300	2656	4000	2356	98.4	弹性膜破坏,停止加压
	中	34.3	250	≥2407	2500	≥2157		弹性膜破坏,停止加压
	中	38.1	500	≥1924	2000	≥1424		弹性膜破坏,停止加压
P03	强	13.6	300	≥2432	2500	≥2132		弹性膜破坏,停止加压
	强	15.4	350	≥2635	2750	≥2285		弹性膜破坏,停止加压
	中	17.5	530	≥3163	3250	≥2633		弹性膜破坏,停止加压
	中	19.7	350	≥3402	3500	≥3052		岩芯采取率高,呈柱状
	中	22.0	860	≥3825	3900	≥2965		岩芯采取率高,呈柱状
	中	25.5	330	≥2179	2250	≥1849		弹性膜破坏,停止加压
	中	29.4	600	2650	3200	2050	111.6	弹性膜破坏,停止加压
	中	35.5	420	≥4950	5000	≥4530		岩芯采取率高,呈柱状
	中	39.8	510	≥2909	3000	≥2389		弹性膜破坏,停止加压

场地典型旁压试验曲线见图7.2-3。

5. 地基承载力与变形指标的确定

场地强风化泥质砂岩风化程度较高，岩体孔隙裂隙发育程度较高，属于破碎岩；砾岩因其成岩性较差，遇水极易软化崩解，岩石中含有大量石英岩屑等粗颗粒，制样时容易造成扰动，岩石抗压强度指标不能准确反映真实值，因此，强风化泥质砂岩和砾岩不适用于

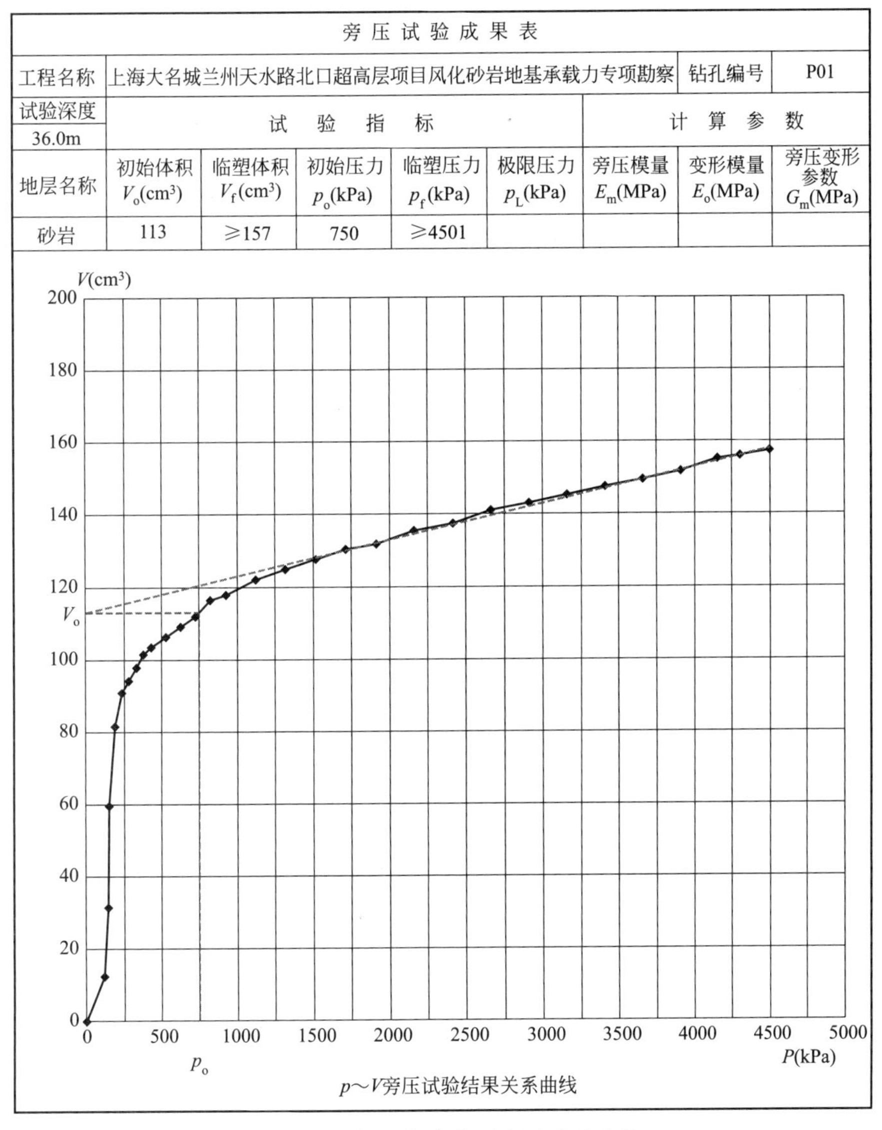

旁压试验成果表								
工程名称	上海大名城兰州天水路北口超高层项目风化砂岩地基承载力专项勘察						钻孔编号	P01
试验深度 36.0m	试验指标					计算参数		
地层名称	初始体积 V_o(cm³)	临塑体积 V_f(cm³)	初始压力 p_o(kPa)	临塑压力 p_f(kPa)	极限压力 p_L(kPa)	旁压模量 E_m(MPa)	变形模量 E_o(MPa)	旁压变形参数 G_m(MPa)
砂岩	113	≥157	750	≥4501				

图 7.2-3 场地软岩典型旁压试验曲线

《建筑地基基础设计规范》GB 50007—2011 第 5.2.6 条中规定的方法确定地基承载力特征值，对以上两层岩石主要通过旁压试验结果确定地基承载力和变形指标。对于中风化泥质砂岩，其岩体较完整，强度较高，适用于《建筑地基基础设计规范》GB 50007—2011 第 5.2.6 条中规定的方法确定地基承载力特征值，对该层主要结合旁压试验和室内岩石试验结果综合确定承载力和变形参数。

根据以上地基承载力及变形指标确定原则，工程地质Ⅰ区通过旁压试验结果根据临塑荷载法来确定地基承载力及变形指标；工程地质Ⅱ区内，其中基底—地面下 30m 范围内 f_{rk} 取 10.0MPa，折减系数 Ψ_r 取 0.20，地面下 30～50m 范围内 f_{rk} 取 9.2MPa，折减系数 Ψ_r 取 0.25，根据公式 $f_a=\Psi_r \cdot f_{rk}$ 计算岩石地基承载力特征值，并与旁压试验所得结果进行对比分析，确定各层风化基岩层的承载力，结果详见表 7.2-7。

⑤$_2$ 层粗砂岩在场地范围内分布极少，呈透镜体状分布于泥质砂岩层中，厚度和分布规模均较小，分布不连续，不是基底主要持力层，因此，该层承载力特征值与变形指标可与同层位的泥质砂岩取值相同。

根据前述各种试验、测试资料成果分析，结合场地条件与地区经验综合评价，地基承载力特征值及变形指标建议见表 7.2-7。

地基土承载力及变形指标综合评价表 **表 7.2-7**

地层编号		①$_1$	①$_2$	②	③$_1$	③$_2$	④	⑤$_1$ 地表－30m	⑤$_1$ 30～50m	⑥
经验值	E_s(MPa)	5	4	/	/	/	/	/	/	/
	E_0(MPa)	/	/	10	50	15	80	100	120	100
	E(×10^4MPa)	/	/	/	/	/	0.8	0.9	1.1	0.9
	f_{ak}(kPa)	100	80	120	500	150	1000	1200	1600	1400
室内试验	E(×10^4MPa)						0.94	1.22	1.15	0.92
	f_{ak}(kPa)						/	2000	2300	/
旁压试验	E_0(MPa)						100	120	120	110
	f_{ak}(kPa)						2000	2300	2300	2000
标贯/动探试验	E_s(MPa)	5	4	/	/	/				
	E_0(MPa)	/	/	12	55	15				
	f_{ak}(kPa)	100	80	130	550	150				
综合建议值	E_s(MPa)	5	4	/	/	/	/	/	/	/
	E_0(MPa)	/	/	10	50	15	80	110	110	100
	E(×10^4MPa)	/	/	/	/	/	0.94	1.20	1.15	0.92
	f_{ak}(kPa)	100	80	120	550	150	1400	1800	1800	1400

对勘察等级为甲级的高层建筑，应进行载荷试验确定天然地基持力层的承载力特征值和变形参数，因此，建议业主在基坑开挖后分区段进行载荷试验，复核报告中所提地基承载力和变形指标，为工程的设计和使用提供可靠依据。

6. 地基基础方案分析

从工程条件分析，拟建项目包括 4 座超高层塔楼和裙楼等附属用房，其中超高层塔楼具有规模大，荷载重，基础埋置深度大的特点，对地基的承载力及变形指标要求均较高，裙楼层高 3～5 层，荷载较小，对地基的承载力及变形指标要求较低。

从场地地基条件上分析，超高层塔楼基底大部分位于④$_2$ 层中风化泥质砂岩上，局部位于④$_1$ 层强风化泥质砂岩上，可供选择的地基基础形式有桩筏基础或天然地基筏板基础两种形式。根据兰州地区同类型砂岩地层建设经验，若采用桩基础，则存在沉渣厚度过大，主要的桩端承载力无从发挥，嵌岩桩变成摩擦桩，从而需增加桩长，造成极大的浪费；此外，在深基坑中进行砂岩层的桩基础施工泥浆排放困难，因此，不建议优先采用该种基础形式。

根据本次勘察结果，场地内风化砂岩层承载力和变形指标能够满足天然地基筏板基础设计条件，采用该基础形式既方便施工，又节约工期，而且对周边环境干扰小，可为业主节约大量建设成本，因此，建议超高层塔楼采用天然地基筏板基础形式。裙楼层高 3～5m，荷载小，基底大部分位于风化泥质砂岩层上，局部位于卵石层上，卵石层和风化泥质砂岩承载力及变形指标均较高，可满足裙楼设计要求，局部与超高层塔楼衔接部位应进行变形验算，如不能满足设计要求，可将卵石以素混凝土换填或采用基础变刚度设计。

根据设计场坪标高（±0.00）及建筑物基础埋置深度，各拟建建筑物下地层分布情况，对各建筑物基础形式和持力层选择提出具体建议，见表7.2-8。

拟建建筑物地基基础方案建议一览表　　表7.2-8

建筑物编号	层数	场平标高±0.00(m)	地下室埋深(m)	地下室底板标高(m)	基础形式建议	天然地基持力层
1号塔楼	65	1514.5	14.6	1496.9	筏板基础	④强风化泥质砂岩 $⑤_1$ 中风化泥质砂岩
2号塔楼	39	1514.5	14.6	1496.9	筏板基础	$⑤_1$ 中风化泥质砂岩
3号塔楼	39	1514.5	14.6	1496.9	筏板基础	$⑤_1$ 中风化泥质砂岩
4号塔楼	37	1514.5	14.6	1496.9	筏板基础	$⑤_1$ 中风化泥质砂岩
裙楼	3～5	1514.5	14.6	1498.4	筏板基础	④强风化泥质砂岩 $⑤_1$ 中风化泥质砂岩 $③_1$ 卵石

7.2.4　基坑工程

1. 基坑工程特点

基坑开挖面积约51675m^2，周长约1237m，现状场地中部存在一高约4m的陡坎，南侧基坑开挖深度15.8m，北侧基坑开挖深度11.8m。

该基坑工程具有以下特点：

（1）基坑开挖面积大，为兰州市区同类工程之最。

（2）基坑紧邻黄河，场地下部主要含水层为卵石层，与黄河河水间存在水力联系。

（3）基坑南侧地下车库轮廓线距用地红线距离5.0m，用地红线外即为市政道路和人行道，地下管线密布；基坑北侧地下车库轮廓线至雁滩黄河大桥桥墩净距8m；东侧地库轮廓线5m外即为高速路出口路堤，高度3～15m；周边环境对基坑开挖变形控制要求较高。

2. 基坑周边环境

本基坑与周边环境关系详见图7.2-4，具体为：

基坑东侧：紧靠天水路北出口收费站，地库轮廓线至用地红线距离一般为5m，用地红线外即为3～15m高路堤。该侧南段现状地面标高为1513.91～1514.55m，北段现状地面标高为1510.12～1511.59m，基坑开挖深度可统一按南段15.8m、北段11.8m考虑，基本不具备放坡条件；为确保坑顶路堤稳定，对基坑变形控制要求严格，是本次支护设计的重点。

基坑南侧：紧靠市政道路和霍去病主题公园，地库轮廓线至用地红线距离5m，用地红线外即为市政道路和人行道；路侧埋有多条管线及管道。该侧现状地面标高为1514.22～1514.55m，基坑开挖深度可统一按15.8m考虑，基本不具备放坡条件，且对坡顶变形控制

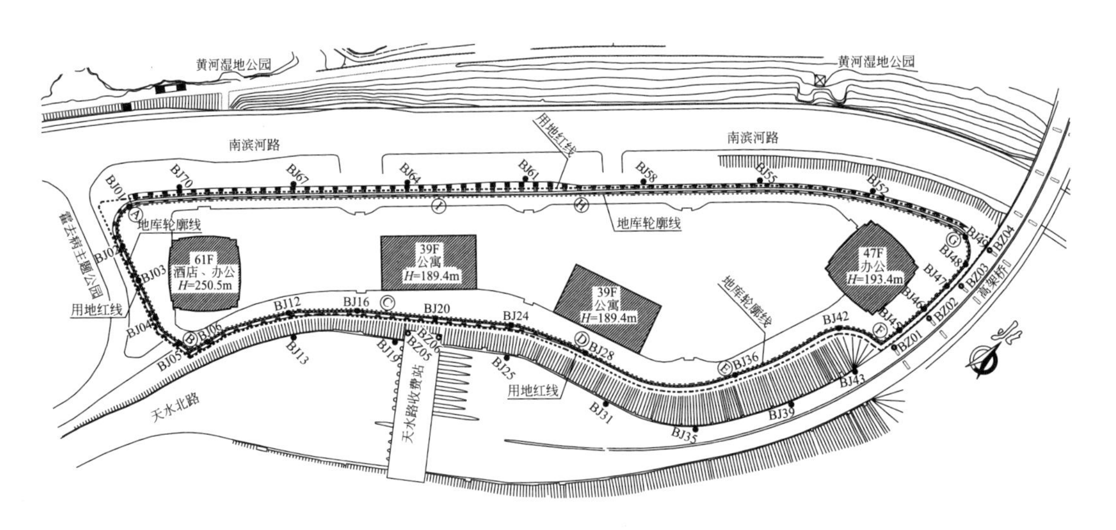

图 7.2-4　基坑与周边环境关系图

有一定的要求。

基坑西侧：与南滨河路相邻，地库轮廓线至用地红线距离 5.0m，用地红线距离南滨河路道路红线约 20m；地库轮廓线至黄河河道距离约 70m。该侧现状地面标高为 1510.03～1514.06m，基坑开挖深度介于 11.8～15.8m；虽然沿南滨河路分布有多条地下管线及管道，但距离较远，基本可不考虑基坑开挖对其造成的影响。该侧用地红线与道路红线间无任何建构筑物，拟临时征地，二者中间区域将作为基坑和主体施工期间现场临设和材料加工用地。

基坑北侧：紧靠雁滩黄河大桥，地库轮廓线至用地红线距离 5m，距离桥墩 8m。该侧现状地面标高为 1510.31～1510.88m，基坑开挖深度可统一按 11.8m 考虑，具备一定的放坡条件；根据相关资料，邻近黄河大桥桥墩采用桩基础，桩长 40m，远大于本工程基坑开挖深度，但为确保该大桥安全，基坑支护时仍应严格控制变形。

3. 基坑支护设计方案

（1）设计原则及设计计算参数

本基坑工程侧壁安全等级统一按一级考虑。地面附加超载取值如下：车流量较大、振动影响大的南侧坑顶和东侧路堤坡顶考虑地面超载 40kPa；北侧变形控制要求严格，且可能施工期间材料车辆通行频繁，坡顶按地面超载 60kPa 考虑；西侧坡顶为临设、材料运输通道及加工场地，按地面超载 80kPa 考虑。此外，设计计算时，对坑顶相邻黄河大桥桥墩、支护结构变形控制要求较严格的北侧以及相邻路堤高度较大的东侧北段，侧向岩土压力予以修正，采用修正主动土压力 $E'_a(0.5(E_0+E_a))$；其余三侧均采用主动土压力 E_a。

经对比分析，对本工程基坑开挖形成影响的地层主要为：填土层、粉细砂层、卵石层、强风化泥质砂岩层和中风化泥质砂岩层。根据勘察报告建议，并结合兰州地区类似地层基坑支护设计计算参数取值经验，综合确定本工程基坑支护设计计算采取的相关指标见表 7.2-9。

各地基土层岩土设计参数表 表 7.2-9

名称	天然重度 γ(kN/m³)	压缩模量 E_s 变形模量 E_0 (MPa)	剪切强度		土体与锚固体极限摩阻力标准值 (kPa)
			c(kPa)	φ(°)	
杂填土	16	4	12	24	30
素填土	17	5	15	27	40
细砂层	19	10	0	30	100
卵石层	20	50	0	45	150
强风化泥质砂岩	23	80	45	27	120
中风化泥质砂岩	24	110	90	30	180

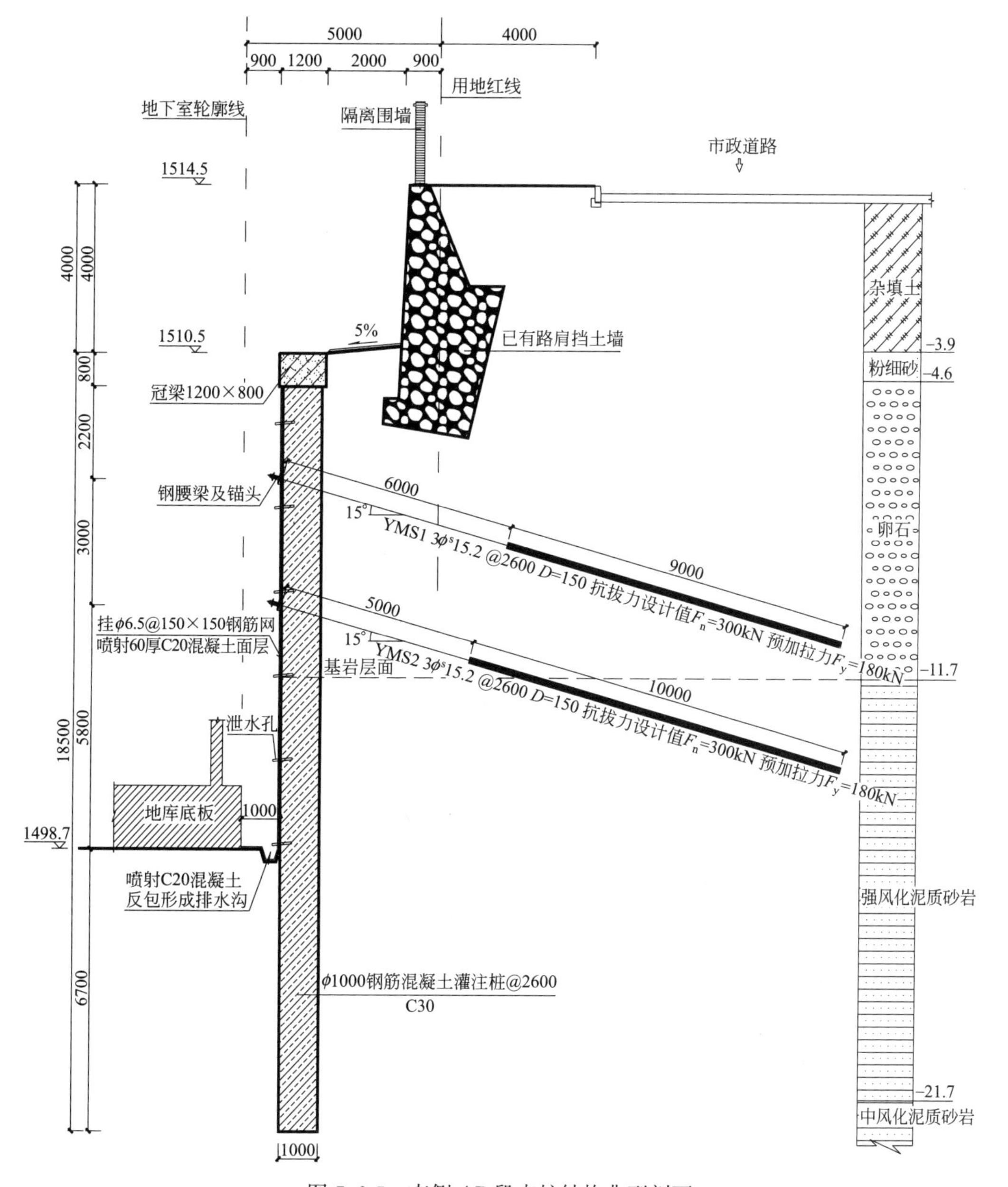

图 7.2-5 南侧 AB 段支护结构典型剖面

（2）基坑支护结构

南侧 AB 段：基坑设计开挖深度 15.8m，上部（桩顶标高 1510.5m 以上）利用已有市政道路路肩挡土墙；下部（1510.5m 以下）采用桩锚支护体系，桩径 1m，桩间距 2.6m，桩长 18.5m，嵌固深度 6.7m，桩顶设 1.2m×0.8m 冠梁，桩身设两道预应力锚索，桩间土采用 60mm 厚内置钢筋网的喷射混凝土面层防护，具体见图 7.2-5。

东侧：①BC 段基坑设计开挖深度 15.8m，上部 4m（桩顶标高 1510.5m 以上）按 1∶0.5 坡率放坡后，采用土钉墙支护；下部（1510.5m 以下）采用桩锚支护体系，桩径 1m，桩间距 2.6m，桩长 18.5m，嵌固深度 6.7m，桩顶设 1.2m×0.8m 冠梁，桩身设两道预应力锚索，桩间土采用 60mm 厚内置钢筋网的喷射混凝土面层防护。②CD 段基坑设计开挖深度 15.8m，上部 4m（桩顶标高 1510.5m 以上）按 1∶0.5 坡率放坡后，采用土

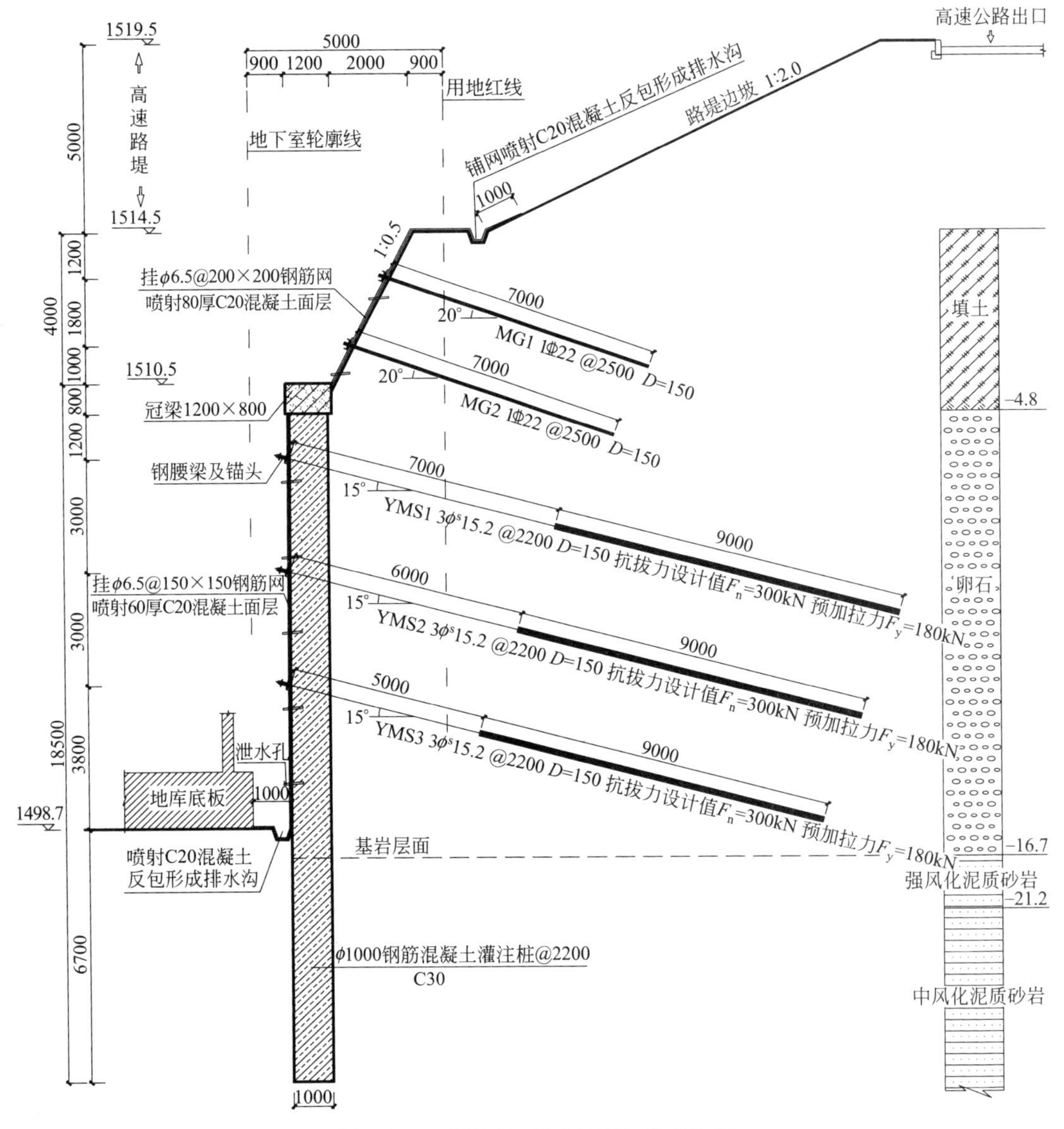

图 7.2-6　东侧 CD 段支护结构典型剖面

钉墙支护；下部（1510.5m 以下）采用桩锚支护体系，桩径 1m，桩间距 2.2m，桩长 18.5m，嵌固深度 6.7m，桩顶设 1.2m×0.8m 冠梁，桩身设三道预应力锚索，桩间土采用 60mm 厚内置钢筋网的喷射混凝土面层防护，具体见图 7.2-6。③DEF 段基坑设计开挖深度 11.8m，上部高速路堤（桩顶标高 1510.5m 以上）边坡坡率 1∶1.5，维持现状；下部（1510.5m 以下）采用桩锚支护体系，桩径 1m，桩间距 2.4m，桩长 17.5m，嵌固深度 5.7m，桩顶设 1.2m×0.8m 冠梁，桩身设两道预应力锚索，桩间土采用 60mm 厚内置钢筋网的喷射混凝土面层防护，具体见图 7.2-7。

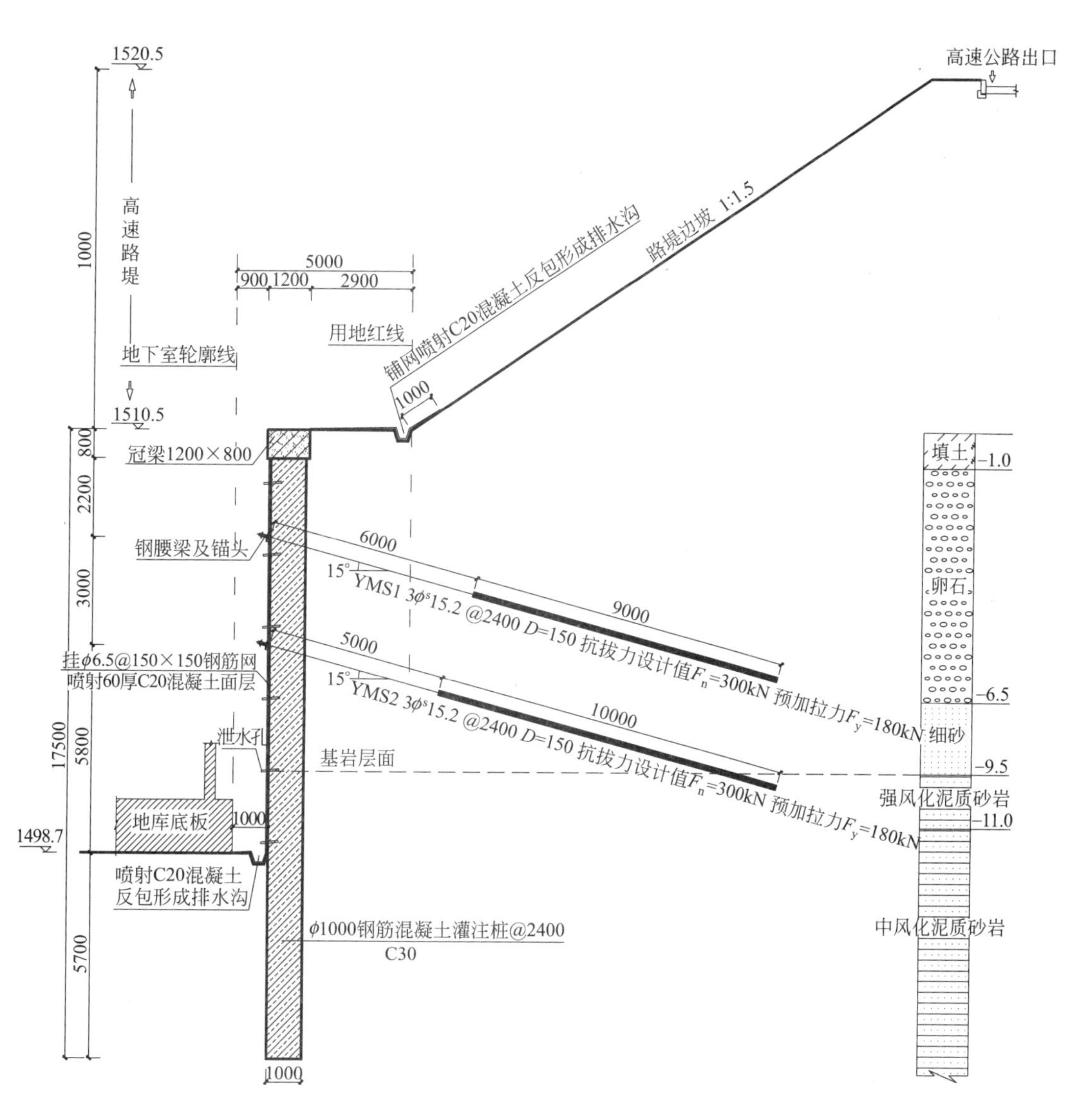

图 7.2-7 东侧 DE 段支护结构典型剖面

北侧 FG 段：基坑设计开挖深度 11.8m，采用桩锚支护体系，桩径 1m，桩间距 2.6m，桩长 17.5m，嵌固深度 5.7m，桩顶设 1.2m×0.8m 冠梁，桩身设两道预应力锚索，桩间土采用 60mm 厚内置钢筋网的喷射混凝土面层防护，具体见图 7.2-8。

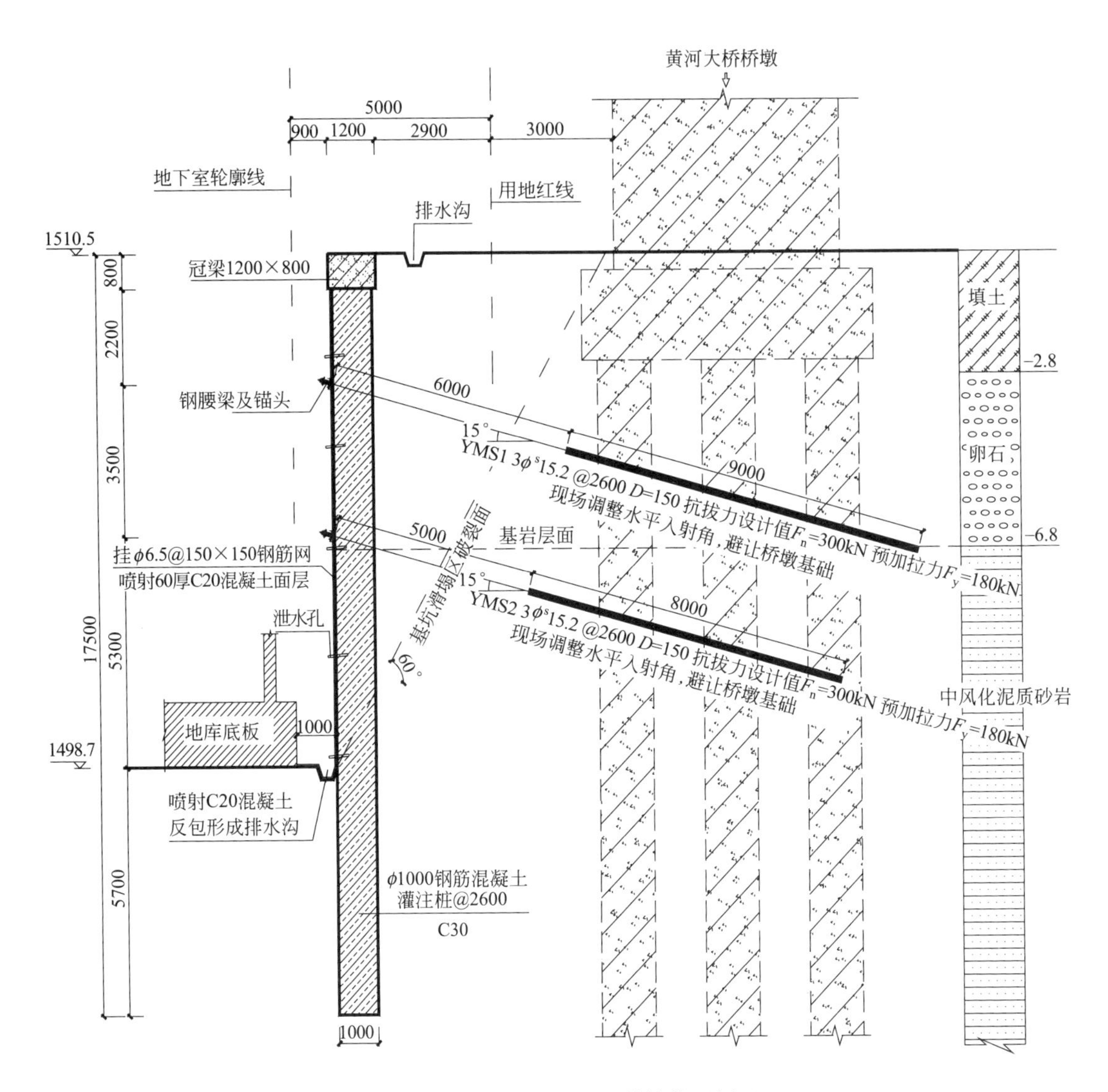

图 7.2-8 北侧 FG 段支护结构典型剖面

西侧：(1) HA 段基坑设计深度 15.8m，采用复合土钉墙支护，共设 10 道土钉（锚杆），基岩层顶面以上按 1∶0.4 坡率、以下基岩按 1∶0.2 坡率开挖，基岩层顶面设 1.5m 宽平台并设截水沟，具体见图 7.2-9。(2) GH 段基坑设计深度 11.8m，采用复合土钉墙支护，共设 7 道土钉（锚杆），基岩层顶面以上按 1∶0.4 坡率、以下基岩按 1∶0.2 坡率开挖，基岩层顶面设 1.5m 宽平台并设截水沟，具体见图 7.2-10。

4. 降水方案

根据兰州地区类似地层基坑降水经验，本基坑工程降水采用坑外管井降水，结合坑内明沟和集水坑明排的降水方式。同时，基坑靠南滨河路一侧通过在基岩层顶面设置平台，于平台上设置截水沟，收集降水井未能疏干的地下水，引入坑内集水坑统一排出；另外三侧降水井未能疏干的地下水，通过于卵石层底面与基岩层顶面设置的泄水孔，导入坑内排水明沟统一排出。

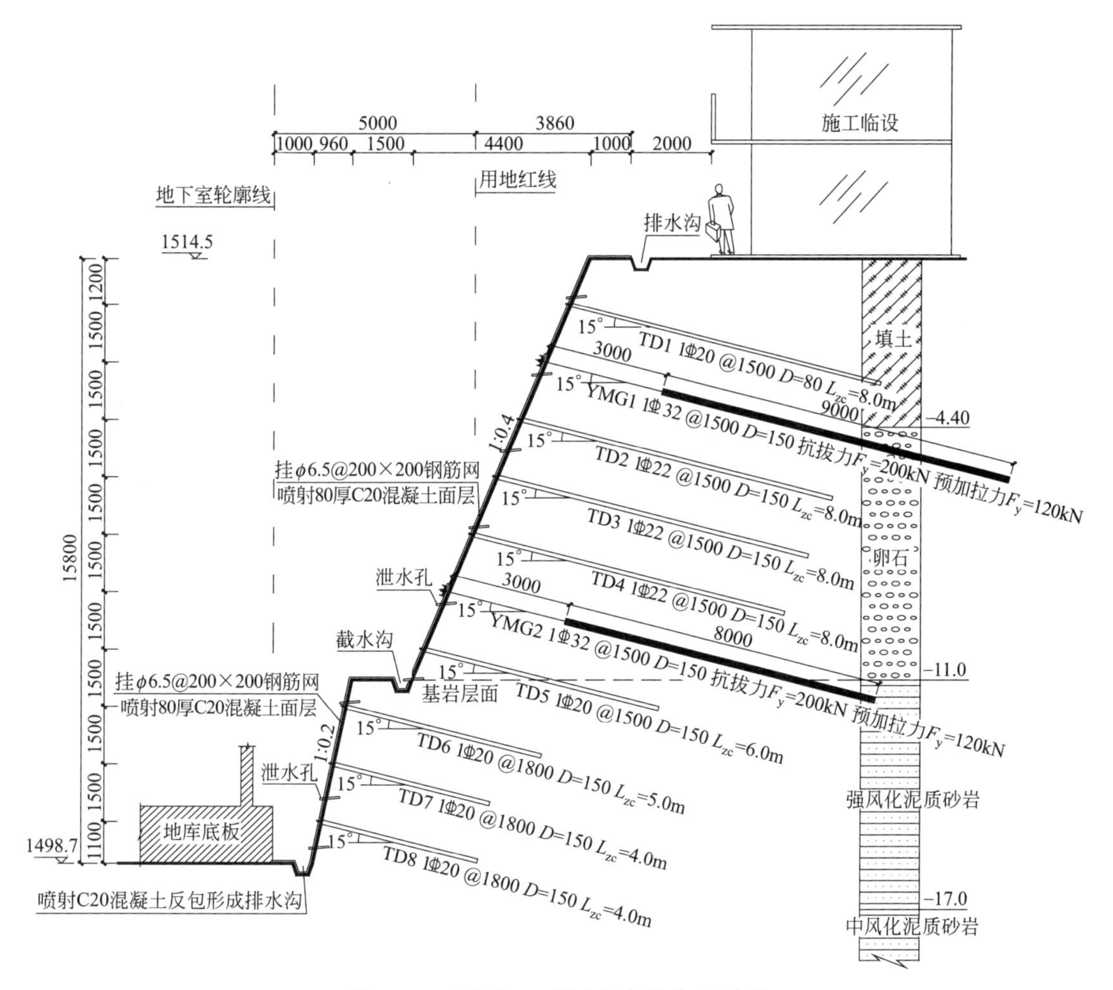

图 7.2-9 西侧 HA 段支护结构典型剖面

在基坑四周坑边上缘呈环形布置布设 81 口降水井，降水井平面布置图详见图 7.2-11，井深根据地面高程及基岩层面变化，分 10、12.5、15、17.5、20m 五种，井间距约为 16m。管井位置应尽量距离基坑边坡上缘远些，南、东、北三侧最小距离不小于 3m，西侧最小距离 7m。管井直径 400mm；成孔采用机械成孔，成孔直径 800mm。滤水管总长度取 5～12.5m，采用带钢圈护口的优质钢筋混凝土滤管（2.5m 长/每节）焊接而成，要求其孔隙率在 30%以上。要求卵石层中滤水管外包双层 10 目尼龙网滤网，双层滤网外螺旋形缠绕 12 号铁丝保护（间距 5cm）；砂岩层中滤水管外包双层 80 目尼龙网滤网，双层滤网外螺旋形缠绕 12 号铁丝保护（间距 5cm）。沉砂管长 2.5m，下端用中心开孔 φ10mm 的 10mm 厚钢板焊接封底。井管安放时应在管身接口处焊接 A6mm 钢筋船型找中器，确保井管垂直、居中安放；井管与孔壁间填充滤料规格：卵石层底面以上段直径 5～8mm、以下砂岩层段直径 1～3mm。井管安装后必须洗井，保持滤网通畅；洗井采用空压机-水泵相结合的方法，反复进行，平均单井洗井达 12h，直到满足洗井后抽出水中含砂量小于 5/10000。抽降方法：本基坑面积较大，为缩短前期降水时间，降水井开始联动降水后，可于坑内设置多处明排抽水点；可根据现场具体实际情况，前期采用大功率水泵、置于卵

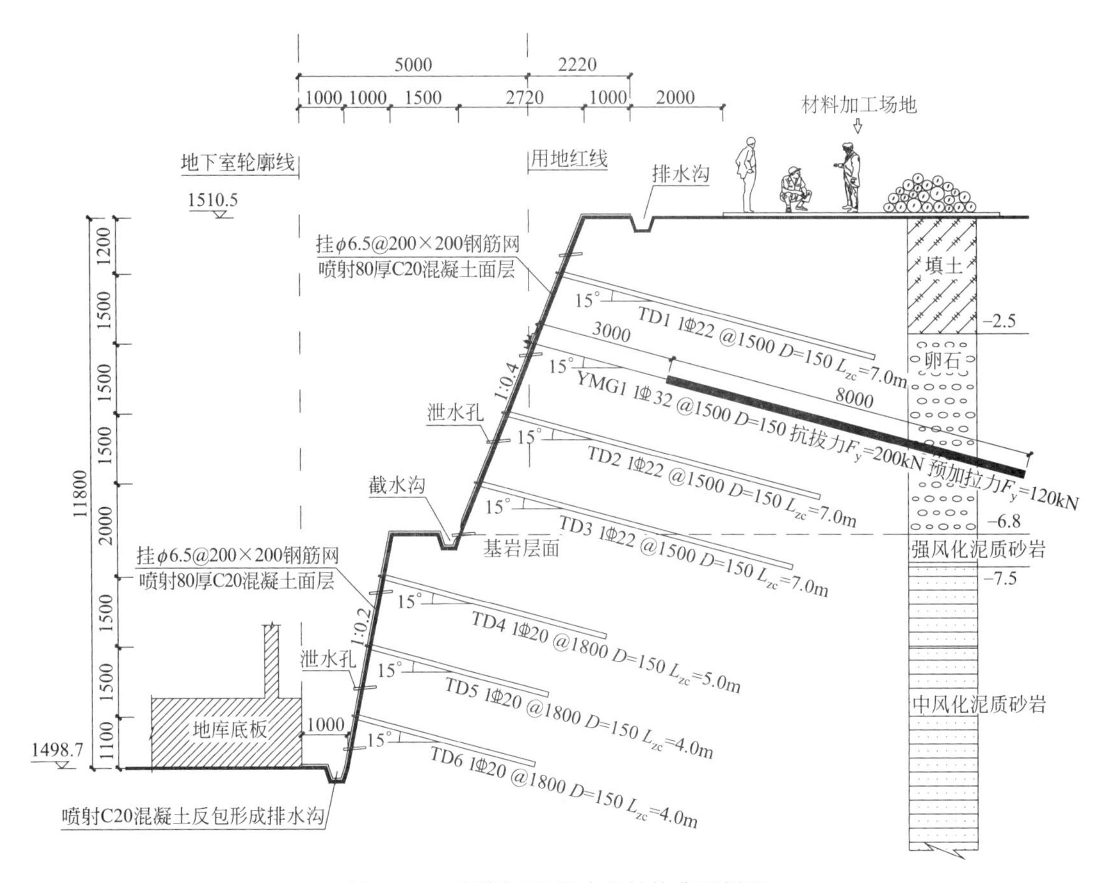

图 7.2-10　西侧 GH 段支护结构典型剖面

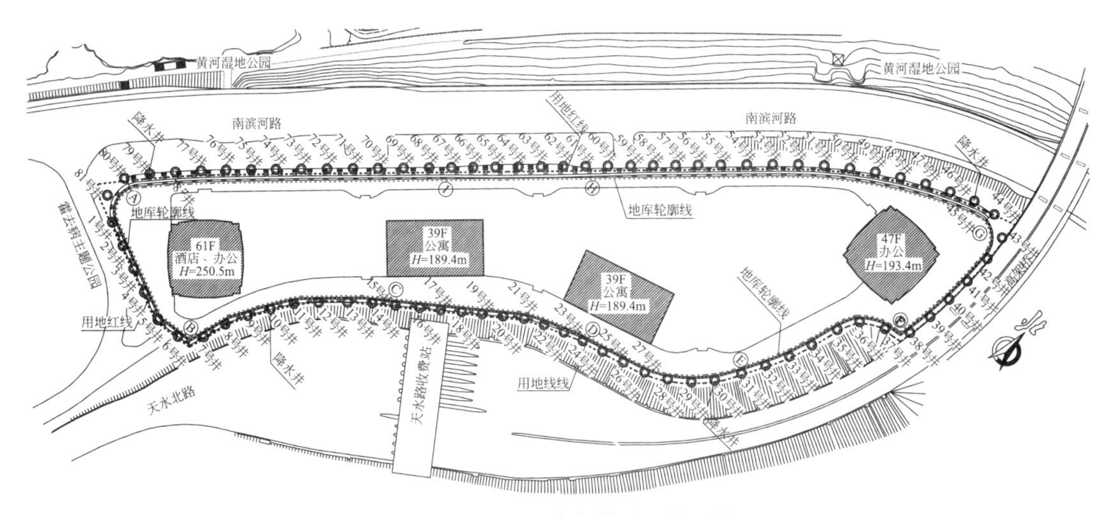

图 7.2-11　基坑降水井平面布置图

石层底面，抽除卵石层来水；后期改换小功率水泵、置于沉砂管内抽水，以保证不间断抽水为原则。

基坑土方开挖过程中，应于基坑坑底四周设置简易排水明沟及集水坑；排水明沟的底面应比挖土面低 0.3～0.4m；集水坑底面应比排水明沟底面低 0.5m 以上，并随基坑的挖深而加深，以保持水流畅通。基坑开挖到底后，沿基坑坑底四周边缘设置 300mm×300mm 排水明沟，沟底坡度取 2%，由每段排水明沟中心点坡向相邻的两个集水坑；集水坑间距约 20m，井深 0.8m，尺寸 700mm×700mm。坑内设简易滤水笼，用 A6mm 钢筋现场加工，外包双层 10 目滤网。

按照上述降水方案实施，该基坑工程从 2015 年 5 月土方开挖至 2015 年 12 月基底完全封闭，基本实现了坑内干作业的目标。

5. 基坑监测结果

本基坑工程位于兰州市城关区天水路北出口，人车流量大，周边环境较复杂，整个施工过程中建立了较完善的监测系统，监测点平面布置详见图 7.2-4。

本工程从 2015 年 2 月开始现场施工，因兰州市受“蓝天工程”冬防影响，不允许土方开挖及外运，为保障工期，现场先进行了支护桩施工，至 2015 年 4 月底，支护桩全部施工完成。2015 年 5 月，现场开始大面积开挖至 1510.5m，并同步实施基坑上部土钉墙支护及桩顶冠梁浇筑，同时开始进行监测。因基坑周长较大、开挖深度不一，且采用了多种支护形式，现场施工按照分段开挖、分段支护的方式，故各段基坑施工进度并不统一，这点可以从基坑各侧的位移-时间曲线中可以看出。至 2015 年 8 月中旬，除西侧局部和南侧出土口位置外，基坑其余部分均已开挖至设计基底标高，并开始浇筑垫层和施工抗浮锚杆；此时，整个基坑的各项监测指标均已趋于稳定，且均满足规范要求。

基坑坑顶水平位移监测结果见图 7.2-12～图 7.2-15。

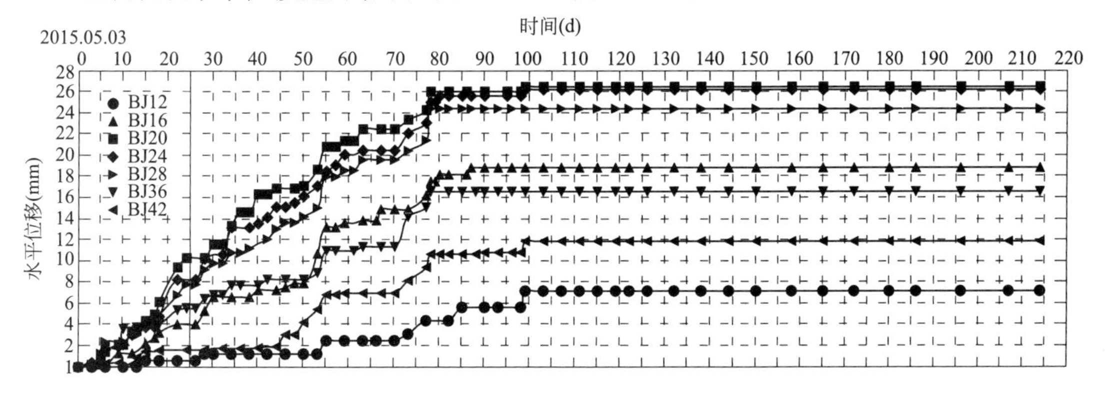

图 7.2-12 东侧坑顶水平位移曲线

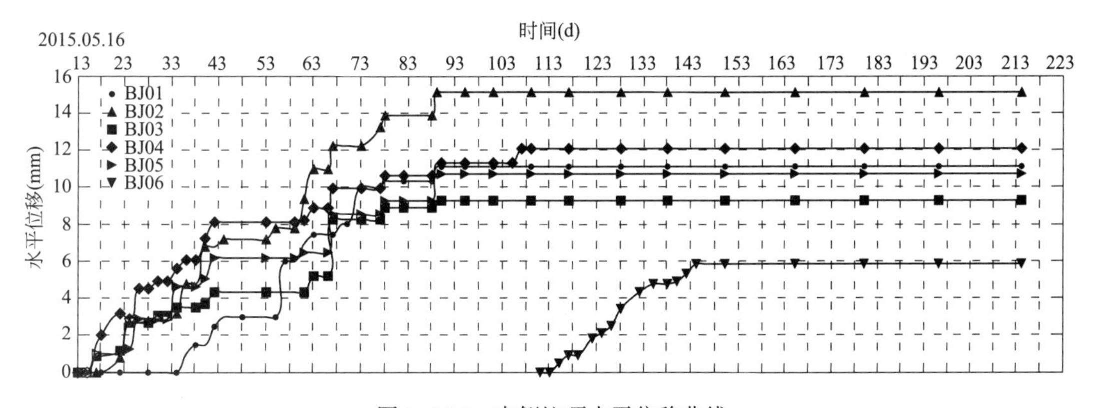

图 7.2-13 南侧坑顶水平位移曲线

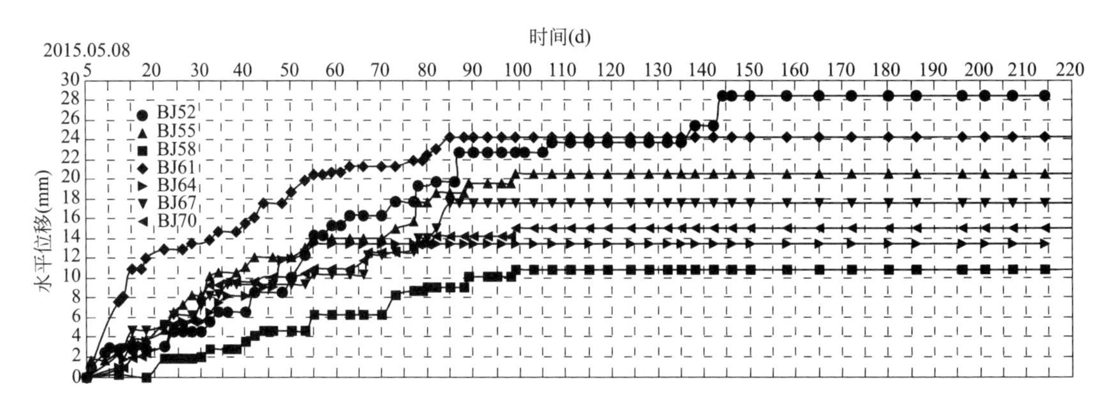

图 7.2-14 西侧坑顶水平位移曲线

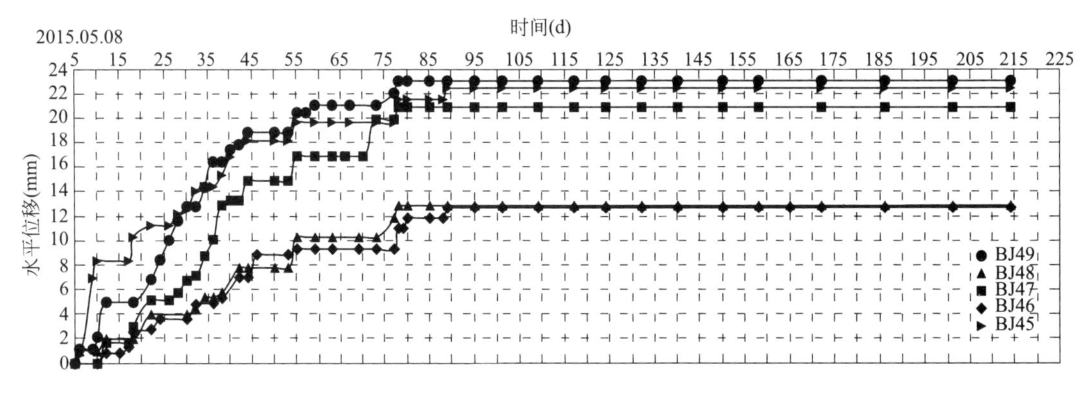

图 7.2-15 北侧坑顶水平位移曲线

(1) 从基坑坑顶水平位移监测结果图可以看出，随着开挖深度的增大，坑顶水平位移逐渐增大，其变化与开挖工况紧密相关；东侧累计水平位移量 7.0～26.5mm，南侧累计水平位移量 5.8～15.2mm，西侧累计水平位移量 10.6～28.5mm，北侧累计水平位移量 12.2～23.1mm。

(2) 基坑东侧高速路面变形监测：施工过程中，随着基坑开挖及降水，高速路面变形量逐渐增大，但总体影响较小；累计沉降量为 3.5～6.9mm（图 7.2-16），累计水平位移量为 2.6～7.7mm。

(3) 北侧邻近黄河大桥桥墩沉降监测：如图 7.2-17 所示，对于监测点 BZ01～BZ04，基坑开挖及降水对北侧邻近黄河大桥几乎未产生任何影响，整个施工过程中，其桥墩累计沉降量仅为 0.2～0.4mm。

(4) 东侧邻近高速收费站钢结构顶棚立柱沉降监测：如图 7.2-17 所示，对于监测点 BZ05～BZ06，基坑开挖及降水对其影响较小，整个施工过程中，立柱累计沉降量仅为 2.1～2.4mm。

6. 施工现场照片

施工现场照片见图 7.2-18～图 7.2-21。

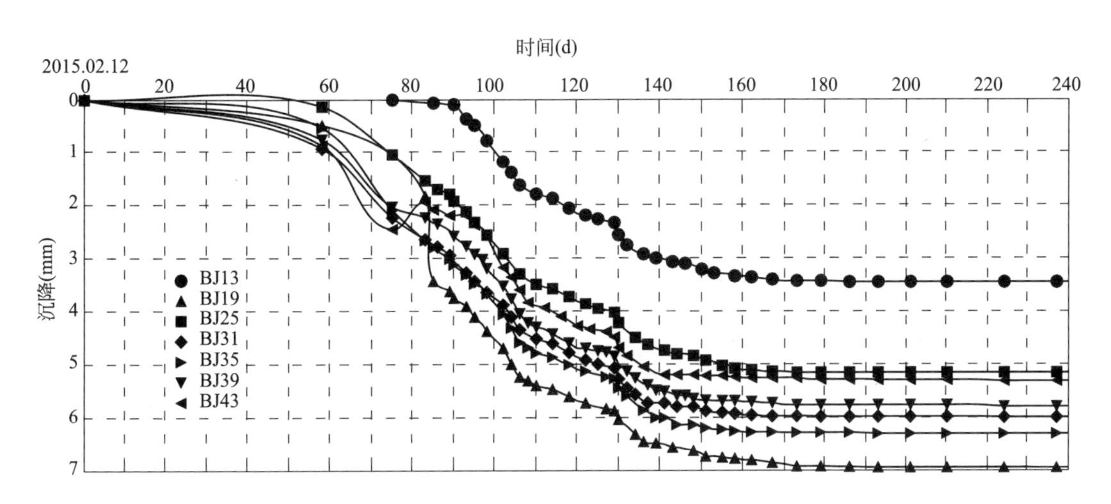

图 7.2-16 东侧高速公路路面沉降曲线

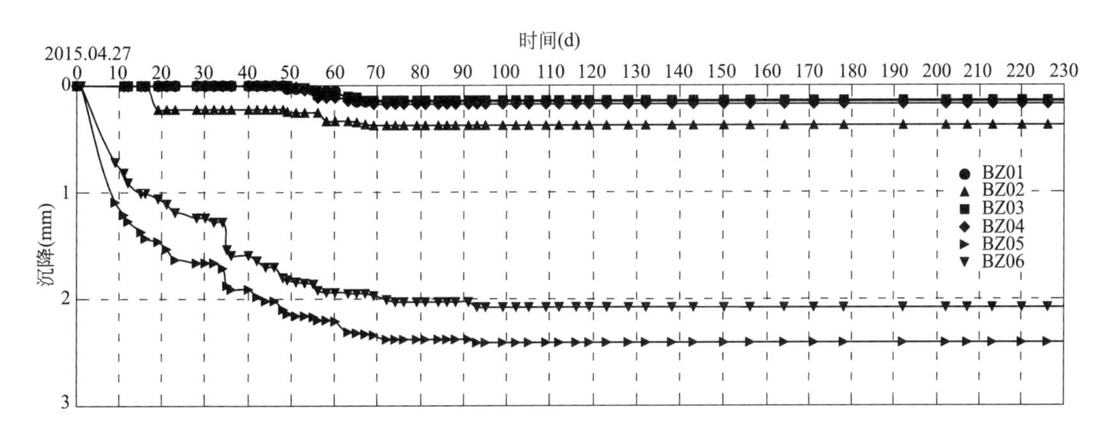

图 7.2-17 北侧黄河大桥桥墩及东侧收费站立柱沉降曲线

图 7.2-18 施工现场照片（基坑东北角）

图 7.2-19 施工现场照片（全景）

图 7.2-20　施工现场照片（黄河大桥及高速路堤处）

图 7.2-21　施工现场照片（基坑南侧）

本基坑根据周边环境和开挖深度的不同，分段采用了上部土钉＋下部桩锚、桩锚、复合土钉墙三种支护形式，在保障基坑安全的同时，节约了工程造价，提高了施工的便利性，保护了周边环境，取得了较为满意的结果，并得出以下结论：

（1）桩锚、复合土钉墙及二者结合，是兰州地区应用最广、适用性最强的基坑支护结构形式，根据基坑深度及周边环境的差异，选用上述支护形式，在合理设计和确保施工质量的前提下，可保证基坑及周边环境的安全。

（2）坑外管井＋坑内明沟和集水坑明排，是兰州地区最常见的基坑降水方法；该方法在与本基坑工程类似的开挖深度不大、下部基岩胶结相对较好的条件下，是有效适用的；当基坑开挖深度较大、下部基岩风化严重、具有弱透水性时，宜采用坑外管井与坑壁斜向、坑底竖向简易轻型井点相结合的联合降水方法。

（3）兰州市新近系风化软岩剪切强度参数及锚固体的极限黏结强度参数受水影响变化幅度较大，根据现场试验及工程验证，与本工程场地类似的强风化泥质砂岩按 $c=45$kPa、$\varphi=27°$、$\tau=120$kPa 取值，中风化泥质砂岩按 $c=90$kPa、$\varphi=30°$、$\tau=180$kPa 取值进行基坑支护设计是安全可靠的。

（4）基坑监测结果验证了本工程支护和降水设计所采取的各种技术措施的合理性，可供类似地层基坑工程参考。

7.2.5　地基载荷试验

1. 试验方案

2～4 号楼基础持力层为中风化泥质砂岩，可通过岩基载荷试验确定地基承载力和变形指标。1 号楼主楼基础主要为中风化泥质砂岩，中间局部为强风化岩，拟先进行岩基载荷试验，再根据强风化岩试验结果能否满足设计要求，判断是否需要再增加地基土平板载荷试验和其他原位试验进行对比研究，以便综合确定地基的实际性状和地基承载力的修正方式及变形参数。

2. 试验点布设与加载方法

根据超高层建筑数量及地基面积，同时结合地质条件特征，2～4 号楼均为中风化泥质砂岩，按规范要求在每栋塔楼下布置岩基载荷试验 3 点，共 9 点，同时各布设一点“基床系数载荷试验”共3点。1号楼地质条件相对较复杂，塔楼基础持力层大部分位于⑤$_1$层中风化泥质砂岩，中部位于④层强风化泥质砂岩之上，试验点按方格网布设9点，其中强风化泥质砂岩4点，中风化岩5点。4栋塔楼基础持力层共布设21点载荷试验，详见表7.2-10。

载荷试验数量统计表　　**表 7.2-10**

<table>
<tr><th rowspan="2">序号</th><th rowspan="2">塔楼编号</th><th rowspan="2">持力层风化程度</th><th colspan="2">载荷试验类型及数量(组)</th><th rowspan="2">合计(组)</th></tr>
<tr><th>岩基载荷</th><th>基床系数载荷试验</th></tr>
<tr><td rowspan="2">1</td><td rowspan="2">1号</td><td>强风化</td><td>3</td><td>1</td><td rowspan="2">9</td></tr>
<tr><td>中风化</td><td>4</td><td>1</td></tr>
<tr><td>2</td><td>2号</td><td>中风化</td><td>3</td><td>1</td><td>4</td></tr>
<tr><td>3</td><td>3号</td><td>中风化</td><td>3</td><td>1</td><td>4</td></tr>
<tr><td>4</td><td>4号</td><td>中风化</td><td>3</td><td>1</td><td>4</td></tr>
<tr><td>5</td><td colspan="2">总计</td><td>16</td><td>5</td><td>21</td></tr>
</table>

载荷试验具体工作方法如下：

（1）试验标高及试坑开挖：载荷试验根据现场基坑开挖进度情况，逐步进行。在塔楼基础平面范围内结合各塔楼风化泥质砂岩层特性及现场基坑开挖情况，载荷试验在主楼基底标高以上0～2.0m范围内的风化泥质砂岩中进行。

（2）加荷装置：为便于安装拆卸，缩短检测周期，加快工程进度，采用混凝土预制块墩及荷载台压重方式提供试验反力，油压千斤顶油泵加荷。载荷台支墩距承压板外缘1.2～1.8m，加荷装置垂直度应满足规定，反力装置应保证稳定安全。

（3）压力及沉降观测仪表：以标定过的压力传感器作为等级加荷监测仪表，以大量程位移传感器（100mm）作为变形观测仪表。以精密水准仪作为压重台变形安全性监测。变形观测仪表固定点或基准点位置位于压板2倍直径之外。

（4）压板尺寸及试验荷载

根据规范，岩基载荷试验压板采用圆形刚性承压板，直径为300mm；加荷压力拟达到地基极限承载力，获取完整的岩基载荷试验 p-s 曲线，以便分析泥质砂岩地基在竖向荷载作用下的变形特征和破坏模式。根据压板面积计算的试验荷载见表7.2-11。

岩基载荷试验压板规格及荷重　　**表 7.2-11**

试验项目	压板直径(m)	压板面积(cm^2)	承载力特征值(kPa)	最大试验荷载(kPa)
强风化泥质砂岩	0.30	706.5	1400	≥4200
中风化泥质砂岩	0.30	706.5	1800	≥5400

3. 现场试验完成情况

本次试验工作按照试验方案在1～4号主楼位置根据基坑开挖后的现状条件完成了21点载荷试验（承压板直径为0.3m，按岩基载荷试验完成16点，按基床系数载荷试验要点完成5点）。载荷试验前人工采用电镐清除上部爆破或机械开挖松动层。各试验点编号、试验标高及上部土方开挖情况见表 7.2-12，试验过程中试验点未受地下水浸泡影响。

各试验点试验条件汇总表　　表 7.2-12

位置	试验点编号	试验类型	地基土类型	试验标高(m)	上部土方开挖形式
1号塔楼	Z01	岩基载荷	强风化砂岩	1498.20	机械开挖
	Z02	基床系数		1498.20	
	Z03	岩基载荷		1498.20	
	Z04	岩基载荷		1498.20	
	Z05	基床系数	中风化砂岩	1497.70	
	Z06	岩基载荷		1497.70	
	Z07	岩基载荷		1497.70	
	Z08	岩基载荷		1497.70	
	Z09	岩基载荷		1497.70	
2号塔楼	Z10	岩基载荷	中风化砂岩	1498.00	浅层爆破
	Z11	岩基载荷		1498.00	
	Z12	岩基载荷		1498.00	
	Z13	基床系数		1498.00	
3号塔楼	Z14	岩基载荷	中风化砂岩	1500.03	浅层爆破
	Z15	岩基载荷		1499.48	
	Z16	岩基载荷		1499.55	
	Z17	基床系数		1500.20	
4号塔楼	Z18	岩基载荷	中风化砂岩	1500.00	深层爆破
	Z19	岩基载荷		1499.50	
	Z20	岩基载荷		1499.90	
	Z21	基床系数		1499.50	

4. 试验结果

(1) 本工程在 1 号楼主楼位置共进行强风化泥质砂岩天然地基载荷试验 4 点 (Z01～Z04)，中风化泥质砂岩天然地基载荷试验 5 点 (Z05～Z09)，其中 Z02 及 Z05 号试验点为基床系数载荷试验，其他 7 点为岩基载荷试验；在 2 号楼主楼位置共进行中风化泥质砂岩天然地基载荷试验 4 点，其中 Z10～Z12 号试验点为岩基载荷试验，Z13 为基床系数载荷试验；在 3 号楼主楼位置共进行中风化泥质砂岩天然地基载荷试验 4 点，其中 Z14～Z16 号试验点为岩基载荷试验，Z17 为基床系数载荷试验；在 4 号楼主楼位置共进行中风化泥质砂岩天然地基载荷试验 4 点，其中 Z18～Z20 号试验点为岩基载荷试验，Z21 为基床系数载荷试验。

1～4 号主楼部分典型载荷试验成果见图 7.2-22～图 7.2-25。

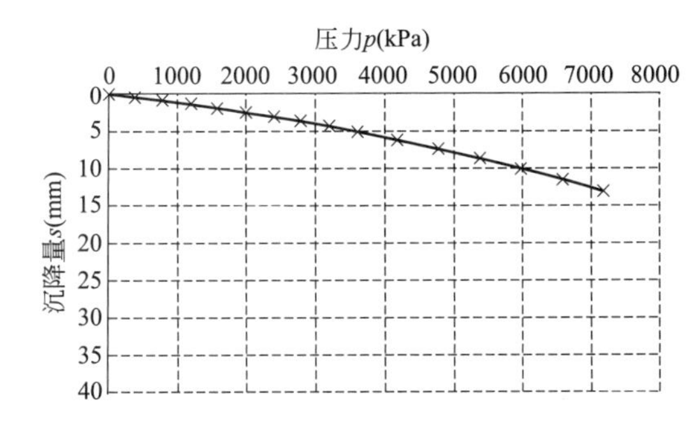

图 7.2-22　Z01（1号楼1号）试点 p-s 曲线

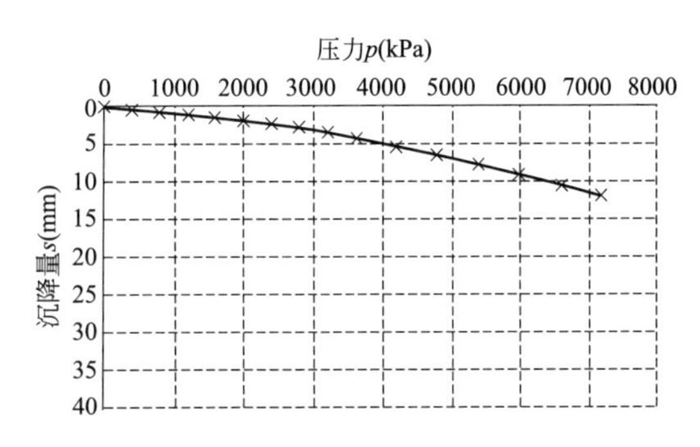

图 7.2-23　Z12（2号楼3号）试点 p-s 曲线

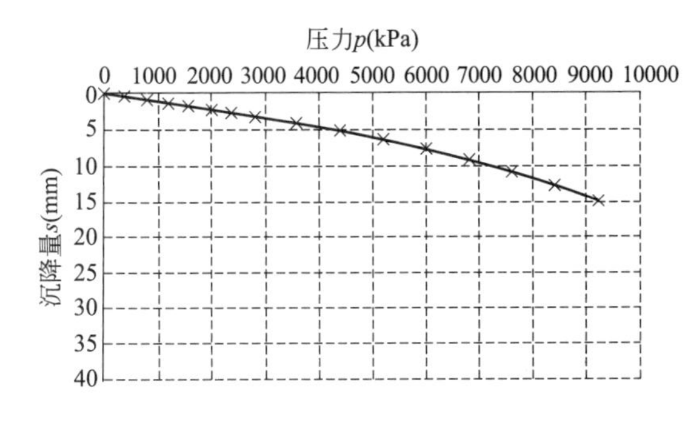

图 7.2-24　Z14（3号楼1号）试点 p-s 曲线

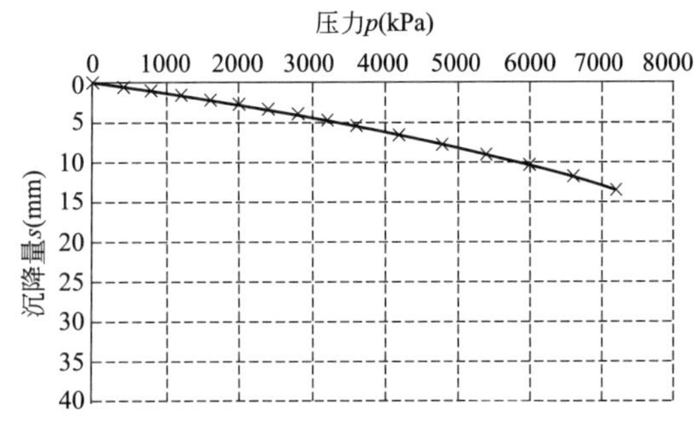

图 7.2-25　Z19（4号楼2号）试点 p-s 曲线

各点载荷试验结果详见表 7.2-13。

各点载荷试验结果　　表 7.2-13

位置	试验点号	地基土类型	承载力特征值（kPa）	变形模量（MPa）	基准基床系数（MPa/m）
1号塔楼	Z01～Z04	强风化泥质砂岩	2000～2400	178～184	806～833
	Z05～Z09	中风化泥质砂岩	2400～2800	192～206	870～934
2号塔楼	Z10～Z13	中风化泥质砂岩	2400	197～214	890～970
3号塔楼	Z14～Z17	中风化泥质砂岩	2400～2800	195～230	890～1050
4号塔楼	Z18～Z21	中风化泥质砂岩	2000～2400	165～180	760～810

（2）根据规范要求及测试结果，结合场地实际条件，在机械开挖、浅层爆破、深层爆破上部土方的条件下，清除表层影响层后，综合确定天然风化砂岩地基承载力特征值、变形模量及基准基床系数建议值见表 7.2-14。

地基承载力特征值、变形模量及基准基床系数建议值　　表 7.2-14

位置	地基土类型	开挖形式	承载力特征值（kPa）	变形模量（MPa）	基准基床系数（MPa/m）
1号塔楼	强风化泥质砂岩	机械开挖	2000	180	820
	中风化泥质砂岩		2400	198	898

续表

位置	地基土类型	开挖形式	承载力特征值（kPa）	变形模量（MPa）	基准基床系数（MPa/m）
2 号塔楼	中风化泥质砂岩	浅层爆破	2400	205	930
3 号塔楼	中风化泥质砂岩	浅层爆破	2400	208	950
4 号塔楼	中风化泥质砂岩	深层爆破	2000	160	780

注：地基承载力特征值用于计算不再进行深宽修正。

（3）综合对比分析 1 号楼与 2 号、3 号、4 号楼风化砂岩地基载荷试验结果和试验条件，地基承载力和变形参数受上部土方开挖方式影响较大。岩石单轴饱和抗压强度最高的 4 号楼由于裙楼标高以上风化砂岩采用深层爆破开挖土方，其载荷试验指标反而偏低。而 2 号、3 号楼岩石单轴饱和抗压强度低于 4 号楼，采用浅层爆破后载荷试验指标反而高于 4 号楼。1 号楼岩石强度最小，但由于试验点以上土方主要采用机械开挖，其载荷试验指标反而略高于 4 号楼。由于 1 号楼楼层高，基底压力大，而岩石单轴饱和抗压强度较其他 3 栋楼低，且持力层局部为强风化岩，1 号楼土方目前已采用机械开挖接近至基底设计标高，建议后续土方继续采用机械开挖，减小土方开挖对基础持力层的影响。

现场载荷试验结果表明，该场地风化砂岩地基承载力及变形指标均可满足拟建超高层建筑采用天然地基方案的设计要求。

7.2.6 地基爆破振动影响检测

1. 地基爆破开挖

拟建兰州名城广场建设项目基坑范围大，基坑深度达 14～18m，属深大基坑，对松软岩体采用机械开挖，坚硬岩体采用爆破开挖，当地基岩体爆破开挖后，由于岩体的应力释放及振动效应，使临空围岩与原岩相比，出现破碎、变形、稳定性变差、承载力下降等情况，为控制爆破过程中对地基岩体的扰动破坏，需要对基坑开挖时土石方爆破工程进行振动影响检测，评估人工爆破对基坑边坡、基坑支护结构和地基的影响和扰动。

根据工程实际及现场条件，本次地基爆破振动检测主要采用单孔声波法、瞬态面波法、质点爆破振动监测等方法进行。

2. 爆破作业范围

该工程基坑爆破开挖部分岩体主要为强风化泥质砂岩、中风化泥质砂岩层岩段，爆破作业的主要区域包含：

（1）基坑内设计裙楼底板标高 1500m 以上泥质砂岩，开挖深度从 1 号楼至 4 号楼 2.0～4.5m 不等；

（2）裙楼独立基础尺寸在 1.1m×1.1m～4.5m×4.5m，埋深在 0.6～1.5m；

（3）主楼筏板基础部分，开挖深度为 1 号楼 3.0m，2 号楼、3 号楼 2.4m，4 号楼 2.6m。

（4）电梯井及集水坑部分爆破，其中集水井开挖深度为 1.5m，电梯井开挖深度为 3m。

3. 检测内容

根据场地条件共布置 13 个检测孔 S1～S13，为避免因检测孔成孔对主楼地基造成破坏，各检测孔尽可能布置在裙楼位置。

根据《名城兰州市综合体项目基坑开挖爆破工程施工组织设计方案》，按逐层爆破的方式，进行岩体波速测试，通过波速的衰减规律判定爆破开挖对地基岩体的损伤程度，以便及时调整爆破方案，尽可能使地基岩体不受扰动。同时，对各检测孔位均进行瞬态面波法测试，两种方法相互验证，互为补充，使所得检测结果真实可靠。

爆破作业完成后，对主楼筏板基础部分采用瞬态面波法测试，以便了解爆破作业对主楼筏板基础部分的影响。

4. 爆破后检测结果

经过试爆阶段检测分析，很明显对地基岩体破坏程度较大，松弛深度达到 2.4m，将会对工程质量安全不利，为此，业主组织相关专家对爆破方案进行优化，最终确定采用浅孔小药量逐层爆破的方式进行爆破作业，尽可能达到地基岩体不受振动扰动影响，同时确保周边建（构）筑物、基坑边坡、基坑围护桩、边坡土钉墙的安全。

在爆破过程中，随时跟进进行地基松弛深度检测，根据检测结果及时调整爆破设计参数，尽量使爆破效果最优，爆破破坏效应达到最小，本次爆破作业过程中使用的爆破参数见表 7.2-15。

常用爆破参数表 **表 7.2-15**

优化方案	孔网参数(m)	孔深(m)	单孔药量(kg)	备注
No.1	2.0×2.0	2.0	1.8	
No.2	1.5×1.5	1.5	0.8	
No.3	1.0×1.0	1.0	0.3	

根据爆破振动影响检测方案，共完成 13 个孔（点）位的声波法及面波法爆破松弛深度检测，各检测孔（点）位的声波及面波检测成果见表 7.2-16，部分测点声波检测数据见图 7.2-26。

地基爆破振动影响检测成果表 **表 7.2-16**

孔号（点位）	检测孔深（m）	爆前高程（m）	爆破层数	爆破参数	爆后高程（m）	松弛深度（m）	平均松弛深度(m)	备注
S1	10	1504.2	第一层	No.1	1501.8	声波 0.8 面波 0.9	0.85	
			第二层	No.3	1499.7	声波 0.6 面波 0.6	0.60	基底松弛深度
S2	9.8	1504.6	第一层	No.1	1500.0	声波 2.4 面波 2.7	2.55	基底松弛深度
S3	11.2	1504.5	第一层	No.1	1499.4	声波 1.6 面波 1.8	1.70	基底松弛深度
S4	11.2	1503.0	第一层	No.1	1500.0	声波 0.8 面波 1.0	0.90	基底松弛深度

续表

孔号（点位）	检测孔深（m）	爆前高程（m）	爆破层数	爆破参数	爆后高程（m）	松弛深度（m）	平均松弛深度（m）	备注
S5	7.4	1503.8	第一层	No.2	1502.4	声波 1.2 面波 1.5	1.35	
			第二层	No.2	1501.0	声波 0.8 面波 0.9	0.85	
			第三层	No.3	1500.1	声波 0.6 面波 0.7	0.65	基底松弛深度
S6	6.6	1503.6	第一层	No.1	1500.0	声波 1.2 面波 1.5	1.35	基底松弛深度
S7	6.0	1503.1	第一层	No.1	1501.1	声波 0.4 面波 0.7	0.55	
			第二层	No.3	1499.9	声波 0.6 面波 0.8	0.70	基底松弛深度
S8		1500.8			1500.2	面波 0.0	0.0	未爆破作业
S9		1500.7			1500.0	面波 0.0	0.0	未爆破作业
S10	4.2	1501.3	第一层	No.2	1499.8	声波 0.8 面波 0.8	0.80	基底松弛深度
S11		1501.5			1500.4	面波 0.0	0.0	未爆破作业
S12	5.0	1502.4	第一层	No.2	1501.1	声波 0.6 面波 0.7	0.65	
			第二层	No.3	1500.0	声波 0.6 面波 0.6	0.60	基底松弛深度
S13	4.2	1501.6	第一层	No.3	1500.4	声波 0.4 面波 0.0	0.40	基底松弛深度
1号基底					1498.0	面波 0.0	0.0	基底松弛深度
2号基底					1498.0	面波 0.0	0.0	基底松弛深度
3号基底					1498.0	面波 0.6	0.60	基底松弛深度
4号基底					1498.0	面波 0.7	0.70	基底松弛深度

由地基爆破振动影响检测成果表可见：

（1）爆破开挖完成，地基岩体受爆破扰动影响松弛深度范围在0～2.55m，其中最大值S2孔（点）位为2.55m、其次为S3孔（点）位为1.70m，这两个孔（点）位皆因试爆阶段未控制好爆破参数引起。

（2）除试爆阶段外，其余检测孔（点）位地基岩体受爆破扰动影响松弛深度范围在0～1.35m，其中最大值S6孔（点）位为1.35m，除此之外，地基松弛深度均未超过1.0m。

（3）声波法和面波法均能较好地反映地基岩体松弛特性，相比之下，声波法的检测效果优于面波法，分辨率更高。

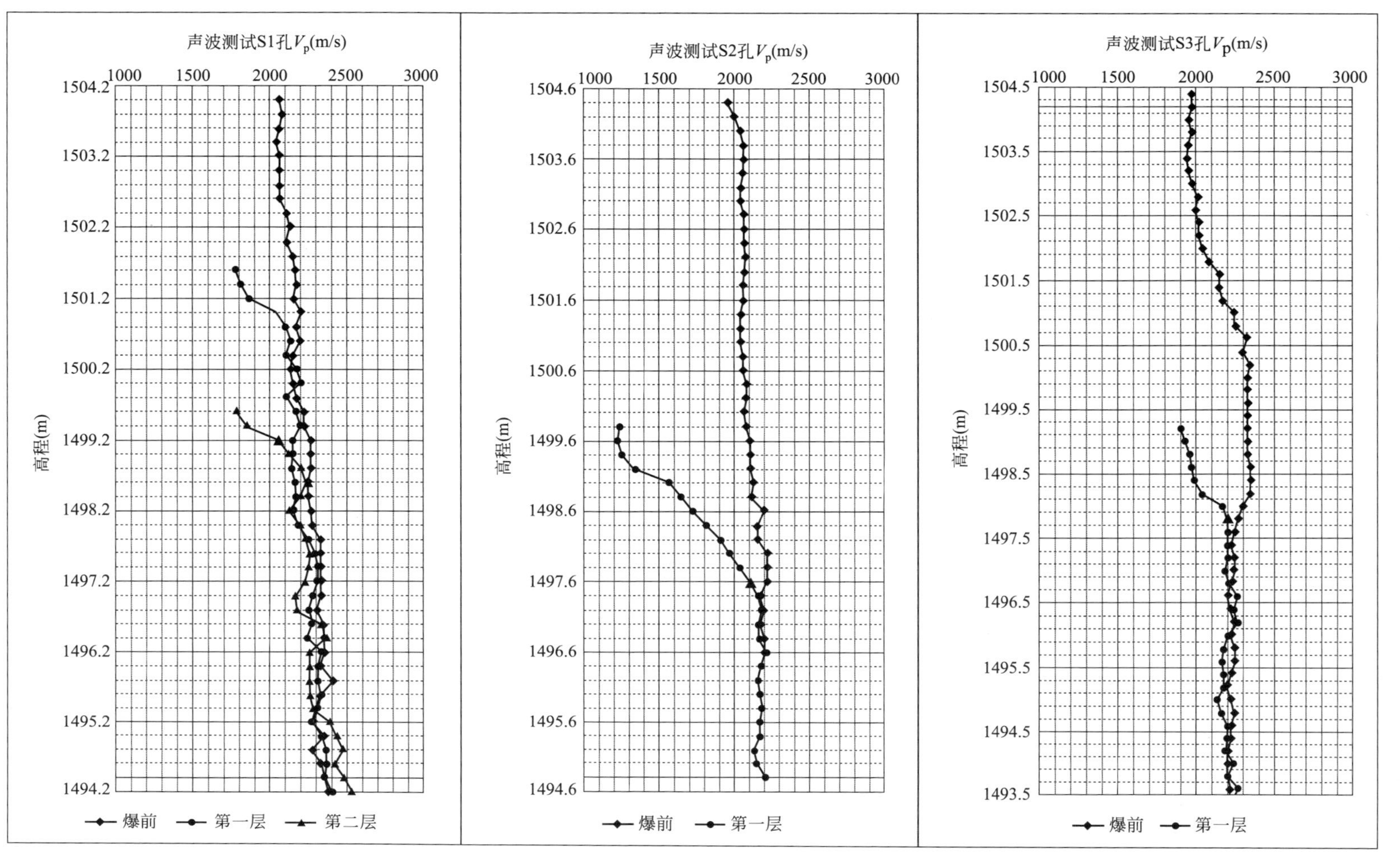

图 7.2-26 部分测点声波检测数据图

为防止爆破振动对周围建（构）筑物产生扰动影响，确保爆破振动对高速公路收费站、天水路黄河大桥（高架桥）、周围民居等的影响在标准规定范围之内，需要进行质点振动监测。

对黄河大桥进行质点振动速度监测数据（部分）见表 7.2-17。

质点振动速度监测成果表 **表 7.2-17**

监测位置	时间	径向(X)(cm/s)	切向(Y)(cm/s)	垂向(Z)(cm/s)
黄河大桥墩下	2015.06.22 17:57:00	0.16	0.22	0.09
	2015.06.23 18:15:03	0.68	0.35	0.61
	2015.06.24 18:05:41	0.84	0.86	0.78
	2015.06.30 15:27:27	0.19	0.14	0.22
	2015.07.19 18:47:02	0.19	0.14	0.22

根据《爆破安全规程》GB 6722—2011 爆破振动安全允许标准，本次爆破作业过程中未对黄河大桥造成安全影响。

以上各质点振动速度监测曲线见图 7.2-27。

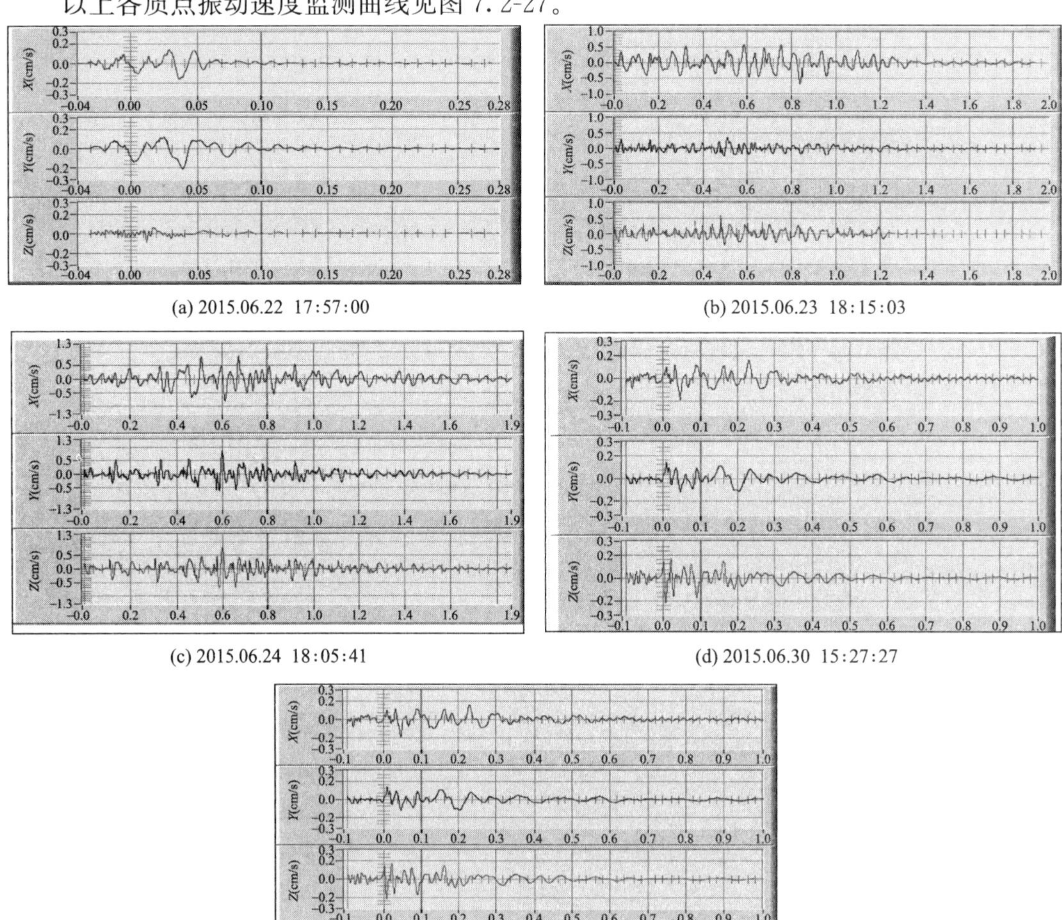

(a) 2015.06.22 17:57:00

(b) 2015.06.23 18:15:03

(c) 2015.06.24 18:05:41

(d) 2015.06.30 15:27:27

(e) 2015.07.19 18:47:02

图 7.2-27 质点振动速度监测曲线

5. 检测结论

通过对兰州名城广场建设项目地基爆破振动检测，得出以下结论：

（1）实施爆破施工时，应根据场地条件、工程设计特征和周边环境布置检测孔，评估爆破对地基和周边环境的影响，在爆破过程中随时跟进检测，根据检测结果及时调整装药量、优化爆破方案。

（2）爆破方案未优化前，爆破对地基岩体的扰动破坏作用强烈，松弛深度达到 2.55m，对地基岩体存在明显的扰动破坏，对场地相邻的黄河大桥、居民住宅楼、市政管线、滨河道路和河堤存在较大的扰动风险。

（3）通过对爆破方案进行调整优化，明显减小了对地基岩体的扰动影响，岩体松弛深度基本控制在 1m 深度范围内。采用浅孔小药量逐层爆破的方式进行爆破作业，可保证地基岩体不受振动扰动影响，同时确保周边建（构）筑物、基坑边坡、基坑边坡围护桩、边坡土钉墙的安全。

（4）随着爆破深度加深，应逐渐减小装药量和爆破层厚度，爆破至主楼基底标高附近时，应控制爆破松弛深度应控制到小于 1.0m，同时预留一定厚度的保护层，可基本保证主楼基底不受破坏。

（5）通过质点振动速度监测说明，本次爆破作业未对黄河大桥、市政管线、滨河道路等周边环境造成安全影响。

7.2.7　主体沉降观测

1. 观测内容

1 号、2 号、3 号、4 号超高层塔楼及裙楼竖向位移变形。

2. 观测阶段

兰州名城广场主体沉降观测进行至第二十阶段测量工作时，1 号楼施工至 61 层即将封顶（1 号楼总层高为 61 层），2 号楼已封顶，3 号楼已封顶，4 号楼已封顶，裙楼已封顶。主楼封顶后，建筑物主体沉降大部分已完成，本阶段的沉降观测数据可评估地基总体沉降变形量。

3. 观测成果

兰州名城广场主体沉降观测、裙楼沉降观测成果见图 7.2-28。

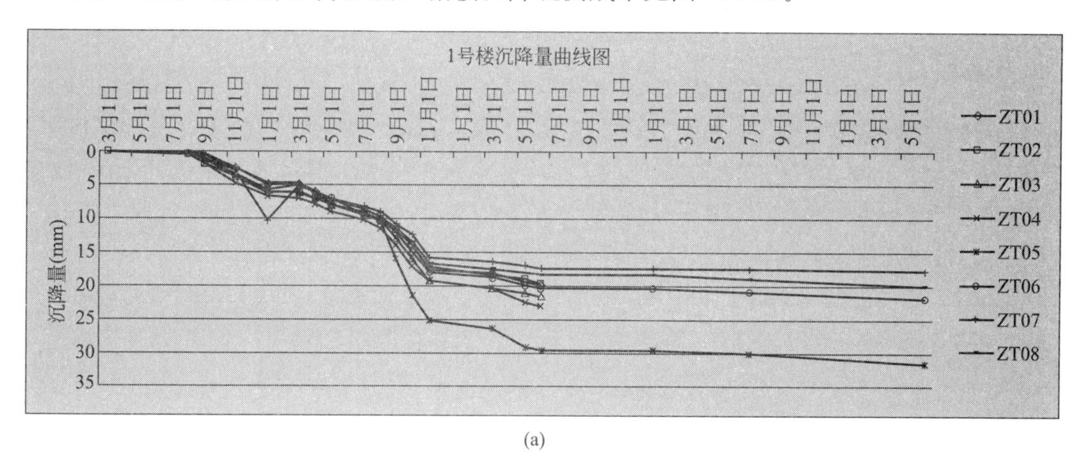

(a)

图 7.2-28　塔楼及裙楼沉降量曲线图

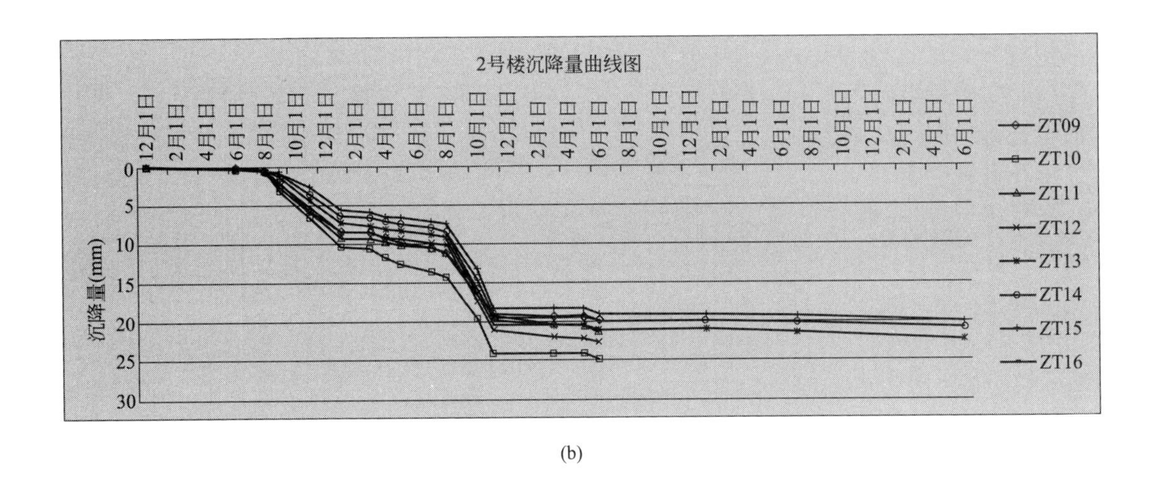

(b)

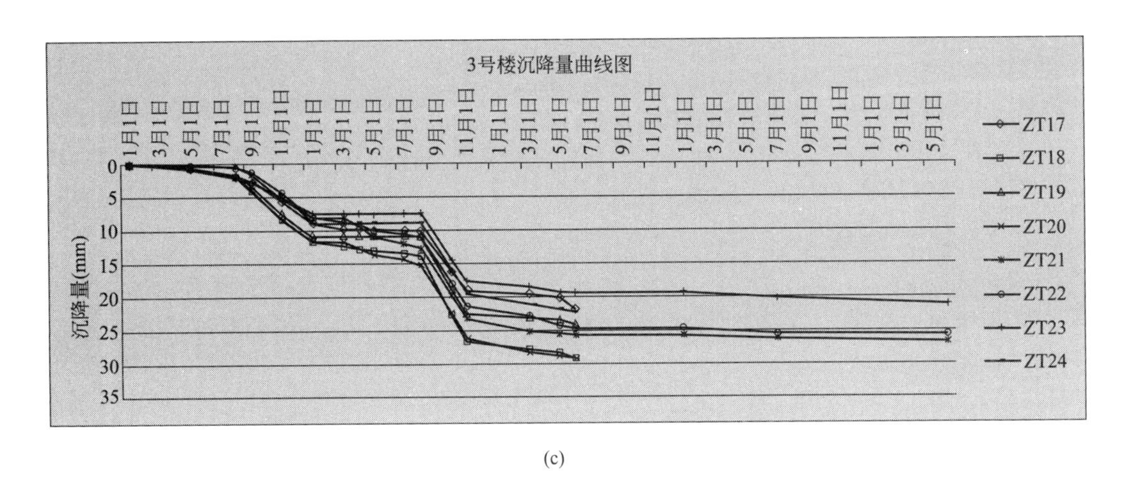

(c)

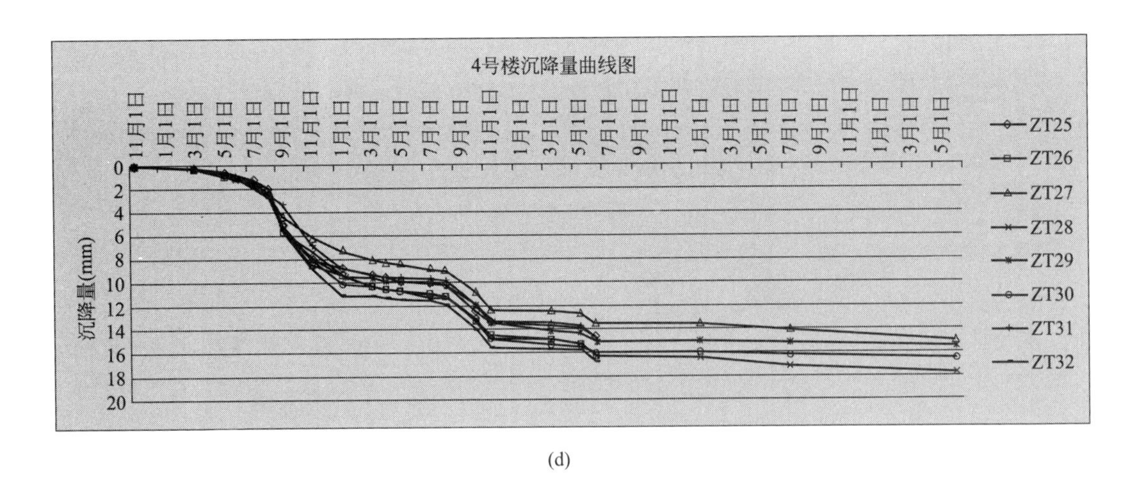

(d)

图 7.2-28　塔楼及裙楼沉降量曲线图（续）

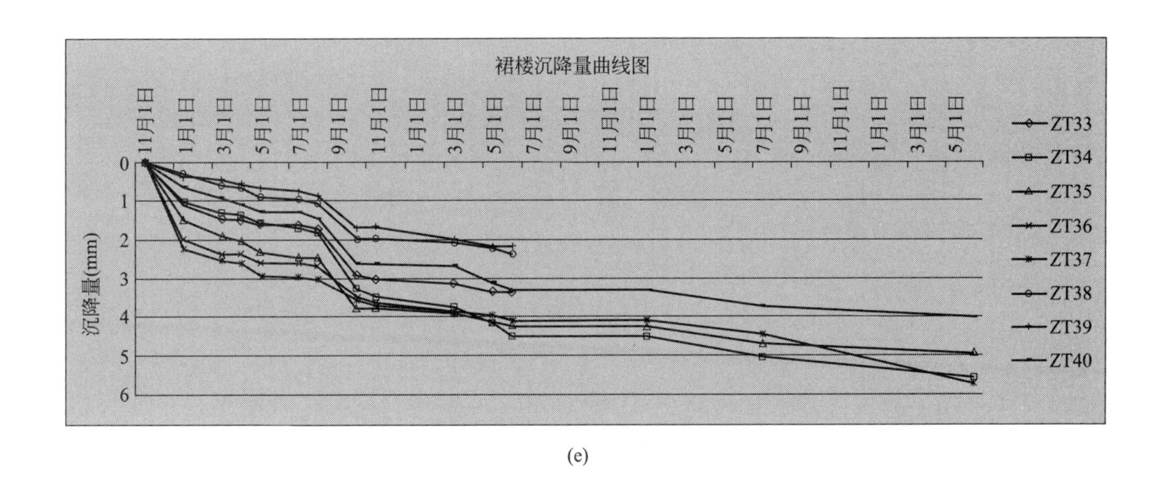

(e)

图 7.2-28　塔楼及裙楼沉降量曲线图（续）

4. 本阶段主体沉降观测分析

（1）1 号楼施工至 61 层，建筑物已竣工。目前建筑物累计沉降量最大为 ZT05，27.11mm，累计沉降速率为 0.04mm/d。

（2）2 号楼已封顶，建筑物已竣工。目前建筑物累计沉降量最大为 ZT10，24.22mm，累计沉降速率为 0.02mm/d。

（3）3 号楼已封顶，建筑物已竣工。目前建筑物累计沉降量最大为 ZT20，28.23mm，累计沉降速率为 0.03mm/d。

（4）4 号楼已封顶，建筑物已竣工。目前建筑物累计沉降量最大为 ZT30，16.21mm，累计沉降速率为 0.02mm/d。

（5）裙楼已封顶，建筑物已竣工。目前建筑物累计沉降量最大为 ZT37，5.43mm，累计沉降速率为 0.01mm/d。

5. 主体沉降观测结果分析验证

从各塔楼主体沉降观测结果来看，沉降发展与施工加荷关系密切，主体封顶后沉降已趋于稳定；主楼封顶后沉降量介于 16.21～28.23mm，已基本趋于稳定，且各主楼地基沉降均匀，预计后期主楼装修加荷后沉降量将有一定增加，但总体幅度较小，沉降量满足规范要求。

7.3　甘肃财富中心项目

7.3.1　工程概况

甘肃财富中心项目位于兰州市城关区天水南路与火车站东路十字路口的东北角，为原兰山商城及兰山宾馆旧址，场地东侧毗邻和谐家园和兰州客运中心，北侧毗邻紫金花酒店，西侧紧邻天水南路，南临火车站东路，兰州市地铁 2 号线、3 号线、5 号线在此处均设有地铁站，拟建工程场地地理位置见图 7.3-1。

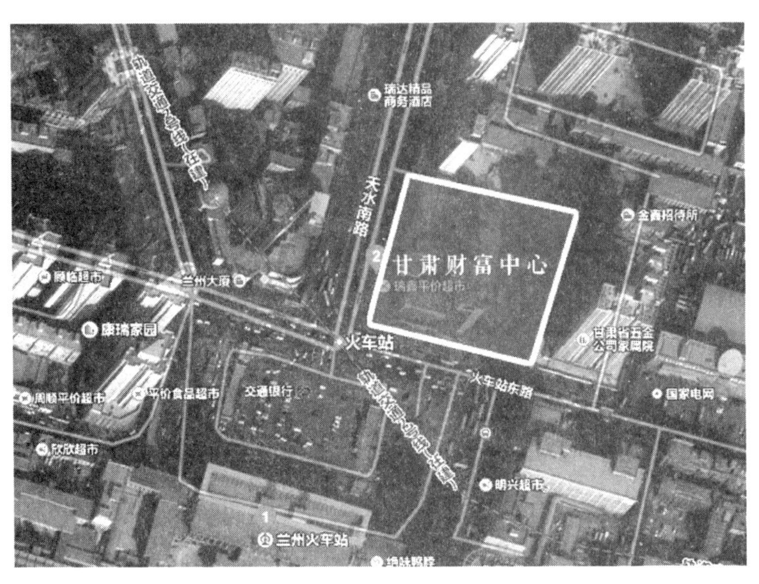

图 7.3-1　拟建工程场地地理位置

拟建场地近似呈正方形，东西长约 129.60m，南北宽约 114.50m，项目用地面积 14511.1m^2，约合 21.767 亩，总建筑面积 178285.3m^2，容积率 8.29；包含 1 栋 49 层办公楼（超高层建筑），总高度 230.4m，平面尺寸约 40.4m×47.6m；1 栋 24 层安置楼（住宅楼），高度 79.5m；裙楼为地上 4 层，裙房高度 19.5m；大底盘地库，共地下 5 层；各建（构）筑物基础埋置深度 21.65～25.00m。该项目定位为集大型商业、甲级办公、豪华公寓、安置住宅、配套幼儿园等多种功能于一体的大型城市综合体的综合类建筑项目，建成后将成为地标性建筑。

本工程拟建建筑物的层数、结构类型、基础形式、基础埋深、地下室等见表 7.3-1。

拟建建筑物规模特征一览表　　表 7.3-1

建筑名称	层数/高度	结构类型	基础形式	基础埋深	基底压力
办公楼	49F/230.4m	框架核心筒	桩筏或筏基	25.00m	1100kPa
住宅楼	24F/79.5m	框架剪力墙	桩筏或筏基	23.05m	530kPa
商业裙房	4F/19.5m	框架剪力墙	筏基+柱墩	21.65m	250kPa

建筑名称	地下室	地下室基底标高	正负零标高	地基基础设计等级
办公楼	5 层地下室	1497.45m	1522.45m	甲级
住宅楼	5 层地下室	1499.40m	1522.45m	甲级
商业裙房	5 层地下室	1500.80m	1522.45m	甲级

7.3.2　工程地质及水文地质条件

1. 工程地质条件

拟建工程场地属于黄河南岸Ⅱ级阶地的后缘地带，该场地原为南山商场，场地总体地势较平坦，地面标高变化于 1520.82～1522.35m。场地原有人为活动频繁，地下埋设物较多。场地地层自上而下分别为杂填土、粉土、饱和粉土、卵石、细砂、强风化砂岩、中风化砂岩，地层岩性描述如下：

(1) ①杂填土（Q_4^{ml}）：杂色，稍湿，疏松，该层主要由混凝土块，砖块、煤灰等建筑垃圾和原有建筑物基础组成，局部含少量生活垃圾，土质不均匀，工程性质差。

(2) ②$_1$ 粉土（Q_4^{al+pl}）：黄褐色，稍湿，稍密，冲洪积成因，土质较均匀，孔隙发育，含黏性土团块。

(3) ②$_2$ 饱和粉土：褐黄—深褐色，湿，密实，饱和，土质较均匀，均匀分布于卵石层顶面。

(4) ③卵石（Q_4^{al+pl}）：杂色，中密—密实，级配较好。该层在场区内分布连续，局部层段夹有细砂透镜体。

(5) ③$_1$ 细砂（Q_4^{al}）：褐黄色，稍密，饱和，砂质较纯净，含土量少，颗粒粒径较均匀，主要由长石、石英碎屑组成，偶含卵石、砾石颗粒，该层在场区分布不连续，以透镜体形式分布于卵石层中。

(6) ④$_1$ 强风化砂岩（N_1）：红褐色，强风化状，泥质结构，裂隙块状或厚层状构造，泥质胶结，岩体强度低，锤击声哑，无回弹，有凹痕，手可捏碎。浸水后，可捏成团，岩体胶结程度差，遇水易软化崩解。

(7) ④$_2$ 中风化砂岩（N_1）：红褐色，泥质胶结，胶结程度比④$_1$ 层较好，岩石强度较低，岩芯可呈柱状，裂隙发育轻微，结构面结合程度较好。

2. 水文地质条件

场地地下水类型为孔隙性潜水，主要赋存于卵石层及风化砂岩中，由大气降水、高阶地地下径流、区外侧向径流和管沟渗水补给，西南往东北流向，排泄于黄河。勘察期间为枯水期，地下水位稳定埋深 1.7～7.2m，对应高程为 1515.07～1516.33m。场地地下水位高程等值线图见图 7.3-2。

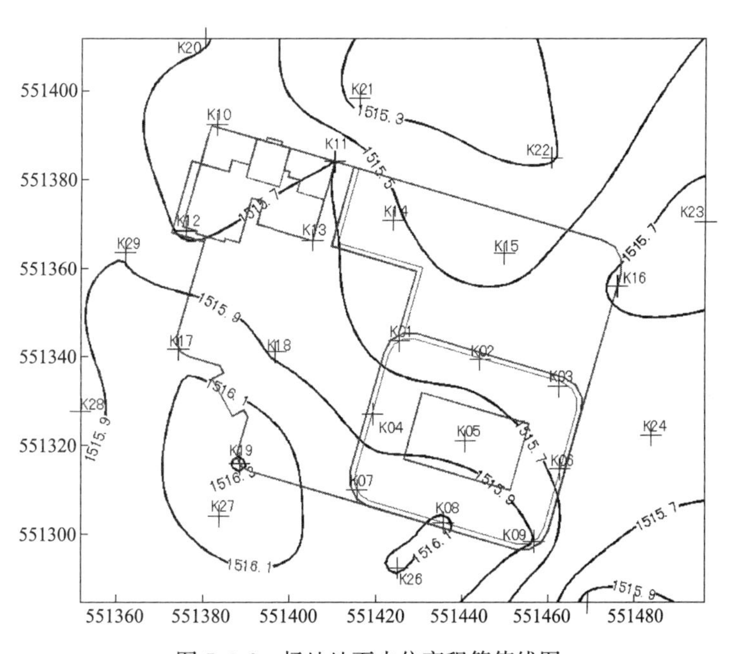

图 7.3-2 场地地下水位高程等值线图

根据《兰州市城市环境地质综合研究报告》，兰州市城关区黄河右岸二级阶地地带，地下水动态主要受季节变化的影响，一年中表现为一个高水位期和一个低水位期，地下水高、低水位期与季节变化同步，水位变化幅度一般为1.0～1.5m，高水位期约3个月，季节性变化明显。

7.3.3 砂岩地基勘察与评价

1. 勘察方案

针对详勘阶段勘察目的及勘察要求，在充分利用前期勘察资料的基础上，布置勘探、测试、试验工作。

（1）勘察原则

考虑场地建筑物总体布置条件，超高层、高层塔楼、裙房及地下室部分按照建筑物边界线采取方格网布孔，裙房和地下室部分勘探点布置间距略大，勘探点布置同时考虑到突出塔楼主体并且兼顾裙楼的原则。塔楼部分勘探点深度以穿透主要地基土受力层为条件，控制性钻孔适当加深。

（2）勘探孔平面布置及孔深

49层超高层塔楼沿建筑物占地范围与轮廓线布设勘探点，方格网布孔，勘探点间距一般为19～22m；地质条件剧烈变化处，加密勘探点。共布设9个勘探点，勘探孔根据任务的不同，分为控制性钻孔和一般性钻孔两种。其中控制性钻孔5个，孔深50～65m；一般性钻孔4个，孔深40m。

24层安置楼沿建筑物轮廓线布设勘探点，方格网布孔，勘探点间距一般为18～30m；地质条件剧烈变化处，加密勘探点。共计布设勘探点4个，勘探孔根据任务的不同，分为控制性钻孔和一般性钻孔两种。其中控制性钻孔2个，孔深45m；一般性钻孔2个，孔深40m。

基坑沿拟建基坑周边线布设勘探点，针对基坑勘探点间距一般为42～48m（不包含建筑物勘探点）；地质条件剧烈变化处，加密勘探点。共计布设勘探点10个，勘探孔根据任务的不同，分为钻孔和探井（先探井后钻孔）两种。其中钻孔10个，深度为40m左右；探井4个，孔深为7～8m。

裙楼方格网布置勘探点，勘探点间距22～27m，以控制地层界线为原则，并充分利用周边高层、超高层塔楼与基坑勘探点以节约工作量。共计布置勘探点6个，孔深大于30m。

（3）原位测试孔深度及要求

动力触探试验：本次勘察在拟建场地共布置动力触探孔6个，在钻孔钻至卵石层后进行动力触探试验，测试层段自揭露的卵石层顶面起至卵石层底面终止。

标准贯入试验：为查明拟建场地地基土的工程性质，评价地基土的密实程度和均匀性，本次勘察对强风化砂岩和细砂（卵石层中的透镜体）进行了标准贯入试验。

旁压试验：本场地共布置5个旁压试验孔，试验深度45～50m，提供新近系砂岩的承载力特征值、旁压模量、变形模量、基床系数等参数。

波速试验：布置5个波速试验孔，测试孔孔深40～64m，提供各土层剪切波速和场地特征周期，以满足抗震设计需要。

（4）勘察工作方法

钻探：采用XY-180型工程钻机进行不同类型勘探点的钻探，查明场地地下水位埋深、地层结构及岩性并在预定深度进行取样和测试。水位以上采用干钻工艺，水位以下采用泥浆护壁或套管护壁钻进工艺。

取样：根据室内试验要求，对不同性质的地基土分别采取原状样和扰动样进行室内试验。回填土和卵石层中采取扰动样进行易溶盐和颗粒分析试验，基岩层中选用单动双管取样器采取原状岩样，钻孔中待水位稳定后采取水样。

地下水位观测：利用施工完毕的钻孔统测稳定水位，观测地下水位的变化趋势。

动力触探试验：采用重型（$N_{63.5}$）和超重型（N_{120}）设备连续或分段进行测试，用以查明场地砂卵石层的力学性质和密实程度。

旁压试验：旁压试验采用PM-2B型预钻式旁压仪，主要由旁压器、量测系统、控制系统及加压系统组成。试验前弹性膜约束力及仪器综合变形均进行标定。试验点的垂直间距5.0m左右，加荷等级为预期临塑压力的1/15～1/20，初始阶段加荷等级相当于试验段静水压力，每级压力分别读取15、30、45、60s变形量，当量测腔扩张体积相当于量测腔固有体积时，或试验压力达到设备极限压力值时终止试验。

波速测试：①利用FDP204PDA掌上动测仪和JQⅢ型井中三分量波速测试检波器在孔内预定深度处进行场地剪切波速测试，测点的垂直间距为1.0m；②超声波测试采用PDS-SW超声波测试仪和“一发双收”换能器，测点的垂直间距为0.2m。

室内水土试验：室内土工试验按照《土工试验方法标准》GB/T 50123—2019实施，进行粗颗粒土的颗粒分析试验以及地基土、地下水的腐蚀性分析试验等。

室内岩石试验：室内岩石试验按照《工程岩体试验方法标准》GB/T 50266—2013实施，除常规物理力学性质试验外，还进行部分岩样的抗压、抗剪、三轴、高压固结、泊松比、弹性模量及渗透系数等参数的测定。

2. 砂岩物理力学性质

（1）砂岩颗粒成分

勘探深度内砂岩试样肉眼观察特征基本相近，新鲜面为红褐色或褐红色，细粒结构，化学成分中主要是硅、铝、钙、镁、钾、铁的氧化物，铁含量高是砂岩外观呈现红色的主要原因。

砂岩颗粒组成指标统计表　　表7.3-2

地层编号	统计指标	颗粒组成(mm,%)			
		2～0.5	0.5～0.25	0.25～0.075	<0.075
强风化砂岩	最大值	3.1	12.2	84.6	9.6
	最小值	3.1	6.5	80.8	6.1
	平均值	1.0	9.0	82.4	7.6
中风化砂岩	最大值	1.8	24.0	80.0	3.9
	最小值	1.1	15.6	70.2	2.9
	平均值	1.0	20.8	74.8	3.3
地层岩性	d_{60}(mm)	d_{30}(mm)	d_{10}(mm)	C_u	C_c
强风化砂岩	0.16	0.10	0.08	2.08	0.86
中风化砂岩	0.19	0.12	0.08	2.24	0.85

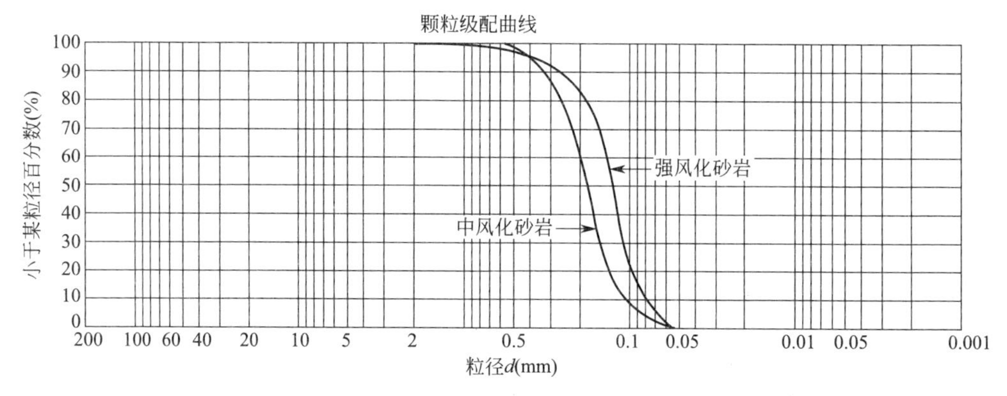

图 7.3-3　风化砂岩颗粒分析曲线

场地强风化和中风化砂岩颗粒分析表明，粒径大多集中于 0.25～0.075mm，含量为 70.2%～81.7%；<0.075mm 粉粒含量为 2.9%～9.6%。砂岩的曲率系数介于 0.84～0.87，不均匀系数介于 2.04～2.36，颗粒均匀，粒径主要分布在 0.075～0.25mm（表 7.3-2、图 7.3-3）。

本工程场地砂岩主要由粒径介于 0.075～0.25mm 的细砂粒组成，粒径大于 0.075mm 的颗粒含量大于 85%，属细砂岩。

（2）砂岩物理性质试验

为评价④$_1$ 层强风化砂岩和④$_2$ 层中风化砂岩的物理性质，本次勘察在不同深度位置采取岩石试样进行室内岩石物理性质试验，分析统计结果见表 7.3-3。

砂岩层物理性质指标统计成果表　　　　**表 7.3-3**

地层编号	统计项目	含水率 ω（%）	块体密度 ρ（g/cm^3）	干密度 ρ_d（g/cm^3）	吸水率（%）	弹性模量 E（$\times10^4$MPa）	泊松比 μ
④$_1$ 层强风化砂岩	统计个数	55	16	16	4	4	4
	最大值	22.00	2.17	1.87	30.39	0.071	0.42
	最小值	6.00	1.77	1.50	29.26	0.010	0.21
	平均值	15.41	2.05	1.76	29.84	0.026	0.28
	标准差	3.38	0.10	0.09	/	/	/
	变异系数	0.219	0.049	0.053	/	/	/
	标准值	16.19	2.01	1.72	/	/	/
④$_2$ 层中风化砂岩	统计个数	20	20	20	3	3	3
	最大值	12.51	2.26	2.11	29.90	0.063	0.23
	最小值	8.69	2.04	1.87	28.74	0.028	0.22
	平均值	10.79	2.16	1.95	29.39	0.044	0.23
	标准差	1.21	0.05	0.05	/	/	/
	变异系数	0.112	0.022	0.028	/	/	/
	标准值	11.26	2.14	1.92	/	/	/

由统计结果可见，④$_1$ 层强风化砂岩含水率介于 6.00%～22.00%，平均值为 15.41%，④$_2$ 层中风化砂岩含水率介于 8.69%～12.51%，平均值为 10.79%。④$_1$ 层强风化砂岩吸水率介于 29.26%～30.39%，平均值为 29.84%，④$_2$ 层中风化砂岩吸水率介于 28.74%～29.90%，平均值为 29.39%。

④$_1$ 层强风化砂岩块体密度平均值为 2.05g/cm^3，干密度平均值为 1.76g/cm^3，④$_2$ 层中风化砂岩块体密度平均值为 2.16g/cm^3，干密度平均值为 1.95g/cm^3。④$_1$ 层强风化砂岩弹性模量平均值为 0.026×10^4MPa，泊松比平均值为 0.28，④$_2$ 层中风化砂岩弹性模量平均值为 0.044×10^4MPa，泊松比平均值为 0.23。

随着深度的增加，砂岩中的含水率具有降低趋势，密度具有增大趋势。

（3）砂岩浸水崩解特征

通过现场简易崩解试验，将天然湿度状态的强风化和中风化砂岩试样置于清水中，观察其渐进崩解过程，浸水 2h 后崩解特征如图 7.3-4 所示，强风化砂岩浸水后完全崩解成颗粒状，中风化砂岩则是轻度崩解。

(a) 强风化砂岩(浸泡2h)

(b) 中风化砂岩(浸泡2h)

图 7.3-4　砂岩崩解性特征

（4）砂岩渗透性试验

地基岩土的渗透系数是反映其渗透能力的定量指标，也是渗流计算、水文地质条件评价和地下水控制所需的基本参数。对现场采取的风化砂岩试样进行室内渗透试验，试验结果见表 7.3-4。

砂岩层渗透系数统计成果表　　　　**表 7.3-4**

地层编号 / 渗透系数	值别	④$_1$ 层强风化砂岩	④$_2$ 层中风化砂岩
垂直方向 K_v(cm/s)	最大值	9.57×10^{-3}	3.12×10^{-3}
	最小值	4.31×10^{-3}	2.06×10^{-5}
	平均值	7.45×10^{-3}	1.04×10^{-3}
	频 数	7	4
水平方向 K_h(cm/s)	最大值	5.34×10^{-3}	—
	最小值	2.31×10^{-3}	—
	平均值	4.17×10^{-3}	—
	频 数	7	—

室内渗透试验表明：强风化砂岩垂直方向渗透系数介于 $4.31\times10^{-3}\sim9.57\times10^{-3}$cm/s，平均值为 7.45×10^{-3}cm/s，水平方向渗透系数介于 $2.31\times10^{-3}\sim5.34\times10^{-3}$cm/s，平均值为 4.17×10^{-3}cm/s；中风化砂岩层垂直方向渗透系数介于 $2.06\times10^{-5}\sim3.12\times10^{-3}$cm/s，平均值为 1.04×10^{-3}cm/s。依据《水利水电工程地质勘察规范》GB 50487—2008 岩土体渗透性分级，强风化砂岩属于中等透水层，中风化砂岩属于中等—弱透水层。

（5）砂岩无围压应力条件下破坏强度

为测定强风化及中风化砂岩的单轴抗压强度，本次勘察在不同深度位置采取 20 组岩石试样进行室内单轴抗压强度试验，分析统计结果见表 7.3-5，单轴抗压强度随深度变化曲线见图 7.3-5。

砂岩层单轴抗压强度统计成果表 **表 7.3-5**

地层编号	值别	单轴抗压强度(天然)MPa	单轴抗压强度(干燥)MPa
④$_1$ 层强风化砂岩	频数	16	16
	最大值	0.16	0.76
	最小值	0.02	0.21
	平均值	0.06	0.43
	标准差	0.04	0.18
	变异系数	0.626	0.417
	标准值	0.05	0.35
④$_2$ 层中风化砂岩	频数	4	4
	最大值	0.94	10.7
	最小值	0.59	2.69
	平均值	0.72	5.94

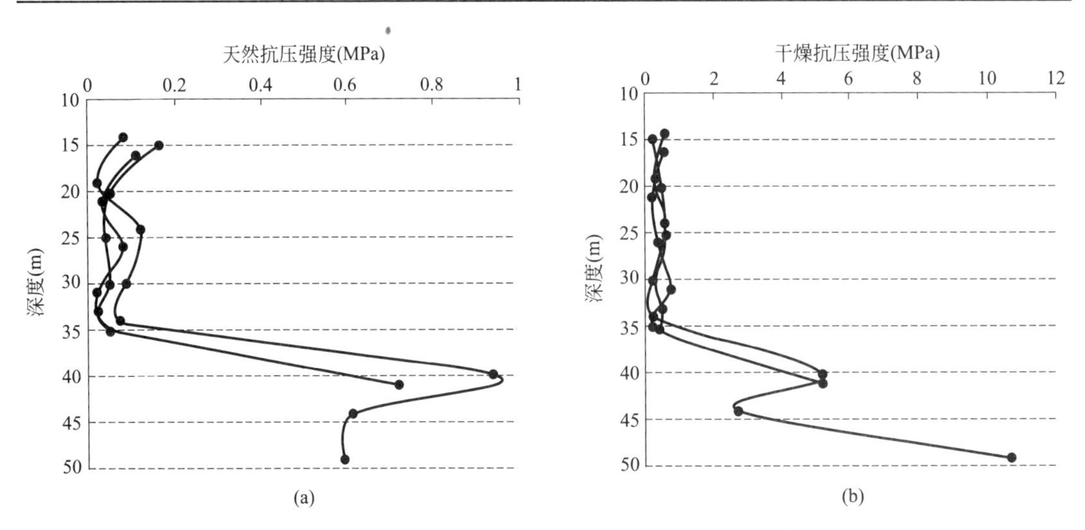

图 7.3-5 场地不同勘探点砂岩单轴抗压强度-深度曲线

本次单轴抗压试验采用CSS-WAW1000DL电液伺服万能试验仪，图7.3-6为单向压缩条件下的砂岩破坏模式，砂岩在单向压缩条件下的破坏形式主要以柱状劈裂破坏为主，说明砂岩内部原生裂隙不发育，在轴向荷载作用下，产生张拉破坏，而极少部分中风化砂岩试样出现剪切破坏。

(a) 劈裂破坏

(b) 剪切破坏

图7.3-6 单向压缩条件下的破坏模式

试验结果表明：④$_1$层强风化砂岩天然抗压强度最大值为0.16MPa，最小值为0.02MPa，标准值为0.05MPa；④$_2$层中风化砂岩天然抗压强度最大值为0.59MPa，最小值为0.94MPa，标准值为0.72MPa。岩石饱和单轴抗压强度R_c<5.0MPa，属于极软岩。岩石的软化系数均小于0.75，属于易软化岩石。

（6）砂岩有围压应力条件下破坏强度

对采取的风化砂岩试样进行不固结不排水三轴压缩（UU）试验，围压采用100kPa、200kPa、300kPa、400kPa。通过对十三组砂岩样品天然湿度状态的不固结不排水三轴试验，砂岩的压缩强度随围压增大会有大幅度提高，试验结果主要体现了围压效应。

强风化砂岩在天然湿度状态单轴抗压强度平均值0.06MPa，三轴状态试验时，即使在最低围压0.1MPa时，强度也提高了6.9倍；在0.4MPa围压下，强度提高了28.5倍；中风化砂岩在天然湿度状态单轴抗压强度平均值0.72MPa，三轴状态试验时，即使在最低围压0.1MPa时，强度也提高了1.3倍；在0.4MPa围压下，强度提高了3.4～4.7倍。随围压增加破坏强度增加，随深度增加破坏强度具有增大趋势。

砂岩三轴压缩试验试样破坏形式见图7.3-7，由于围压的作用抑制了试样内部微裂纹的发展，使得三轴压缩下砂岩的破坏形式由劈裂破坏向剪切破坏机制转变。

（7）砂岩抗剪强度试验

对砂岩试样直剪试验及三轴试验求得的黏聚力和内摩擦角的统计结果见表7.3-6。

图 7.3-7　砂岩三轴压缩试验试样破坏图片

砂岩层抗剪强度试验指标统计表　　表 7.3-6

地层编号	试验指标	直剪试验		三轴试验	
		c(kPa)	φ(°)	c(kPa)	φ(°)
④$_1$ 层强风化砂岩	最大值	13.00	41.30	26.35	44.5
	最小值	2.00	25.00	8.81	31.00
	平均值	8.00	29.84	11.85	35.34
	标准差	3.45	4.46	5.63	4.89
	变异系数	0.431	0.149	0.475	0.138
	标准值	6.52	28.00	8.33	32.28
④$_2$ 层中风化砂岩	最大值	—	—	42.94	52.00
	最小值	—	—	20.13	46.60
	平均值	—	—	26.41	48.20

注：直剪试验方法为直接快剪；三轴试验的围压按 100/200/300/400kPa 进行。

根据不排水直接快剪试验结果，④$_1$ 层强风化砂岩黏聚力值为 2.0～13.0kPa，内摩擦角为 25.0°～41.3°，而三轴不固结不排水剪切试验测得的黏聚力为 8.8～26.4kPa，内摩擦角为 31.0°～44.5°。与直剪强度相比，在围压作用下，其内摩擦角略有增大，但增幅较小，黏聚力的增长幅度较大。

通过三轴压缩试验与直剪试验成果分析，围岩对砂岩抗剪强度的贡献主要在于增加其黏聚力。这对如何防止应力释放，保护砂岩的原始应力状态，充分利用其工程特性是很有意义的。无侧限试验结果不能代表岩体的实际状况，按岩体所处深度采用一定围压条件下的破坏强度评价软质岩体地基的承载力和强度指标，更为合理。

（8）砂岩压缩变形试验

为了评价砂岩在不同竖向压力条件下的压缩变形性质，将砂岩芯样现场采取环刀试样，进行室内压缩试验（加荷至 3200kPa），分析各级压力下试样的压缩变形规律。试验统计结果见表 7.3-7，强风化和中风化砂岩 e-p 曲线见图 7.3-8。

砂岩层抗剪强度试验指标统计表　　表 7.3-7

风化程度	含水率(%)	密度(kN/m³)	孔隙比 e_0	饱和度(%)	各级压力(MPa)压缩系数 a_i				
					0.05～0.15	0.1～0.2	0.3～0.4	0.8～1.6	1.6～3.2
强	20.8	2.04	0.587	97	0.09	0.07	0.04	0.03	0.01
中	13.9	2.14	0.436	86	0.06	0.06	0.03	0.01	0.01

风化程度	各级压力(MPa)压缩模量 E_{si}(MPa)				
	0.05～0.15	0.1～0.2	0.3～0.4	0.8～1.6	1.6～3.2
强	12.7	21.3	39.8	67.4	128.0
中	24.3	26.2	44.3	109.0	142.8

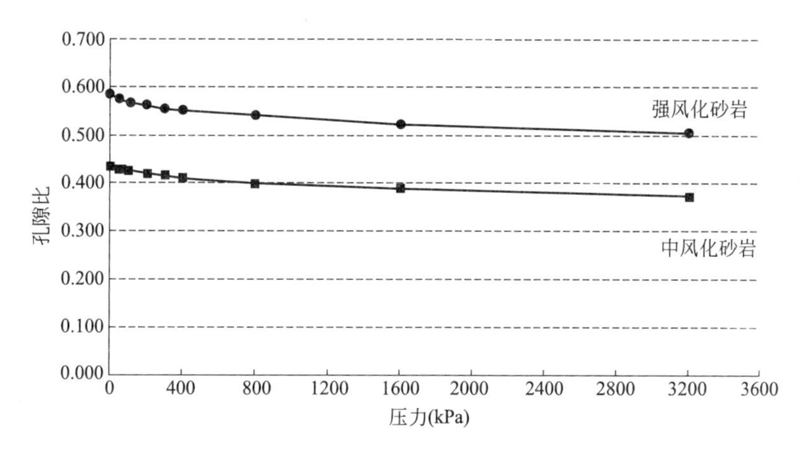

图 7.3-8　强风化及中风化砂岩压缩 e-p 曲线

试验结果表明，砂岩在各级压力下，均呈现低压缩性。在 800～1600kPa 压力段，压缩系数介于 0.01～0.03，压缩模量介于 67.4～109.0MPa。随试验压力增加，压缩性减小，且随压力增加到 1.6MPa，中、强风化砂岩压缩性接近。

(9) 砂岩标准贯入试验

为查明拟建场地地基土的工程性质，评价地基土的密实程度和均匀性，本次勘察对④$_1$ 层强风化砂岩进行了标准贯入试验。标准贯入试验锤击数实测值和杆长修正值统计结果见表 7.3-8。

强风化砂岩标准贯入试验统计表　　表 7.3-8

地层名称及编号		实测 N(击)	修正后 N'(击)
④$_1$ 层强风化砂岩	最大值	182.0	109.2
	最小值	120.0	98.0
	平均值	151.8	103.8

据标准贯入试验统计，④$_1$ 层强风化砂岩标准贯入实测击数 N 一般介于 120～182 击，土体密实程度差异较小，密实程度较高；标准贯入击数 N 平均值 151.8 击，结合地区工程经验，综合评价④$_1$ 层强风化砂岩呈密实状态。

（10）旁压试验

经现场旁压试验测定，本工程强风化及中风化砂岩的地基承载力特征值、旁压模量、旁压剪切模量、基床系数见表7.3-9。

强风化及中风化砂岩旁压试验成果汇总表　　表7.3-9

试验编号	风化程度	试验深度(m)	p_0 (kPa)	p_f (kPa)	p_L (kPa)	$\lambda(p_f-p_0)$ (kPa)	$\frac{(p_L-p_0)}{2}$ (kPa)	旁压模量E_m (MPa)	旁压剪切模量G_m (MPa)	基床系数K_h (MPa/m)	承载力特征值f_{ak} (kPa)
K01	强	12	235	1986	3765	1226	1765	43.5	17.0	669.9	1226
		17	425.8	2218.5	3895	1255	1735	33.6	13.1	473.5	1255
		22	415.8	2610	4768	1536	2176	39.8	15.5	610.3	1536
		27	490.5	2385	4665	1326	2087	56.3	22.0	832.6	1326
		32	253	2596	4685	1470	2216	82.3	32.2	1118.9	1470
	中	37	510	2410	4716	1425	2103	40.2	16.4	630.0	1425
		42	445.8	2415	4655	1477	2105	44.5	18.1	658.0	1477
		47	485.8	2824.8	4730	1754	2122	75.3	30.6	1134.0	1754
K10	强	15	310	1990	3061	1176	1376	36.0	14.0	504.1	1176
		20	284	2013	3869	1210	1793	48.0	18.8	699.3	1210
		25	320	2425	3995	1474	1838	51.4	20.1	806.8	1474
		30	410	2230	4082	1274	1836	41.5	16.2	603.5	1274
		35	445	2421.8	4500	1384	2028	69.4	27.1	1074.4	1384
	中	40	450	2421	4585	1478	2068	79.8	32.4	1173.6	1478
		45	541	2412	4681	1403	2070	68.8	28.0	1005.8	1403
K13	强	12	223	1574	3130	946	1454	35.3	13.8	540.6	946
		17	267	1815	3552	1084	1643	43.4	16.9	628.9	1084
		22	245	1805	3310	1092	1533	79.1	30.9	1230.7	1092
		27	356	1918	3552	1093	1598	72.4	28.3	1110.8	1093
		32	335	2421	3730	1460	1698	84.9	33.2	1297.3	1460
		37	352	2610	3975	1581	1812	91.0	35.5	1397.1	1581
	中	42	450	2785	4395	1751	1973	79.9	32.5	1278.3	1751
		45	403	2795	4810	1794	2204	76.7	31.2	1071.4	1794
K05	强	10	435	1708	3365	891	1465	20.5	8.0	312.0	891
		13	410	1753	3630	940	1610	23.3	9.1	332.0	940
		19	347	1715	3610	958	1632	29.9	11.7	426.3	958
		24	425	2287	3786	1303	1681	31.9	12.5	440.7	1303
		29	374	2623	4500	1574	2063	45.2	17.6	694.4	1574
		34	400	2655	4608	1579	2104	44.5	17.4	615.4	1579
		39	308	2551	4550	1570	2121	38.7	15.1	583.8	1570
	中	44	445	2725	4765	1710	2160	94.3	38.3	1413.3	1710
		49	625	2810	4875	1639	2125	74.0	30.1	1049.8	1639

续表

试验编号	风化程度	试验深度(m)	p_0 (kPa)	p_f (kPa)	p_L (kPa)	$\lambda(p_f-p_0)$ (kPa)	$\frac{(p_L-p_0)}{2}$ (kPa)	旁压模量 E_m (MPa)	旁压剪切模量 G_m (MPa)	基床系数 K_h (MPa/m)	承载力特征值 f_{ak} (kPa)
K09	强	14	326	1218	2180	624	927	26.8	10.5	425.0	624
		18	301	1496	2521	837	1110	37.5	14.6	581.6	837
		24	625	2306	3662	1329	1519	37.8	14.7	577.7	1329
		28	305	2412	4254	1475	1975	81.2	31.7	1167.0	1475
		33	415	2578	4367	1514	1976	49.2	19.2	741.7	1514
		38	458	2615	4578	1510	2060	46.8	18.3	703.7	1510
	中	43	451	2723	4678	1704	2114	114.2	46.4	1716.8	1704
		48	341	2589	4723	1686	2191	83.1	32.4	1172.7	1686

对两种地基承载力计算方法进行分析比较，结合岩石试验与之相关性，本次利用旁压试验特征曲线确定砂岩承载力时主要选用临塑荷载法，对强风化砂岩和中风化砂岩统计见表7.3-10。

强风化及中风化砂岩旁压试验成果统计表 **表7.3-10**

岩性	承载力特征值 f_{ak}(kPa)	旁压模量 E_m(MPa)	剪切模量 G_m(MPa)	水平基床系数 K_h(MPa/m)
④$_1$ 层强风化砂岩	1270	48	19	719
④$_2$ 层中风化砂岩	1627	78	31	1150

$(p_L-p_0)/2$、p_f-p_0、E_m 随深度变化散点图，见图7.3-9和图7.3-10。

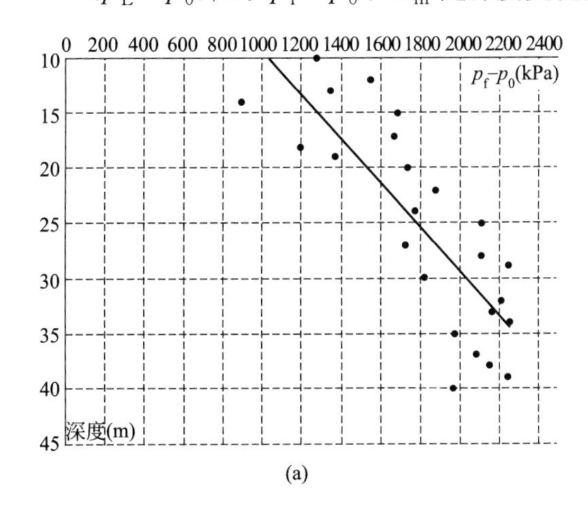

(a)

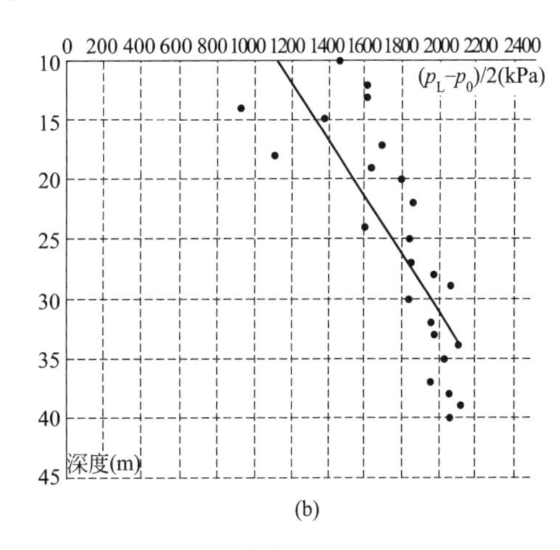

(b)

图7.3-9 旁压试验 p_f-p_0 和 $(p_L-p_0)/2$ 随深度变化散点图

由上述散点图分析，p_f-p_0 随深度增加呈增长趋势，表现为随深度增加（风化程度相应降低），按照临塑荷载法确定的地基承载力也随之增大；$(p_L-p_0)/2$ 随深度增加亦呈增长趋势，地基承载力也相应增大；旁压模量与旁压测试孔成孔质量关系密切，初始压力下的旁压器膨胀量对旁压模量具有明显影响，故随深度增大，旁压模量主要与砂岩直线段（弹性阶段）直线斜率呈对应关系，旁压曲线直线段越平缓，旁压模量越大，直线段越

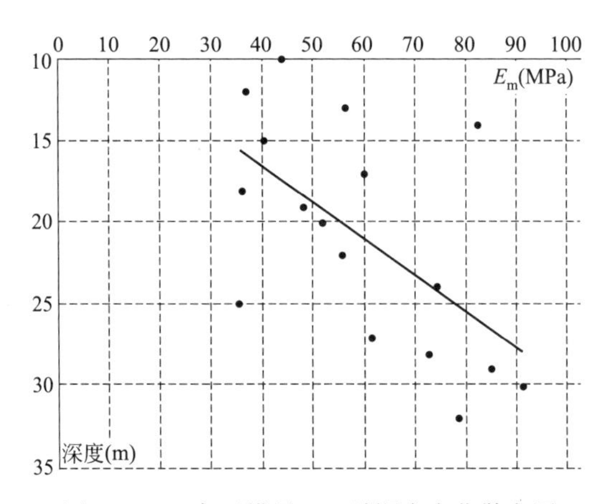

图 7.3-10　旁压模量 E_m 随深度变化散点图

陡，旁压模量越小，也可理解为：随测试深度增大，p_f-p_0 增大，而旁压器膨胀量相对变化较小，故旁压模量也随深度增加而增大；变形模量随深度增加，呈增大趋势。

综合上述分析，本工程强风化及中风化砂岩的地基承载力特征值、变形模量、基床系数建议值见表 7.3-11。

砂岩地基承载力特征值、变形模量、基床系数建议值　　表 7.3-11

地层编号	承载力特征值 f_{ak}(kPa)	变形模量 E_0(MPa)	基床系数 K_v(MPa/m)
④$_1$ 层强风化砂岩	1200	50	80
④$_2$ 层中风化砂岩	1500	80	100

（11）超声波测试

测试仪器使用 PDS-SW 超声波测试仪和“一发双收”换能器，采用单孔检测，将探头放入钻孔中的测试位置，然后自下而上逐点观测，测试点为 0.20m。仪器的发射机通过发射探头发射超声波，经水的耦合，到达井壁传到两接收换能器Ⅰ和Ⅱ，其初至时间分别为 T_1（μs）和 T_2（μs），这样根据两接收探头的距离，计算出测试点处的岩石压缩波波速 V_p。典型钻孔（K05）的波速直方图见图 7.3-11。

室内试验得出场区新鲜完整岩块的压缩波波速为 2397m/s，通过对上述波速直方图分析，得出各地层的压缩波波速，进而得出岩体的波速比 K_v，依据《岩土工程勘察规范》GB 50021—2001（2009 年版）附录 A.0.3，强风化岩石波速比 K_v 介于 0.4～0.6，中风化岩石波速比 K_v 介于 0.6～0.8。K05 钻孔砂岩的风化程度划分见表 7.3-12。

场地岩土体声波测试结果统计表　　表 7.3-12

钻孔编号	深度(m)	地层岩性	压缩波波速		岩石完整性/风化程度(波速比 K_v)		
			范围值	平均值	范围值	平均值	完整性/风化程度
K05	0.0～3.0	杂填土	390～410	400	—	—	—
	3.0～8.0	粉土	480～532	507	—	—	—
	8.0～12.4	卵石	1026～1124	1085	—	—	—
	12.4～35.0	强风化砂岩	1058～1408	1282	0.44～0.59	0.53	破碎/强风化
	35.0～64.6	中风化砂岩	1449～1835	1644	0.60～0.77	0.69	较破碎/中等风化

钻探资料			声波测试成果					
岩性描述	柱状图	层底深度(m)	深度(m)	平均声速(m/s)	岩块声速(m/s)	完整性系数K_v	标尺 m1:100	V_p-H曲线(km/s) 2 4 6 8 10
杂填土		2.80m	3.00m	400	2398	0.03	0.0	0.0m
粉质黏土		5.00m	6.00m	507	2398	0.04		
卵石		4.40m	12.40m	1085	2398	0.21		
强风化砂岩		22.60m	35.00m	1282	2398	0.29	16.1 32.3	
中风化砂岩		29.60m	64.60m	1644	2398	0.47	48.4	

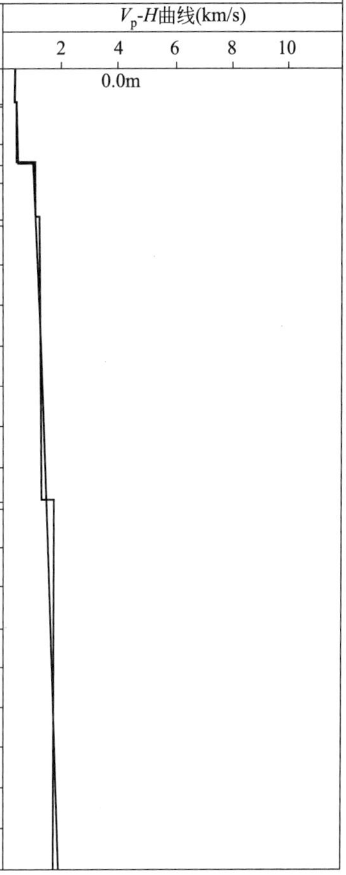

图 7.3-11　典型钻孔（K05）波速直方图

3. 场地及地基地震效应

（1）建筑抗震地段划分

拟建工程场地地形平坦开阔，地基土主要以新近系强风化—中风化砂岩为主，场地为建筑抗震有利地段。

（2）抗震设计参数

根据钻孔检层法剪切波速测试成果，各测试点土层的等效剪切波速 V_{se} 值介于 255～282m/s，剪切波速大于 500m/s 的覆盖层厚度小于 50m，场地土属于中硬场地土，场地类别为Ⅱ类，场地特征周期为 0.45s。

根据《中国地震动参数区划图》GB 18306—2015 及《建筑抗震设计规范》GB 50011—2010（2016 年修订版），兰州市城关区属抗震设防烈度 8 度区，设计基本加速度值为 0.20g，设计地震分组为第三组。

4. 场地的稳定性与适宜性评价

根据现场地质调查和野外工程地质钻探，未发现拟建工程场地及其附近存在滑坡、崩塌、泥石流等不良地质现象。

拟建工程场地原始地貌为黄河南岸Ⅱ级阶地，因场地原有建筑拆迁，场内现存少量拆迁形成的混凝土块、砖块等建筑垃圾，局部还分布有原有建筑物基础。填土层和原有建筑物基础对基坑施工和围护存在不利影响，在施工前应予以清除。

拟建工程场地平坦开阔，场地内及其附近，无断裂或隐伏断裂通过，稳定性良好；距离拟建工程场地最近的断裂为雷坛河断裂，活动年代为晚更新世，全新世以来未继续活动，属非全新世活动断裂，也不属于发震断裂，并且拟建工程场地距离该断裂的直线距离约 4km，可不考虑该断裂对本场地的影响。

根据钻探揭露结果，拟建工程场地岩土体完整，场地地层主要为大厚度新近系砂岩，地基土层位稳定，工程性质良好，承载力高，可作为拟建建筑物基础的良好天然持力层。

综合评价该场地土层稳定、岩土体完整、工程性质良好、承载力高，适宜建设本工程。

5. 场地砂岩工程性质评价

（1）岩体基本质量等级

考虑到超高层塔楼基础施工工艺和设计参数需要，根据《工程岩体分级标准》GB/T 50218—2014 进行岩体基本质量分级。

岩体基本质量分级，根据岩体基本质量的定性特征和岩体基本质量指标（BQ）两者结合确定。

岩体基本质量指标（BQ），按照下式计算：

$$BQ=90+3R_c+250K_v \tag{7.3-1}$$

式中：R_c——岩石单轴饱和抗压强度（MPa）；

K_v——岩体完整性指数。

岩体基本质量指标修正值［BQ］，按下式计算：

$$[BQ]=BQ-100(K_1+K_2+K_3) \tag{7.3-2}$$

式中：$[BQ]$——岩体基本质量指标修正值；

BQ——岩体基本质量指标；

K_1——地下水影响修正系数；

K_2——主要软弱结构面产状影响修正系数；

K_3——初始应力状态影响修正系数。

根据 BQ 值进行岩体基本质量分级，评价结果见表 7.3-13。

按照场区内各岩组岩体钻探岩芯鉴别、室内岩石试验和旁压试验结果综合选取计算参数，修正参数根据岩芯鉴别结果以及场地基本工程地质条件结合区域工程建设经验按照《工程岩体分级标准》GB/T 50218—2014 附录 D 中相关规定综合选取。根据表 7.3-13 计算的结果，结合岩体基本质量的定性特征，综合评定④$_1$ 层强风化砂岩和④$_2$ 层中风化砂岩岩体基本质量等级为Ⅴ级。

BQ 值岩体基本质量分级表 **表 7.3-13**

岩土名称	岩块饱和单轴抗压强度 R_c	岩体完整性指数 K_v	BQ 值	地下水修正影响系数 K_1	主要软弱结构面产状影响修正系数 K_2	初始应力状态影响修正系数 K_3	[BQ]值	岩体基本质量级别
强风化砂岩	0.05	0.25	152.7	0.6	0	0	92.7	Ⅴ级
中风化砂岩	0.72	0.47	209.7	0	0	0	209.7	Ⅴ级

（2）砂岩风化程度划分

依据《岩土工程勘察规范》DB62/T 25—3063—2012 及本次勘探结果综合评定，甘肃财富中心项目新近系砂岩风化程度划分标准见表 7.3-14。

甘肃财富中心项目新近系砂岩风化程度划分标准 **表 7.3-14**

指标	强风化—中风化界线
岩芯完整性	中风化砂岩芯样一般为短柱状
钻机速度	中风化砂岩较缓慢
天然状态单轴抗压强度(MPa)	>0.6(中风化实测值 0.59～0.94)
干燥状态单轴抗压强度(MPa)	>2(中风化实测值 2.69～10.7)
剪切波速(m/s)	500～559
压缩波波速(m/s)	1300～1500
压缩波波速比 K_v	0.6

（3）砂岩的承载力与变形指标确定

根据前述各种试验、测试资料成果分析，依照《建筑地基基础设计规范》GB 50007—2011，参照《工程地质手册》（第五版），结合场地条件与地区经验综合评价，地基承载力特征值及变形指标建议见表 7.3-15。

地基土承载力及变形指标综合评价表 **表 7.3-15**

地层编号		④$_1$ 层强风化砂岩	④$_2$ 层中风化砂岩
建议值	变形模量 E_0(MPa)	50	80
	弹性模量 E(MPa)	0.026×10^4	0.044×10^4
	承载力特征值 f_{ak}(kPa)	1200	1500

6. 地基基础方案分析及建议

（1）砂岩工程性质评价

根据现场勘察成果，结合当地建筑经验，对砂岩工程特性进行评价，具体如下：

④$_1$ 层强风化砂岩：该层在场区内分布较广，层位较稳定，厚度较大，该层岩体岩质较软，含有少量裂隙水，受水浸泡或暴露于地表时易软化崩解，天然状态下其工程性质良好，承载力较高，其承载力和变形指标可满足超高层、高层塔楼和裙楼设计需求。

④$_2$ 层中风化砂岩：该层在场区内分布广泛于强风化砂岩下部，层位较稳定，厚度较大，本次勘察未揭穿，该层岩体节理裂隙发育程度轻微，岩体较完整，岩石强度较高，受水浸泡或暴露于地表时易软化崩解，天然状态下其工程性质良好，承载力高，其承载力和变形指标可满足超高层、高层塔楼和裙楼设计需求，但应注意施工时避免该层扰动或浸水。

（2）地基均匀性评价

拟建项目高层、超高层塔楼具有规模大，荷载重，基础埋置深度大的特点，对地基的变形指标要求较高。裙楼层高 4～5 层，荷载较小，对地基的变形指标要求较低。

场地内超高层、高层塔楼及裙楼基底持力层均为④$_1$ 层强风化砂岩，工程性质良好，水平向和垂直向工程性质差异性小，地基均匀性满足设计要求，属于均匀地基。

（3）地基基础方案分析

本工程建筑群正负零标高为1522.45m，均为五层地下室，49F超高层地下室基底标高为1497.45m，基底压力为1100kPa，24F高层地下室基底标高为1499.40m，基底压力为530kPa，4～5层商业裙房地下室基底标高为1500.80m，基底压力为250kPa。

从场地地基条件上分析，所有建筑物基底位于$④_1$层强风化砂岩上，可供选择的地基基础形式有强风化砂岩天然地基变截面筏板基础、桩端持力层为中风化砂岩的桩筏联合基础、超高层采用桩-筏联合基础，高层和多层裙房采用变截面筏板基础三种形式。

天然地基变截面筏板基础形式：天然地基变截面筏板基础适合于复杂柱网结构，具有基础埋深大、刚度大、整体性强、受力均匀、抗震能力好等特点，能充分发挥地基承载力，对地基反力和地基沉降的调节能力强，在核心筒或荷载较大的柱底易通过改变筏板的截面高度和调整配筋来满足设计要求，同时底板钢筋布置简单、施工难度较小（超厚度板施工的温度控制除外），施工工期短等特点，而且可满足地下空间（如地下停车场、地下商场等）的要求，对周边环境干扰小，造价低，可节约建设成本。

根据勘察结果，场地内强风化砂岩层承载力和变形指标能够满足天然地基筏板基础设计条件，但在地基基础施工时，必须采取相应的保护措施，最大限度地减少施工对地基持力层的扰动，具体如下：

① 考虑到防水要求和筏板基础的整体性，主楼与裙楼之间不设置永久沉降缝。在天然地基上，主楼与裙楼之间的沉降差是很难避免的，为解决沉降差的问题，在主楼与裙楼之间设置后浇带，底部钢筋连通，施工后期沉降基本稳定后，再浇筑混凝土连为整体。

② 采用机械开挖强风化砂岩时，应在基础底面标高以上保留30～50cm厚的原地层，采用人工清底，边清底边用素混凝土垫层迅速封闭。

③ 对于强风化砂岩局部已经扰动或受地下水浸泡软化区域，封底前应挖除扰动层或软化层，采用素混凝土垫层进行换填，防止地基不均匀变形。

④ 素混凝土垫层封闭完后的强风化砂岩不能被再次扰动，采用黏性土或素混凝土回填基坑下部基岩层，保证地基长期稳定。

桩-筏联合基础形式：场地内$④_1$层强风化砂岩承载力和变形指标能够满足天然地基筏板基础设计条件，但若在核心筒及柱网底部增加桩基础，采用桩-筏联合基础，能保证在承担上部结构荷载的同时，可以降低建筑物沉降量，降低塔楼与裙楼间沉降差，不产生过大的不均匀沉降，较好地达到控制变形的目的。桩-筏联合中的桩基础采用泥浆护壁钻孔灌注桩，基桩进入中风化砂岩层中一定深度，由桩、筏板、地基土三部分共同作用，因此桩-筏联合基础承载力更高、稳定性更好、沉降稳定快、沉降量更小，此外还能承受一定的上拔力和水平荷载（如风荷载、地震荷载等）。

根据兰州地区同类型砂岩地层建设经验，若采用桩基础，则存在施工泥浆排放困难、沉渣厚度过大的问题，主要的桩端承载力无从发挥，嵌岩桩变成摩擦桩，从而需增加桩长，造成极大的浪费。后压浆技术可以对桩底沉渣进行加固，消除了桩底“软垫”的挤出刺入破坏，此外，桩端土刚度因注浆而提高，引起桩侧阻力发挥机理增强。但从经济方面考虑，桩-筏联合基础及后压浆造价较高。

按泥浆护壁钻孔灌注桩成桩方式，强风化砂岩和中风化砂岩层桩基设计参数见表7.3-16。

拟建建筑物地基基础方案建议一览表 **表 7.3-16**

地层编号	极限侧阻力标准值 q_{sik}(kPa)	极限端阻力标准值 q_{pk}(kPa)
④$_1$ 层强风化砂岩	80	1400
④$_2$ 层中风化砂岩	140	2000

超高层采用桩-筏联合基础，高层和多层裙房采用变截面筏板基础形式，可以对建筑物有针对性地选用不同基础形式，兼顾筏板基础和桩-筏联合基础优缺点，经济造价介于上两种方案之间。

（4）地基基础方案建议

根据设计场坪标高（±0.00）及建筑物基础埋置深度，各拟建建筑物下地层分布情况，对各建筑物基础形式和持力层选择提出具体建议，详见表 7.3-17。

拟建建筑物地基基础方案建议一览表 **表 7.3-17**

建筑物	层数	场坪标高±0.00(m)	基底标高(m)	基础形式建议	天然地基持力层
超高层	49	1522.45	1497.45	天然地基筏板基础	④$_1$ 层强风化砂岩
高层	24	1522.45	1499.40	天然地基筏板基础	④$_1$ 层强风化砂岩
裙楼	4～5	1522.45	1500.80	天然地基筏板基础	④$_1$ 层强风化砂岩

7.4 兰州环球中心项目

7.4.1 项目概况

拟建兰州环球中心建设项目场地位于兰州市城关区麦积山路以南，民主东路以北，西侧现状为省引大指挥部家属院及周家庄小区，东侧现状为兰泵小区。本项目总用地5.0389 公顷，综合容积率 3.9，总建筑面积 311973.68m^2，其中地上建筑面积196553.76m^2，地下建筑面积 115419.92m^2。项目内含六栋主楼（一栋超高层办公、一栋商业+办公和四栋高层住宅）、南北向纵列的 3 列商业、一个地下车库。

5 号楼为超高层办公楼，工程重要等级为一级，地基基础设计等级为甲级，地上 35 层，地下 4 层，塔楼总高度为 177.85m，拟采用以砂岩为基础持力层的钢筋混凝土平板式筏形基础，基础埋深 17.5m，设计基底压力 996kPa。

7.4.2 工程地质与水文地质条件

场地勘探深度范围内地层主要为第四系松散堆积物及新近系砂岩，自上而下依次为：①杂填土、②卵石、③强风化砂岩、④层中风化砂岩，具体如下：

①杂填土（Q_{ml}^4）：杂色，土质不均匀，主要成分为粉土、灰土及粉细砂，含大量建筑垃圾及碎石，稍湿，稍密。

②卵石（Q_{al+pl}^4）：青灰色，分布连续，偶含漂石，颗粒间呈接触式排列，粒间以中粗砂充填，充填饱满。

③强风化砂岩（N）：棕红色，强风化，细粒结构，薄层状构造。泥钙质半胶结，矿物成分以石英、长石为主。成岩作用较差，所见岩芯呈散状，干时坚硬，遇水扰动或暴露

地表极易软化或风化崩解，扰动后易破碎呈散砂状，属于易软化岩石。

④层中风化砂岩（N）：棕红色，中风化，细粒结构，薄层状构造。泥钙质半胶结，矿物成分以石英、长石为主。岩芯呈短柱状或柱状，干时坚硬，遇水扰动或暴露地表极易软化或风化崩解，扰动后易破碎呈散砂状或块状。工程场地典型地质剖面见图 7.4-1。

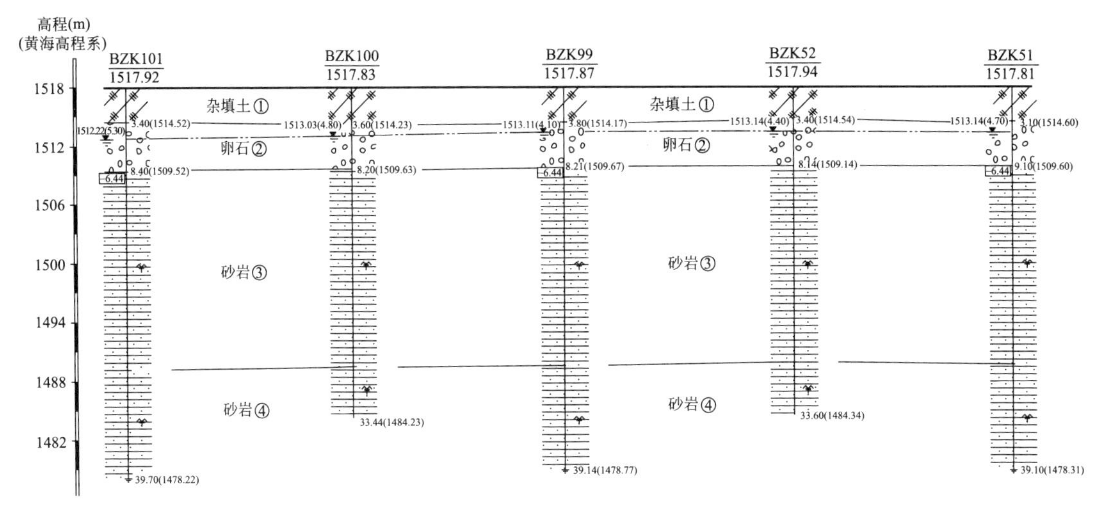

图 7.4-1 典型地质剖面图

场地地下水类型属孔隙潜水，主要赋存于第四系卵石层及强风化砂岩层中，接受大气降水及侧向径流的补给，流向东北，勘察期间在钻孔内测得地下水水位埋深 3.6～4.6m，相应水位高程 1512.71～1513.36m。

③强风化砂岩标准贯入平均值为 40.5（击），波速 V_s 范围在 340～496m/s，平均值 422m/s；④层中风化砂岩波速 V_s 范围在 503～603m/s，平均值 551m/s。天然状态下单轴抗压强度为 1.45～2.32MPa，平均值 1.91MPa，标准值 1.65MPa。

7.4.3 软岩地基承载力试验研究

1. 软岩地基载荷试验目的与任务

载荷试验的目的是对拟作为超高层建筑天然地基的风化砂岩的承载力和变形参数进行综合评价，充分挖掘风化砂岩地基承载力的潜力，获取其承载力极限值和特征值、确定地基的实际性状和地基承载力的修正方式及变形参数。

本次试验具体任务为：

（1）在基坑主楼部位开挖接近基底设计标高后的建筑物范围内选取有代表性的区域进行载荷试验（岩基平板载荷试验和浅层平板载荷试验）；

（2）对比分析载荷试验成果，确定各试验点的实际性状和承载力、变形参数。

（3）模拟不同边载作用下进行平板载荷试验，确定地基承载力的修正方式和深度修正系数。

（4）在基坑内采取岩芯样品进行室内试验，获取风化砂岩物理力学参数，采用理论公式计算承载力系数，与试验参数综合对比分析，得到用于工程设计的深度修正系数。

（5）对载荷试验的试验条件和获取的参数进行综合分析，提供由载荷试验确定的承载力特征值和变形参数，评价能否满足设计要求。

2. 试验方法及思路

（1）常规试验方案及思路

本场地拟作为筏形基础持力层的风化砂岩，具有胶结差，遇水软化、崩解等特殊工程性质，对于半成岩状的新近系风化砂岩承载力的评价与确定，按照岩基载荷试验还是按照地基土浅层平板载荷试验确定，以及承载力是否可以进行深宽修正，目前本地区积累的经验尚少。

根据《高层建筑筏形与箱形基础技术规范》JGJ 6—2011 4.3.3 条，条文说明要求"对于极破碎或易软化的岩基或类似同类土的岩石地基，除应进行岩基平板载荷试验外，还宜进行压板面积不小于 500mm×500mm 的载荷试验，进行对比研究，以便确定地基的实际性状和地基承载力的修正方式及变形参数"。因此，本工程拟同时采用岩基载荷试验和浅层平板载荷试验方法，确定风化砂岩地基的承载力。具体试验参数见表 7.4-1。

常规试验方案参数　　表 7.4-1

试验项目	压板直径（m）	压板面积（cm^2）	预估承载力特征值（kPa）	最大试验荷载	计划试验荷载（提高 30%）
岩基载荷试验（3 点）	0.30	706.5	1050	3 倍 3150kPa/223kN	4095kPa 290kN
浅层平板载荷试验（3 点）	0.60	2826	1050	2 倍 2100kPa/594kN	2730kPa 770kN

（2）边载试验方案及思路

根据收集到本项目的前期勘察及试验资料，结合对类似场地风化砂岩地基承载力解决思路，须对风化砂岩地基能否修正及修正系数进行验证。载荷试验过程中，在承压板周边模拟上覆土压力实施恒载，进行 2 组不同边载压力的静载试验，每组 3 个试验点，共 6 个边载试验。试验参数见表 7.4-2。

边载试验方案参数　　表 7.4-2

边载（kPa）	压板直径（m）	压板面积（cm^2）	预估最大试验荷载（kPa）	计划试验荷载（提高 20%）
100kPa	0.30	706.5	4500kPa/317kN	5400kPa/382kN
200kPa	0.30	706.5	6500kPa/460kN	7800kPa/551kN

（3）室内试验及理论推导

本场地风化砂岩成岩作用较差，岩芯呈散体状，干时坚硬，遇水扰动或暴露地表极易软化或风化崩解，扰动后易破碎呈散砂状。相比勘察过程中通过岩芯管或取样器采取砂岩样品，基坑开挖至风化砂岩层后，更容易取得高质量的原状样品进行室内试验，获得接近天然状态的物理力学参数。

在基坑内载荷试验点周边采取 24 组砂岩样品，进行室内常规试验（12 组）和剪切试验（6 组）以及三轴试验（6 组）。

承载力系数按式（7.4-1）计算：

$$\eta_q = \tan^4(45° + \frac{\varphi_m}{2}) \tag{7.4-1}$$

式中：φ_m——风化砂岩内摩擦角。

3. 砂岩物理力学性质及抗剪强度试验

在载荷试验试坑内采取岩石试样进行室内岩石物理力学性质试验，分析统计结果见表7.4-3。

砂岩物理性质指标统计成果表 **表7.4-3**

地层	统计项目	含水率 ω (%)	块体密度 ρ (g/cm^3)	干密度 ρ_d (g/cm^3)	单轴抗压强度	
					天然(MPa)	干燥(MPa)
强风化砂岩	统计个数	12	12	12	12	12
	最大值	12.87	2.18	1.9	0.136	0.835
	最小值	9.45	1.89	1.72	0.056	0.056
	平均值	11.4	2.0	1.8	0.084	0.385
	标准差	1.120	0.094	0.052	0.027	0.259
	变异系数	1.018	0.047	0.029	0.321	0.672
	标准值	11.61	1.98	1.76	0.070	0.249

由统计结果可见，强风化砂岩含水率介于9.45%～12.87%，平均值为11.4%，块体密度平均值为2.0g/cm^3，干密度平均值为1.8g/cm^3，天然单轴抗压强度介于0.056～0.136MPa，平均值为0.084MPa；干燥单轴抗压强度介于0.056～0.835MPa，平均值为0.385MPa。

风化砂岩试样固结不排水三轴压缩（CU）试验，围压采用200kPa、300kPa、400kPa、500kPa。试验统计结果见表7.4-4。

风化砂岩三轴压缩试验成果统计表 **表7.4-4**

试样编号	σ_3(kPa)	σ_1(kPa)	ρ(g/cm^3)	w(%)	c(kPa)	φ(°)
s1～s4	200	1206.41	1.83	4.50	67.1	41.1
	300	1801.33	1.85	4.65		
	400	2338.61	1.92	6.00		
	500	2605.74	1.92	6.66		
s5～s8	200	1252.62	1.92	5.38	62.47	41.2
	300	1718.5	1.94	7.20		
	400	2240.65	1.98	8.21		
	500	2698.81	1.97	9.05		
s9～s12	200	1200.24	1.97	8.00	55.77	41.3
	300	1733.34	1.98	6.37		
	400	2240.9	1.96	6.82		
	500	2656.52	1.97	6.84		
s13～s16	200	1150.66	1.88	7.81	54.93	41.2
	300	1773.67	1.86	4.25		
	400	2274.18	1.86	4.65		
	500	2572.64	1.98	8.63		

续表

试样编号	σ_3(kPa)	σ_1(kPa)	ρ(g/cm^3)	w(%)	c(kPa)	φ(°)
s17～s20	200	1262.89	1.84	4.50	43.36	43.4
	300	1881.93	1.91	5.00		
	400	2304.99	1.87	6.54		
	500	2913.63	1.86	5.61		
s21～s24	200	1211.55	1.78	3.93	40.5	43.9
	300	1962.1	1.88	4.49		
	400	2433.36	1.98	8.07		
	500	2861.99	1.95	6.65		

4. 浅层平板载荷试验成果与分析

根据试验数据，绘制其 p-s，lg$p$-s，s-lg$t$ 等曲线进行综合分析，判断相应曲线的比例界限、极限荷载值、控制相对变形时的荷载特征值及数值突变时的拐点特征值，综合确定相应载荷试验点的承载力特征值。

根据载荷试验现场破坏形态，各组试验过程中在试验压力接近极限荷载时，承压板边缘土体开始隆起并出现放射状裂纹，随试验压力增加，周边土体隆起高度逐渐增大，放射状裂纹逐渐向外发展，接近破坏时，放射状裂缝末端形成与承压板同圆心的环形裂缝，详见图7.4-2。

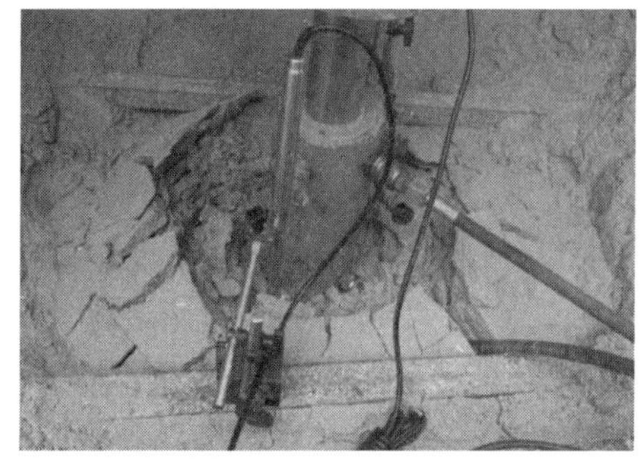

图7.4-2 载荷试验地基土现场破坏形态

地基破坏时周边土体的逐渐隆起及最终环形裂缝的形成表明随荷载增加地基土中塑性区的发展，最终滑裂面发展到地面，本场地风化砂岩地基破坏模式为整体剪切破坏。经对载荷试验分析，各试验点试验结果汇总见表7.4-5。

风化砂岩地基载荷试验结果汇总表 **表7.4-5**

试验指标	试验点号	测读方法	比例界限	0.5倍极限荷载	建议值	平均值	
承载力特征值(kPa)	TZ01	“浅层平板载荷试验要点”	1400	1260	1260	1213	1220
	TZ02		1120	1120	1120		
	TZ03		1400	1260	1260		
	YZ01	“岩基试验要点”	1640	1230	1230	1230	
	YZ02		2000	1230	1230		
	YZ03		2000	1230	1230		

续表

试验指标	试验点号	测读方法	比例界限	0.5 倍极限荷载	建议值	平均值	
变形模量（MPa）	TZ01	“浅层平板载荷试验要点”	$E_0=I_0(1-\mu^2)\frac{pd}{s}$		48.00	49.65	49.0
	TZ02				51.34		
	TZ03				49.61		
	YZ01	“岩基试验要点”			46.00	48.4	
	YZ02				50.18		
	YZ03				49.06		

本场地风化砂岩地基采用“地基土浅层平板载荷试验要点”进行的载荷试验，特征值介于 1120～1260kPa，其平均值为 1213kPa，变形模量为 49.65MPa；按“岩基载荷试验要点”进行的载荷试验，特征值为 1230kPa，变形模量为 48.4MPa。两种测读方式所得的承载力特征值与变形模量基本相同，6 组载荷试验平均值为 1220kPa，极差 140kPa，小于平均值的 30%。

综合确定其承载力特征值 $f_{ak}=1220$kPa，计算变形模量 $E_0=49.0$MPa。

拟建建筑物基础宽度大于 3m、基础埋深大于 0.5m，根据载荷试验标高（−16.5m）与上覆地基土条件（地下水位按勘察期间确定），按照密实粉细砂进行地基承载力特征值深度与宽度修正。

$$f_a=f_{ak}+\eta_b\gamma(b-3)+\eta_d\gamma_m(d-0.5) \tag{7.4-2}$$

式中：f_a——修正后的地基承载力特征值（kPa）；

f_{ak}——本场地平板载荷试验确定的风化砂岩承载力特征值，取 1220kPa；

η_b、η_d——基础宽度和埋置深度的地基承载力修正系数，按规范密实粉细砂确定，宽度修正系数取 2.0，深度修正系数取 3.0；

γ——基础底面以下土的浮重度，本次计算取砂岩浮重度 13kN/m^3；

γ_m——基础底面以上土的加权平均重度，水位以下土层取有效重度，本次根据勘察报告提供的资料计算值为 12.5kN/m^3；

b——基础宽度，大于 6m 时取 6m；

d——基础埋深，取 16.5m，对于主裙楼一体结构超载 p_k，可根据超载换算埋深 $d=p_k/\gamma_m$。

修正后的承载力特征值为 1898kPa，大于基底压力 996kPa，满足设计要求。

5. 存在边载的平板载荷试验成果与分析

根据浅层平板载荷试验结果，本场地风化砂岩受荷后的变形特征与破坏形态接近于密实砂土，呈现整体剪切破坏特征。载荷试验过程中出现的承压板周边土体隆起，最终滑裂面发展至地面形成环形裂缝的现象充分表明，若承压板周围存在超载，限制了承压板（或基础）两侧土体的变形，使基础产生的破坏与失稳的荷载就更大，即根据浅层平板载荷试验结果所得的承载力特征值可进行深度修正；同样承压板（或基础）宽度越大，整体滑移土体的体积就越大，同样增大了滑裂面摩阻力，即浅层平板载荷试验结果所得的承载力特征值可进行宽度修正。

根据《建筑地基基础设计规范》GB 50007—2012 全风化与强风化岩承载力特征值可

进行深度与宽度修正，而中风化岩承载力特征值不可进行深宽修正。而《岩土工程勘察规范》GB 50021—2001（2009年版）亦规定对新近系砂岩不作风化程度划分；同时，对兰州地区的砂岩风化程度划分仍存在困惑，很难获取明确的量化指标定量判断风化程度。因此，对本场地根据划分砂岩风化程度来判断是否可以进行承载力特征值深度与宽度修正缺乏可操作性。

为此，在完成已有6点浅层平板载荷试验的基础上，增加了6组有边载平板载荷试验（3组边载100kPa，3组边载200kPa），试验过程中在承压板周边施加边载模拟上覆土体压力，进一步探索及验证本场地风化砂岩承载力特征值深、宽修正的可行性。

根据试验数据，绘制其 p-s，s-t 等曲线进行综合分析，判断相应曲线的比例界限、极限荷载值、控制相对变形时的荷载特征值及数值突变时的拐点特征值，综合确定相应载荷试验点的承载力特征值。各试验点试验成果汇总见表7.4-6。

模拟边载条件下的平板载荷试验结果汇总表　　表7.4-6

试验指标	试验点号	比例界限	0.5倍极限荷载	建议值(取小值)	平均值(kPa)
承载力特征值(kPa)	BZ100-01	2160	2160	2160	1980
	BZ100-02	1620	2160	1620	
	BZ100-03	2160	2430	2160	
	BZ200-01	3120	3510	3120	2860
	BZ200-02	2340	3510	2340	
	BZ200-03	3120	3900	3120	
变形模量(MPa)	BZ100-01	按深层平板载荷试验计算 $E_0=\omega\frac{pd}{s}$		55.20	56.24
	BZ100-02			56.61	
	BZ100-03			56.90	
	BZ200-01			64.94	64.32
	BZ200-02			63.08	
	BZ200-03			64.94	

地基土进入塑性破坏阶段，p-s 曲线出现陡降，沉降急剧增大。同时试验过程表现为砂土从承压板与周边环形压板之间空隙挤出，破坏形态见图7.4-3。

模拟边载条件下的平板载荷试验结果（表7.4-6）表明：

（1）根据 p-s 比例界限与极限荷载共同确定的边载100kPa的承载力特征值均值为1980kPa，极差为540kPa，小于均值的30%。根据 p-s 比例界限与极限荷载共同确定的边载200kPa的承载力特征值均值为2860kPa，极差为780kPa，小于均值的30%。试验过程中承压板周边已有相当于上覆土体浮重的边载，其承载力特征值不进行深度修正，均大于设计要求。

（2）边载试验结果表明，本场地－16.5m处风化砂岩地基在相当于上覆土体浮重的边载作用下（200kPa）的平板载荷试验结果相对于无边载作用的浅层平板载荷试验，承载力提高幅度大。极限承载力由2240～2520kPa增加至7020～7800kPa，增幅约200%。

图 7.4-3　存在边载的载荷试验破坏形态

6. 深度修正系数估算

（1）问题提出

兰州砂岩胶结形式为泥质胶结和极弱的钙质胶结，当受到应力释放和浸水扰动时容易软化崩解，基坑开挖至该层风化砂岩时，呈现出类似松散砂土的性状。超载条件对风化砂岩的极限承载力影响较大，若将超载条件等效为砂岩的埋深，可认为砂岩的极限承载力可以进行深度修正。根据《建筑地基基础设计规范》GB 50007—2011 中第 5.2.4 条的规定：当基础宽度大于 3m 或埋置深度大于 0.5m 时，从载荷试验或其他原位测试、经验值等方法确定的地基承载力特征值，尚应进行修正。修正公式中的基础埋深 d 的取值比较复杂，视基础类型、填土施工次序等情况的不同对应不同的取值，如何正确取用 d 值是地基承载力深度修正的关键。

（2）深度修正的原因

① 静载荷试验表明：深度修正实质是考虑土的侧限作用对地基承载力的影响。基础埋置越深，基底四周土侧限作用越大，抵抗基底土层隆起的力越大，地基承载力越高。深度修正主要是基础周围基底面以上土的压力可以阻止地基下破裂面的产生。

② 根据滑移线理论，基础两边存在超载时，也会导致摩擦力变大，提供较高的地基承载力，深度较大时相当于超载。

③ 对比载荷试验，基础埋深范围内的土体重量就相当于作用在基础下地基旁边的边载，地基土的破坏是向基础侧面的圆弧滑动剪切破坏（太沙基承载力理论），边载（基础埋深）的存在起到约束作用，阻止地基土向侧面滑动，从而增大了地基土抵抗剪应力的能

力，表现为地基承载能力的提高。简单来说，深度修正的原因为边载约束效应和允许地基土塑性工作。

（3）浅基础地基的破坏模式

试验研究表明，浅基础地基的破坏模式主要有3种：整体剪切破坏、局部剪切破坏和冲切剪切破坏。整体剪切破坏的破坏特征：地基达到极限承载力时，地基土的剪切破坏区连成一片、形成由基底一侧至地面的连续滑动面，基础急剧下沉并向一侧倾斜或倾倒，基础两侧的地面向上隆起。局部剪切破坏的破坏特征：地基达到极限承载力时，地基的剪切破坏面没有发展到地面，基础两侧土体有部分隆起，基础没有明显的倾斜和倒塌。基础由于产生过大的沉降而失去继续承载的能力。冲切剪切破坏也称刺入剪切破坏，其破坏特征：在荷载作用下基础产生较大的沉降，基础周围的部分土体产生下陷，破坏时基础好像“刺入”地基土层中，不出现明显的破坏区和滑动面，基础没有明显的倾斜。影响地基破坏模式的因素有很多，如土的条件（包括土的种类、密度、含水量、压缩性、抗剪强度等）和基础条件（包括基础的形式、埋深、尺寸等），其中，土的压缩性是影响破坏模式的主要因素。目前对于压缩性小的地基土或整体剪切破坏模式可在一定的假设条件下得到理论求解，对于局部剪切破坏和冲切剪切破坏仍然采用整体剪切破坏的解答，只不过考虑相应的折减系数加以修正。

（4）地基临塑荷载、临界荷载和极限承载力

由弹性半无限理论及极限平衡条件，假设基础为条形基础且作用有均匀分布荷载，依据弹性力学的平面应变问题可推导出地基塑性变形区的边界方程和临塑荷载、临界荷载的理论公式。地基极限荷载的理论公式很多，大都是按整体剪切破坏模式推导，由于假设条件不同，这些公式得出的结果并不一致。但这些理论公式有一个共同点：在考虑基础周围土体的影响时，均是把其看作是作用在基底水平面上的均匀分布荷载。由临塑荷载、临界荷载及极限荷载的理论公式可知，它们都是随着基础两侧荷载的增大而增大，这也就是地基承载力深度修正的理论基础。由于浅层平板试验获得的地基承载力没有考虑承压板周围土重对地基承载力的有利影响，所以应进行地基承载力的深度修正。

（5）理论推导

根据砂岩直剪试验得出的内摩擦角为40.7°，三轴试验得出的内摩擦角为40.96°，理论计算时取风化砂岩内摩擦角为41°。

$$N_q=\tan^4\left(45°+\frac{\varphi_m}{2}\right)=\tan^4\left(45°+\frac{41°}{2}\right)=23 \tag{7.4-3}$$

（6）实测深度修正系数

通过模拟边载作用下的静载试验，验证该场地风化砂岩地基承载力可以进行修正。同时通过不同边载作用下极限承载力的变化，反推该场地风化砂岩地基承载力的深度修正系数。根据地勘报告，16.5m范围的平均有效重度为$12.5kN/m^3$，则边载100kPa相应的基础埋深$d_1=100/12.5=8m$，边载200kPa相应的基础埋深$d_1=200/12.5=16m$。

① 边载100kPa时，有边载验证的承载力特征值$f_d=1980kPa$，标准试验的承载力特征值$f_k=1220kPa$，则由承载力特征值反算的深度修正系数η_{dk}计算如下：

$$\eta_{dk}=\frac{f_d-f_k}{\gamma\times d}=\frac{1980-1220}{12.5\times8}=7.6 \quad (7.4\text{-}4)$$

边载 100kPa 时，有边载验证的极限承载力 q_d=4500kPa，标准试验的极限承载力 q_k=2443kPa，由极限承载力反算的深度修正系数 η_{dq} 反算如下：

$$\eta_{dq}=\frac{q_d-q_k}{\gamma\times d}=\frac{4500-2443}{12.5\times8}=20.6 \quad (7.4\text{-}5)$$

② 边载 200kPa 时，有边载验证的承载力特征值 f_d=2860kPa，标准试验的承载力特征值 f_k=1220kPa，则由承载力特征值反算的深度修正系数 η_{dk} 计算如下：

$$\eta_{dk}=\frac{f_d-f_k}{\gamma\times d}=\frac{2860-1220}{12.5\times16}=8.2 \quad (7.4\text{-}6)$$

边载 200kPa 时，有边载验证的极限承载力 q_d=7280kPa，标准试验的极限承载力 q_k=2443kPa，由极限承载力反算的深度修正系数 η_{dq} 反算如下：

$$\eta_{dq}=\frac{q_d-q_k}{\gamma\times d}=\frac{7280-2443}{12.5\times16}=24.2 \quad (7.4\text{-}7)$$

实测深度修正系数为 20.6～24.2，与理论计算出的 23 非常接近，如果安全系数取为 3，则与由承载力特征值计算得到的 η_d=7.6 完全一致。

上述计算说明，有边载的载荷试验可以研究边载对承载力的影响，从而得到能用于工程设计的深度修正系数。

7. 软岩地基载荷试验成果

(1) 根据规范要求及测试结果，结合场地实际条件，综合确定风化砂岩地基承载力特征值、变形模量为：f_{ak}=1220kPa，E_0=49.0MPa。

(2) 浅层平板载荷试验结果表明，本场地风化砂岩在竖向受荷后破坏过程和破坏模式均呈现出整体剪切破坏特征，其工程性质类似密实砂土。因此，可按照地基土平板载荷试验评价其承载力特征值，其承载力特征值可按照密实粉细砂进行深度与宽度修正。

(3) 通过在承压板周围维持 100kPa 边载模拟其实际状态下上覆土体压力进行了 3 组平板载荷试验，试验结果表明，按比例界限确定的承载力特征值 f_a 介于 1620～2160kPa，平均值为 1980kPa；其承载力极限值介于 4320～4860kPa，平均值为 4470kPa。通过在承压板周围维持 200kPa 边载模拟其实际状态下上覆土体压力进行了 3 组平板载荷试验，试验结果表明，按比例界限确定的承载力特征值 f_a 介于 2340～3120kPa，平均值为 2860kPa；其承载力极限值介于 7020～7800kPa，平均值为 7280kPa。

施加边载后地基土极限承载力的大幅度提升，验证对此场地进行的 6 点浅层平板载荷试验所得的承载力特征值进行深度与宽度修正是适宜的。

7.4.4 基坑支护及地下水控制

1. 基坑支护结构设计

本工程基坑开挖深度约为 16.0m，局部约为 18.0m。工程重要性等级为一级，场地复杂程度等级为二级，地基复杂程度为二级。

基坑北侧为麦积山路，距离基坑边 13.0m；基坑南侧为民主东路，距离基坑边 12.0m；基坑西侧为蓝莓酒店及其附属建筑物，八层框架结构，独立基础，基础埋深 4.0m；距离基坑边 10.0m；基坑东侧为兰泵小区及家属院，31 层高层建筑，框架结构，距离基坑边15.0m；基坑东侧速八酒店8层框架结构，距离基坑边17.0m，独立基础，基础埋深4.0m。

场地地下水类型属孔隙潜水，主要赋存于第四系卵石层中，接受大气降水及侧向径流的补给，流向东北，勘察期间在钻孔内测得地下水水位埋深3.2～3.7m，相应水位高程1514.22～1514.82m。

基坑周边情况如图7.4-4所示，基坑尺寸约为300m×228m的不规则矩形，拟建建筑基坑深度约16.0m，局部约为18.0m。基坑四周距离用地界线、已有建筑物及道路距离较小，为保证基坑周边建筑物、地下管线、道路的安全和正常使用，保证主体地下结构的施工安全及施工空间，本工程基坑支护采用围护桩、预应力锚索、基坑面挂网喷射混凝土及降水等综合措施予以支护。

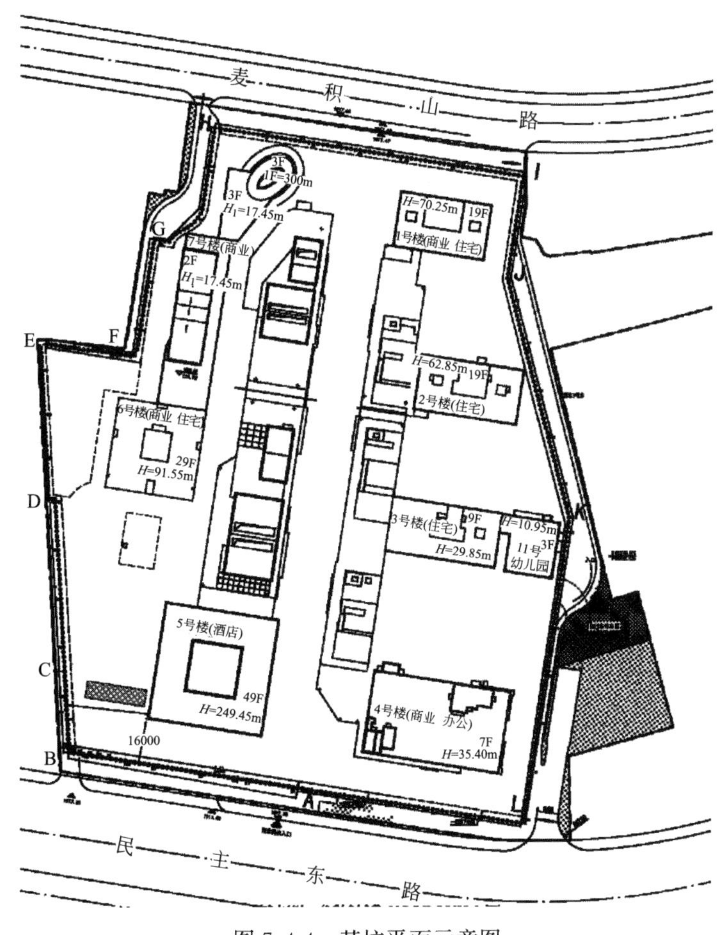

图7.4-4　基坑平面示意图

基坑采用围护桩＋预应力锚索等综合措施，基坑支护设计施工参数如下：

(1) A—B—C段：118m，布设68根围护桩。其中桩径1200mm，桩间距1800mm，桩长34.9m，共63根桩；桩径1000mm，桩间距1800mm，桩长22.5m，共5根桩。冠梁宽度1200mm，高度800mm；布设六排预应力锚索，锚索孔径150mm，长度15.5～20.5m。

(2) C—D段：35根围护桩，桩径1000mm，桩间距1800mm，桩长22.5m，冠梁宽度

1000mm，高度 600mm；布设五排预应力锚索，锚索孔径 150mm，长度 18.0～20.0m。

（3）拟建锅炉房范围内 D—E—F 段：支护结构为桩锚形式，桩径 1200mm，桩间距 1800mm，桩长 27.0m；冠梁宽度 1200mm，高度 800mm。布设五排预应力锚索，锚索孔径 150mm，长度 18.0～20.0m。

（4）F—G—H—I—J—K—L—A 段：总长 821.52m，支护结构形式为桩锚支护。围护桩桩径 1000mm，桩间距 1800mm，桩长 22.5m，冠梁宽度 1000mm，高度 600mm；布设五排预应力锚索，锚索孔径 150mm，长度 18.0～20.0m，支护结构典型剖面如图 7.4-5 所示。

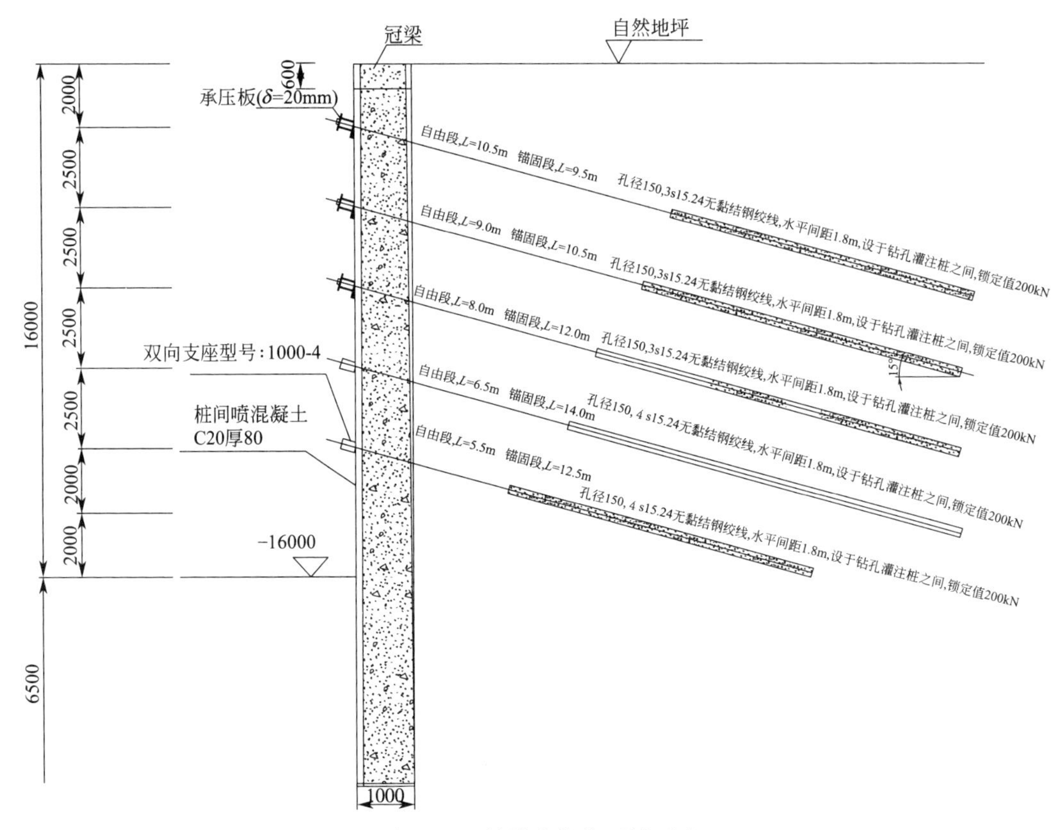

图 7.4-5　桩锚支护典型剖面图

2. 地下水控制

根据场地的水文地质条件及建筑物基坑开挖要求，采用管井降水方案，使地下水位降至筏板以下 0.5m，降水采用潜水完整井。沿基坑开挖边线 1.0m 左右布设 64 口降水井，降水井间距 15.0～18.0m。

为防止基坑顶部地面淤积雨水或污水流入基坑内，在基坑顶部设置 120mm 的砖砌挡水墙，挡水墙面层采用 1∶2 水泥砂浆加防水粉抹面，同时在挡水墙外侧设置截水沟，截水沟内及顶部 500mm 范围内作防水丙纶布防水层一道。并根据基坑周边实际情况设置与截水沟连通的集水坑，通过集水坑将雨水抽出排放或自然接引至室外管网。

基坑侧壁砂岩层渗出的裂隙水和雨水，在基坑底部设置宽为 300mm、深 300mm 的明沟，明沟表面采用 M5 防水砂浆抹面；当条件限制时在基坑底部设置盲沟，盲沟采用沟内填充粒径 30～50mm 干净的卵石，适当拍实（能透水），将坡体渗入的地下水用明沟或盲沟导引至基坑底部集水井中，再采用污水泵抽排至基坑外。

基坑内设置的排水盲沟，排水坡度为 3%，集水井间距为 50m，集水井深度为 0.7m，集水井上半部采用卵石颗粒填充，下半部采用滤料填充，集水井间距最终以基坑底部抽排水量情况调整。

7.4.5　基坑监测

根据基坑工程第三方变形监测总结报告，基坑及周边建筑物变形体监测结果如下：

① 支护桩桩顶水平位移：基坑东侧累计位移量 18.30～19.60mm；南侧累计位移量 18.99～20.96mm；西侧累计位移量 20.09～21.35mm，其变化与基坑开挖深度紧密相关。随着基坑开挖到底，位移量逐步收敛。

② 支护桩桩顶竖向位移：基坑东侧累计位移量 11.67～15.66mm；南侧累计位移量 10.52～12.30mm；西侧累计位移量 11.59～14.48mm。

③ 邻近建筑物沉降：东侧建筑物距离基坑较近，其沉降变化总体趋势随基坑开挖深度的增加而增大；总体变形趋势相对稳定，累计沉降量 5.51～7.70mm。

参 考 文 献

[1] 中华人民共和国建设部．岩土工程勘察规范（2009 年版）：GB 50021—2001［S］．北京：中国建筑工业出版社，2009.

[2] 中华人民共和国水利部．工程岩体分级标准：GB/T 50218—2014［S］．北京：中国计划出版社，2014.

[3] 中华人民共和国交通运输部．公路隧道设计规范（第一册 土建工程）：JTG 3370.1—2018［S］．北京：人民交通出版社股份有限公司，2018.

[4] 中华人民共和国交通运输部．公路隧道设计细则：JTG/T D 70—2010［S］．北京：人民交通出版社，2010.

[5] 中华人民共和国住房和城乡建设部．水利水电工程地质勘察规范：GB 50487—2008［S］．北京：中国计划出版社，2009.

[6] 中华人民共和国住房和城乡建设部．城市轨道交通岩土工程勘察规范：GB 50307—2012［S］．北京：中国计划出版社，2012.

[7] 国家铁路局．铁路隧道设计规范：TB 10003—2016［S］．北京：中国铁道出版社，2017.

[8] 何满潮，景海河，孙晓明．软岩工程力学［M］．北京：科学出版社，2002.

[9] 陈庆敏，马文顶，袁亮，等．软岩的工程分类及其支护原则［J］．矿山压力与顶板管理，1997（Z1）：117-120.

[10] 程强，寇小兵，黄绍槟，等．中国红层分布及地质环境特征［J］．工程地质学报，2004，12（1）：34-40.

[11] 张泽林，等．兰州黄河阶地演变过程对滑坡活动的控制效应［J］．地球科学，2015，40（9）：1585-1597.

[12] 李凯甜，邓荣贵，周其健．兰州红砂岩极限承载力深度修正方法试验研究［J］．地下空间与工程学报，2020，16（1）：141-148.

[13] 程小兵，朱彦鹏，马国纲．红砂岩边坡稳定性能分析［J］．甘肃科技，2016，32（3）：102-103.

[14] 王惠君．兰州特殊红砂岩地层地铁深基坑桩撑支护结构施工力学行为分析［D］．兰州：兰州理工大学，2019.

[15] 张晓．兰州古近系红层风化的空间效应［D］．兰州：兰州大学，2020.

[16] 马文鹏．兰州地区红层遇水崩解机理及微观特征研究［D］．兰州：兰州大学，2020.

[17] 余云燕，罗崇亮，包得祥，等．兰州地区红层泥岩物理力学特性试验［J］．兰州交通大学学报，2019，38（5）：1-6.

[18] 沈莉．软岩工程特性及其承载力修正规律的研究［D］．兰州：兰州大学，2017.

[19] 张波．兰州盆地第三系砂岩工程地质特性评价研究［J］．工程地质学报，2014，22（1）：7.

[20] 尹利洁，赵福登，刘志强．红砂岩崩解速率影响因素及崩解机理研究［J］．岩土力学，2020，41（S2）：1-12.

[21] 何蕾，文宝萍，李慧．水在兰州地区红层风化泥岩抗剪强度中的综合效应［J］．水文地质工程地质，2010，37（3）：48-52.

[22] 赵福登．兰州地铁深基坑红砂岩崩解特性试验研究与分析［D］．兰州：兰州理工大学，2020.

[23] 王骑虎．甘肃红层工程地质特性与边坡稳定性研究［D］．北京：北京工业大学，2016.

[24] 付翔宇．兰州红砂岩遇水强度变化特性及崩解破碎分形特征研究［D］．兰州：兰州大学，2020.

[25] 周建基．兰州地区白垩系红层泥岩的古风化壳特征研究［D］．兰州：兰州大学，2015.

[26] 张爱明．兰州新区地下水动态分析［J］．甘肃水利水电技术，2020，56（8）：11-15.
[27] 张艺鑫．兰州地区红砂岩物理力学性能及渗透性研究［D］．兰州：兰州理工大学，2018.
[28] 马滔．兰州地区红砂岩力学特性与改良应用试验研究［D］．兰州：兰州理工大学，2019.
[29] 王海明，朱彦鹏，朱殿之．兰州地区特殊红砂岩渗透性及物理力学特性试验研究［J］．甘肃科技，2019，35（6）：20-23.
[30] 谢裕江，刘高，李高勇．甘肃兰州黄河北岸疏松砂岩成因［J］．现代地质，2012，26（4）：705-711.
[31] 王文斌．兰州地区第三系风化红砂岩工程地质特性研究［J］．兰州铁道学院学报，1997（1）：24-28.
[32] 成诚．兰州地区某隧道第三系砂岩工程特性研究［J］．工程技术研究，2020，5（1）：15-16.
[33] 刘亚峰．兰州第三系红砂岩的崩解特性［C］//甘肃岩石力学与工程进展-第四次全国岩石力学与工程学术大会．1996：267-270.
[34] 董兰凤，陈万业．兰州第三系砂岩工程特性研究［J］．兰州大学学报，2003（3）：90-93.
[35] 曹峰．兰州第三系砂岩水稳性特征隧道施工研究［J］．铁道工程学报，2012，29（12）：21-25，31.
[36] 《工程地质手册》编写委员会．工程地质手册．5 版［M］．北京：中国建筑工业出版社，2018.
[37] 刘佑荣，唐辉明．岩体力学［M］．北京：化学工业出版社，2010.
[38] 顾宝和．岩石地基承载力的几个认识问题［J］．工程勘察，2012，40（8）：1-6.
[39] 张卫中，陈从新，余明远．风化砂岩的力学特性及本构关系研究［J］．岩土力学，2009，30（S1）：33-36.
[40] 赵锡伯，华遵孟，张学勤．兰州地区沉积岩工程地质特征［J］．西北勘察技术，1990，（3）．
[41] 苏承东，付义胜．红砂岩三轴压缩变形与强度特征的试验研究［J］．岩石力学与工程学报，2014，33（S1）：3164-3169.
[42] 尤明庆．岩样三轴压缩的破坏形式和 Coulomb 强度准则［J］．地质力学学报，2002（2）：179-185.
[43] 沈秋武，龙照，何腊平．风化砂岩地基承载力确定方法研究［J］．工程勘察，2019，47（2）：31-36.
[44] 余云燕，罗崇亮，包得祥，等．兰州地区红层泥岩物理力学特性试验［J］．兰州交通大学学报，2019，38（5）：1-6.
[45] 项龙江，龙照，张恩祥，等．兰州红砂岩承载力旁压试验与载荷试验对比研究［J］．勘察科学技术，2020（5）：1-5.
[46] 杜俊，刘若琪，张森安，等．兰州某超高层第三系砂岩天然地基论证与研究［J］．工程勘察，2016，44（2）：12-16，67.
[47] 张森安．第三系风化砂岩地基的评价［J］．工程勘察，1995（6）：11-14，16.
[48] 张恩祥，何腊平，张森安．兰州市区第三系风化砂岩地基承载力试验研究［J］．工程勘察，2015，43（6）：11-14.
[49] 张森安，杜俊，胡殿杰，等．兰州地区风化砂岩地基工程特性及工程参数［J］．工程勘察，2015，43（6）：15-19.
[50] 万宗礼，聂德新．坝基红层软岩工程地质研究与应用［M］．北京：中国水利水电出版社，2007.